企业安全文化建设指南

李文义　赵品华　孙晓红　著

中国财经出版传媒集团

中国财政经济出版社

图书在版编目（CIP）数据

企业安全文化建设指南／李文义，赵品华，孙晓红
著 . -- 北京：中国财政经济出版社，2023.3
ISBN 978 - 7 - 5223 - 1913 - 1

Ⅰ. ①企⋯　Ⅱ. ①李⋯②赵⋯③孙　Ⅲ. ①企业安
全 - 安全文化 - 指南　Ⅳ. ①X931 - 62

中国国家版本馆 CIP 数据核字（2023）第 017020 号

责任编辑：康　苗　赵天天　　　　责任校对：徐艳丽
封面设计：卜建辰　　　　　　　　责任印制：史大鹏

企业安全文化建设指南

QIYE ANQUAN WENHUA JIANSHE ZHINAN

中国财政经济出版社 出版

URL：http：//www.cfeph.cn

E - mail：cfeph@ cfeph.cn

社址：北京市海淀区阜成路甲 28 号　邮政编码：100142

营销中心电话：010 - 88191522　编辑部门电话：010 - 88190639

天猫网店：中国财政经济出版社旗舰店

网址：https：//zgczjjcbs.tmall.com

北京密兴印刷有限公司印刷　各地新华书店经销

成品尺寸：170mm × 240mm　16 开　18.5 印张　296 000 字

2023 年 3 月第 1 版　2023 年 3 月北京第 1 次印刷

定价：57.00 元

ISBN 978 - 7 - 5223 - 1913 - 1

（图书出现印装问题，本社负责调换，电话：010 - 88190548）

本社质量投诉电话：010 - 88190744

打击盗版举报热线：010 - 88191661　QQ：2242791300

前　　言

　　1986 年 4 月 26 日，苏联切尔诺贝利核电站发生了历史上核能开发过程中最惨重的事故，事故后国际原子能机构和经济发展合作组织核能机构在调查后认为"薄弱的安全文化"是导致此次灾难的一个重要因素。自此以后，"安全文化"这一概念出现在公众的视野里，并被我们国家企业界普遍接受。但是如何建设企业安全文化，如何指导企业掌握其基本原理并将它应用在企业的安全生产、安全管理实践中从而发挥积极的作用，却一直没有一个确定的理论架构体系。

　　我们在从事安全文化研究和指导企业安全管理 20 多年的实践中深深感受到企业在这方面的困惑，10 多年前我们就萌生了要编写一本突出工具理性的企业安全文化建设方面指导手册的想法，并一直去企业一线调研收集数据材料并整理准备成书的资料。在给企业进行安全文化培训的过程中我们一直与从事这方面工作的一线管理人员沟通交流，并广泛征求一线员工的意见，同时广泛涉猎所能查询到的从事安全文化理论研究专家的各种观点，根据实践需要去探寻理论解决之道。我们始终认为，企业一线在建设企业安全文化方面遇到困惑的地方就是我们理论工作者们应该去探究发力的地方，所以本书在探讨企业安全文化理论的同时更关注实际问题的解决。本书的逻辑主线是从实践到理论，再从理论到实践，从企业一线在安全生产、安全管理方面遇到的问题出发，寻找解决这些问题的文化根源，结合企业文化建设的思路，去寻找提升企业安全意识的自觉性，以安全理念指导安全行为实践，通过对内对外的传播手段达成实现企业安全目标的目的。跟单纯的理论研究不同的是，我们结合企业一线从业人员的工作特点，尽量压缩理论探讨方面的文字资料，价值理性方面只要能说明问题就力求简明扼要，而把重点放在如何解决目前安全方面遇到的现实问题上。

在书稿即将完工之时，我们迎来了中国共产党第二十次全国代表大会，在学习报告的过程中我们发现"安全"一词的出现是历次会议中最多的，安全是底线，底线思维是安全思维。诸如"要坚持以人民安全为宗旨""坚持安全第一、预防为主，完善公共安全体系，提高防灾减灾救灾和急难险重突发公共事件处置保障能力"等表述，都是企业安全文化建设重要的指导思想，让我们备受鼓舞。

本书成书源于集体的智慧，由李文义进行整体策划设计、确定整体框架结构，提供企业一线数据资料和每章的内容概要，撰写第一章；赵品华参与企业调研并撰写第三、四、六、七章；孙晓红撰写第二、五、八章，并最后汇集完善修订书稿内容。

本书在成书过程中得到了诸多企业的大力支持和帮助，他们提供了大量的安全文化建设方面的数据资料和建设方法，有些宝贵的资料我们在书中以案例方式进行了展示，还有许多数据资料我们做了提炼并形成了书中一些重要的观点，在此一并感谢。企业安全文化毕竟是一门新兴的学科，学界诸多先行者的研究成果给予我们重要的启发和借鉴，我们是站在这些巨人的肩上完成本书的写作，谨向前辈们表达深深的敬意。我们特别感谢本书的责任编辑康苗老师，除了指导我们对书的整体框架进行优化和提炼，更是以耐心宽容的态度对我们进行鼓励和引导，让我们能够坚持完成书稿的撰写。最后也希望广大读者朋友、同行专家等给予批评指导，我们深表感谢！

作者

2023 年 1 月

目　　录

第一章

安全文化与企业安全文化

企业是安全生产的责任主体。近几十年中国经济飞速发展，但安全形势一直不容乐观。人们还没有忘却 2013 年 11 月 22 日发生的青岛中石化管道爆炸重大伤亡事故，2015 年 8 月的天津港爆炸事故，这些事故让人们对企业安全和自身安全问题倍加揪心。随着国家对企业安全生产监管力度的加大，越来越多的事故原因所隐含的深层内核暴露出来，如 2021 年 1 月 10 日山东栖霞 "1·10" 矿难事故调查报告充分揭示了许多企业安全生产问题的复合性原因，同时也让更多人意识到安全文化建设的必要性和紧迫性。

社会的进步的确使人们的物质需求不断得到满足，但根据马斯洛的需求层次理论，人们的生理需求基本满足后必然会寻求安全的保障，人们更希望在一个良好的环境中安全健康地生活和工作。而这些来自各方面的危害正在剥夺人们的安全实现，更影响了社会的和谐发展。因此，注重安全文化建设是社会发展的必然结果，也是企业寻求发展、构建和谐企业的必然选择。安全文化来源于实践，作用于实践，是一个无限往复循环提升的过程。它是人们对自身生存环境和自身发展尽兴理性思考和社会认识的产物，所以，安全文化不仅是历史的文化，也是未来的文化；不仅是传统的文化，也是现代的文化；不仅是时代的文化，也是发展的文化；不仅是继承的文化，也是创新的文化。安全文化是实现 "以人民为中心" 思想的重要保障，所以，安全文化不仅是个体的文化，更是全社会的文化。

第一节 安全文化概述

中国经济正处于高速发展的时期，而社会贫富差距的加大、公平相对于效率的砝码过于轻巧，这对一系列公共安全问题起到了推波助澜的作用①。据初步测算，中国每年生产安全事故造成的直接经济损失约达1000亿元以上，加上间接损失竟有2000多亿元②。我国安全生产现状与发达国家相比差距明显：在2003年，我国煤矿开采百万吨煤的死亡率是美国的近200倍、南非的30倍、印度的12倍；另外，生产百万吨钢的死亡率是美国的20倍、日本的80倍；锅炉压力容器等的万台爆炸事故率比发达国家高5—10倍③。虽然最近几年企业安全事故处于逐步下降的趋势，2021年全国安全生产事故起数和死亡人数同比分别下降11%和5.9%，创造了中华人民共和国成立以来连续27个月无特别重大事故的历史最长间隔期，但是当前生产安全事故呈现出由传统的高危行业向其他行业领域发展的趋势，特别是一些地区和企业，安全意识不强、责任落实不力、安全投入不足、监管执法不到位的情况依然存在，这些问题背后的深层原因依然是安全文化建设不力。因此，要解决当前社会的安全生产问题，杜绝安全事故向多行业转移的趋势，关注安全文化，下大力气建设好企业安全文化已刻不容缓。

一、安全文化的起源和发展

1. 人类安全文化的起源

安全文化是伴随着人类的诞生而产生的，伴随着人类的发展而逐步发展的。人类的安全文化发展过程大致分为以下四个阶段（见表1-1）：

---

① 中国国务院新闻办公室. 中国的社会保障状况和政策白皮书 [R]. 2004年9月.
② 我国每年因安全事故造成直接经济损失过千亿 [N]. 陕西日报, 2003年9月3日.
③ 张启人. 发展公共安全系统工程 [J]. 系统工程, 2005 (1): 1-8.

表 1 – 1　　　　　　　　　　人类安全文化发展的历程

安全文化时代	安全观念	行为特征
古代安全文化	宿命观点	被动承受型
后古代安全文化	经验观点	事后弥补型
近代安全文化	系统观点	综合型
现代安全文化	本质观点	超前、预防型

（1）17 世纪以前，人类安全观念的主流是寄希望于外在的神秘力量，行为特征是"被动承受型"，就像中国古人祈求老天爷保佑，西方依赖上帝庇护，这是人类古代安全文化的特征。

（2）17 世纪末至 20 世纪初，人类的安全观念提高到经验论水平，行为方式有了明显的"事后弥补"和经验传承特征，人们开始总结反思自身行为方式对自身安全的影响并引以为戒，所谓的"亡羊补牢"便是这个事情的真实写照，这时进入了后古代安全文化时期。

（3）到 20 世纪 50 年代，随着工业社会的发展和技术的不断进步，人类的安全认识论进入系统思考阶段，从而在方法论上能够推行安全生产与安全生活的综合型对策，强调系统综合地认识安全问题，这就进入了近代安全文化阶段。

（4）20 世纪 50 年代至今，人类高新技术如宇航技术、核技术不断应用，信息化社会出现，生产技术讲究分工合作和各行各业的高度协作，人类的安全认识论进入了本质论阶段，超前预防成为现代安全文化的主要特征。这种高新技术领域的安全思想和方法论推进了传统产业和技术领域的安全手段与对策的进步。

从安全文化发展实践来看，人类真正有意识地关注安全文化并进行安全文化建设，仅仅是近几十年的事情。1986 年在国际原子能机构召开的切尔诺贝利核电站事故后评审会上"核安全文化"概念被正式提出；1986 年美国 NASA 机构把安全文化应用到航空航天的安全管理中，1988 年才在其《核电的基本原则》中将"安全文化"的概念作为一种重要的管理原则予以落实，并渗透到核电厂以及其他相关领域；1991 年国际核安全咨询组织出版了《安全文化》的小册子，标志着安全文化建设的开始。①

2. 我国安全文化的改革发展

1992 年《安全文化》小册子被译成中文并在国内出版，这种核安全文化模式迅速与我的民族传统文化相结合。中华文化吸收世界其他国家安全文化建设的经验，特别是核安全文化建设的经验，把安全文化融合于中华民族传统文化之中，形成了我国特有的安全文化观。特别是"安全第一，预防为主"一直作为我国安全生产方针，并在实践中不断完善。2021 年新修订的《中华人民共和国安全生产法》（以下简称"《安全生产法》"）规定：安全生产工作要以人为本，坚持人民至上、生命至上，坚持"安全第一、预防为主、综合治理"的方针，建立生产经营单位负责、职工参与、政府监管、行业自律和社会监督的机制。

在法律政策和理论研究的推动下，全国各地开展了普遍的安全宣传教育活动和安全技术基础建设，使我国具有一定的安全文化教育氛围，"安全文化"一词在中国一出现，其范畴和范围便得到发展，并逐步发展为具有中国特色的全民安全文化。

1993 年 10 月，亚太地区职业安全卫生研讨会暨全国安全科学技术交流会在成都召开。会上发表了题为《论企业安全文化》的论文。会议期间，《中国安全科学》编辑部和《警钟长鸣报》报社达成合作实施计划，决定自 1994 年 1 月起在《警钟长鸣报》上由中国安全科学学报编辑部协办，开办安全文化月末版，向公众和社会宣传安全文化。

1994 年 3 月，国务院应急办公室召开了全国核工业系统核安全文化研讨会，它标志着深层次企业安全文化传播的开始。同年 6 月，劳动部李伯勇部长在《安全生产报》试刊上发表了题为《把安全生产工作提高到安全文化高度来认识》的指导性文章，这标志着我国安全文化已经向全民文化的拓展，一个研究、传播安全文化的全新时代由此开始。

在政府安全管理部门的领导下，结合我国的时代背景、安全管理部门的改革和安全生产情况，安全文化在我国的发展大致可分为以下三个阶段，见表 1-2。

---

① 《安全文化发展历史研究》，摘自公务员之家，2008 年 9 月 29 日，http://www.gwyoo.com/lunwen/xinzhen/xinzhen/200809/135754.asp。

表 1 - 2　　　　　　　　　安全文化的三个发展阶段

时间	阶段	内容
1992—2002 年	安全文化萌芽起步阶段	在安全生产适应建立社会主义市场经济体制的这个阶段，安全文化的理念进入了安全生产领域
2003—2017 年	安全文化蓬勃发展阶段	国家安全生产监督管理局和国家煤矿安全监察局成为国务院直属机构，同年国务院安全生产委员会成立。建成了一批全国安全文化示范企业、安全社区和全国安全文化建设试点城市
2018 年至今	安全文化承担新使命阶段	2018 年中央机构改革新成立了应急管理部；2019 年 11 月 29 日，中共中央政治局就我国应急管理体系和能力建设进行第十九次集体学习。习近平总书记的讲话赋予了安全文化新的意义，即安全文化既是国家应急管理体系和能力现代化的体现，也是总体国家安全观、国家文化软实力的重要组成部分

二、安全文化的内涵

目前国内外对安全文化的定义有多种，学者专家从不同角度出发，有着不同的理解。

1. 安全文化定义

自 1986 年切尔诺贝利核电站事故后，国际管理学界对安全文化建设的研究进入了一个高潮。不过对于安全文化的具体概念至今没有一个公认统一的解释。

国际原子能机构从安全态度和安全的重要性角度来看，认为安全文化是组织和个人的特性、态度的总和；作为一种至上的观念，核电厂的安全文化问题因为其异议的重要性而受到关注。[1] 英国健康协会认为安全文化是个人和组织的价值、态度、认识、能力、行为模式的产物，决定组织的健康和安全管理的职责、风格和效率。[2] 科克斯（Cox）研究员认为安全文化反映了员

---

[1] 《安全文化》小册子 1992 年被翻译到大陆并被广泛推广，出自 Choudhry R M, Fang D, Mohamed S. The nature of safety culture: A survey of the state - of - the - art [J]. Safety science, 2007 (10): 993 - 1012.

[2] Glendon A I, Stanton N A. Perspectives on safety culture [J]. Safety Science, 2000 (1 - 3): 193 - 214.

工拥有的与安全相关的态度、信念、认识、价值观。① 库登穆德（Gulden-mund）研究员认为安全文化是组织文化中影响风险的态度和行为的方面。② 肯尼迪（Kennedy）研究员和柯万（Kirwan）研究员认为安全文化是由个人和组织的认识、思想过程、情感、行为的综合方面进行支持，反过来产生组织特定的行为方式，它是整体组织文化的一个方面。③ 黑尔（Hale）认为安全文化是指组织共有的态度、信念和认识；安全文化对规范和价值进行界定，决定了组织在风险和风险控制系统的相关方面如何行动和反映。④ 格伦登（Glendon）教授和斯坦顿（Stanton）教授认为安全文化包括态度、行为、规范和价值以及个人的责任、人力资源的特征。⑤ 库珀（Cooper）教授认为安全文化是所有的组织成员为改善日常安全，在注意和行动方面能够被识别的努力程度；它影响员工和组织的健康和安全绩效相关的态度和行为。⑥

在对多种定义进行研究之后，我国的安全文化界普遍将安全文化定义为：安全文化是人类在社会发展过程中，为维护安全而创造的各类物态产品及形成的意识形态领域的总和；是人类在生产活动中所创造的安全生产、安全生活的精神、观念、行为与物态的总和；是安全价值观和安全行为标准的总和；是保护人的身心健康、尊重人的生命、实现人的价值的文化。

我们认为，安全文化是人类在实践中不断适应、利用、改造生存环境所选择的物态、制度行为方式和与之相关的安全价值观，从而满足自身安全需要的过程。

2. 安全文化的性质

虽然在界定安全文化定义路径和范畴上存在差异，但是在各种定义中还是可以提取出许多共同的特性：

（1）安全文化归纳在管理文化之中，有别于道德观文化或群体文化。

---

① Cox. The structure of employee attitudes to safety: A European example [J]. Work and Stress, 1991 (2): 93.

② Guldenmund. The nature of safety culture: a review of theory and research [J]. Safety Science, 2000 (1−3): 215−257.

③ Kennedy, Kirwan. Development of a Hazard and Operability——based method for identifying safety management vulnerabilities in high risk systems [J]. Safety Science, 1998 (3): 249−274.

④ Hale. Culture's confusions [J]. Safety Science, 2000 (1−3): 1−14.

⑤ Glendon A I, Stanton N A. Perspectives on safety culture [J]. Safety Science, 2000 (1−3): 193−214.

⑥ Cooper. Towards a model of safety culture [J]. Safety Science, 2006 (2): 111−136.

（2）安全文化注重人的素质，提高人的安全素质需要从全面出发，尤其要突出学习的功效。

（3）安全文化的最重要领域是生产安全领域，也就是以企业为载体的企业安全文化。

（4）安全文化是付诸实践的过程，是一个不断循环提升的过程。

（5）安全文化的最终指向是人类的自我保护，为了保护人类自身，需要建立系统的安全伦理，包括安全生态伦理。

3. 安全文化的领域界定

安全文化的概念最早起源于核工业领域，当时是属于安全生产范畴。但是，随着人类面临的安全问题多样性的呈现，人类对自身安全问题的不断思考使人们对安全文化认识不断深入，安全文化已经不再被限制于生产领域。人们慢慢认识到，安全文化理论对建立整个人类公共安全下的各个子系统的长效安全机制具有不可替代的作用。所以，将核心安全理念引入到包括安全生产在内的社会生活中的各个领域，在整个社会倡导安全文化，推广安全文化，提高每一个社会成员的安全文化素质，已经成为国际安全文化发展的一个新趋向，更是成为国内安全文化领域的一个新的热点，虽然这个热点还不为社会大众所了解。

三、安全文化的结构层次

关于安全文化结构，目前我国安全文化界主要有两大流派：一派认为安全文化分为四个层次，即安全物质文化、安全行为文化、安全制度文化和安全理念文化；另一派把安全文化分为安全物质文化、安全行为文化、安全精神文化三个层次。

我们认为，安全文化就其实质而言，四个层次和三个层次并没有太大差别，为了表述方便，我们使用三层次说，如图1-1所示。

安全文化的三个层次并非独立存在，而是相互联系、相互促进的。

安全文化的外层是物质层，由特定的事物组成，是安全文化的硬件组成部分。安全物质生产文化是指在安全精神心理文化的指导下，在生活和生产过程中的安全行为准则、思维方式、行为模式的表现，在研究对象上是具体的。

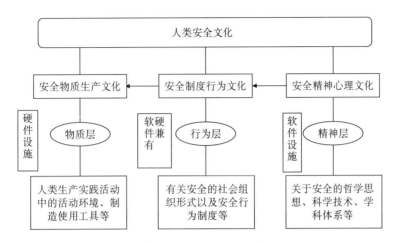

图 1-1　安全文化三层次

　　安全文化的中间层主要是由安全行为的各项要求构成的。它是人们在安全行为方面产生规范性、约束性影响和作用的制度规章、组织形式以及在安全实践中形成的风俗习惯，它集中体现了精神安全和物质安全对人类的要求。

　　安全文化的核心层是由精神心理文化构成的，它主要是指人们共同接受的安全意识、安全理念、安全价值标准。安全精神文化是形成和提高安全行为制度文化和安全物质生产文化的基础。它是潜意识的和抽象的，渗透于整个社会之中。

四、安全文化的功能

　　安全文化具有规范人们行为的作用，其基本功能有：

　　1. 导向功能

　　安全文化被人们创造后就成为人们生活环境中的有机组成部分，它提倡、崇尚的核心指向将会通过潜移默化的影响，让人们接受共同的安全价值观念，引导人们的注意力转向所提倡、崇尚的内容。人们确定安全目标后，可以通过安全文化的导向作用，将个人目标引导到整体目标上，并把个人安全方面的需求和目标同人类的总体安全目标结合起来，使社会中的每个人都明确努力奋斗的方向。

　　2. 约束功能

　　安全文化通过统一思想来约束人们的行为，营造一种观念认同和习惯一致的活动氛围即生活环境，使生活在其中的每一位成员都遵守共同的安全规则，并在相关问题上及时沟通和配合默契。这是一种从内心出发的自我约束，具有潜意识性并深受同化，是满足人的安全归属感的一种自我需求。人创造安全文化，安全文化同时也能约束人的安全行为。文化力的约束功能，与传统的管理理论单纯强调制度的硬约束不同，它虽也有成文的硬制度约束，但更强调的是不成文的软约束。

3. 凝聚功能

安全文化的形成可使处于这种文化模式中的人们在同一安全文化模式中得到教化，从而产生相同的思维方式和行为习惯，使人们在安全方面有了共同的价值观念和奋斗目标，个体的安全受到尊重和重视。人们获得群体的安全归属感后，就会从内心自觉而又充分地发挥个人的主动性和创造性，来加强社会对自己的认同感，展现自身价值。安全文化正是通过这种精神激励，来满足人的本质需求，从而产生出极强的向心力。

4. 激励功能

安全文化能使人们从内心产生一种情绪高昂、奋发进取的效应。通过发挥人的主动性、创造性，使人产生激励作用。安全文化的价值观一旦被人们接受，就会成为一种黏合剂，从各方面把其个体成员团结起来，形成巨大的凝聚力。这种凝聚作用使人们把个人的思想感情和命运与统一文化模式内的群体的兴衰紧密联系起来，产生强烈的归属感，是企业深层凝聚力的主要来源。

五、安全文化建设的意义

安全文化建设对于人类自身和社会的长远发展都有着重要的意义。

1. 安全文化建设是人类自我发展、自我完善、不断进化的重要保障

人类从诞生以来就有基本的安全保障意识，这是人类自身不断生存繁衍的前提，伴随着人类文明的不断进化，安全文化建设成为人类积极主动的诉求。人类为了自身的发展，不断创造出适合自身生存的物态文明，并进而形成一定的行为方式和制度规范，总结提炼出一定的安全理念。所有这些安全文化的构成要素，无不都是人类从自身角度出发，用自己创造的文化再进一步来约束塑造自己，这种安全文化力是人类发展的重要保障。

2. 安全文化建设是建设和谐社会的重要内容

人类社会的发展离不开和谐的社会环境，在当代中国建设和谐社会是全面建成小康社会的具体化和科学化。我们国家倡导以人民为中心，强调满足人民群众的获得感、幸福感和安全感，没有社会安全和生产安全，那么讲求和谐社会就是一句空话。因此，社会安全和生产安全是基本的和谐，安全是企业和社会永恒的主题。《安全生产法》贯彻实施以来，随着安全理论的不断深化和实践经验的不断完善，人们对安全文化的重要性的认识不断提高，在众多的安全要素中，已被提升到首要位置。

我国安全生产的"五要素"中，第一要素就是"安全文化"。安全文化是综合安全因素共同作用的结果，是安全生产实践经验的总结，是人们不断追求安全理想的体现。它改善着人们对生产安全、生活安全、社会安全的态度，改变着人们的思维方式和行为准则，对社会和生产安全起着积极的推动作用。大力加强安全文化建设，是实施可持续发展战略的主要组成部分，是建设社会主义和谐社会的重要内容。

3. 安全文化建设是安全理论的重要发展

安全文化是从以被动承受型为特征的古代安全文化和以事后型、经验型为特征的近代安全文化的基础上，不断地扩展、提炼和升华出来的。以人为本，预防为主，实现本质安全为特征的新型安全文化，是人们在安全认识问题上的一次飞跃，已成为我国安全领域的新要素。整个社会开拓安全生产管理思路，探索长效安全机制，逐步养成全社会关注安全的良好习惯，就能提高组织效能，提高人际关系的和谐度，就能使社会安全稳定健康向上地发展。

4. 安全文化建设是解决安全生产管理薄弱环节的重要途径

我国新时期安全生产有"五大要素"，是指安全文化、安全法制、安全责任、安全科技、安全投入。安全生产要真正做到警钟长鸣、居安思危、言危思进、常抓不懈，就要大力加强安全文化建设。树立"以人为本"的理念，切实贯彻"安全第一，预防为主，综合治理"的安全生产方针。在全社会加强宣传教育工作，普及安全常识，强化全社会的安全意识，强化安全的自我保护意识，树立"生命第一"的观念。通过安全文化建设，为安全生产管理打下坚实的思想基础。

第二节 企业安全文化概述

企业安全文化是安全文化的重要组成部分，是安全文化在企业生产经营过程中的表现。企业安全文化又是企业文化的重要组成部分，是企业个性的重要体现。因此，企业安全文化融汇了现代企业经营理念、管理方式、价值观念、群体意识、道德规范等多个方面的内容。正确认识企业安全文化建设，对于提升安全生产管理能力与安全保障水平、保证企业安全发展起着关键性作用。

一、企业安全文化的内涵

1. 企业安全文化的含义

企业安全文化是指企业在安全生产活动过程中形成的，或有意识塑造的有关安全的思想观念、体制机制、行为规范以及与之相关的物质设施等各种企业安全物质财富和精神财富的总和。

企业安全文化既包括无损害、无伤亡的物质条件和作业环境，也包括员工对安全的意识、信念以及企业的价值观、经营思想、道德规范、安全激励进取精神等因素。企业安全文化是三个层次的复合体，由安全物质文化、安全行为文化、安全精神文化组成。

企业安全文化是一个动态的活动过程。企业安全文化是企业在生产实践中不断适应、利用、改造生产安全环境所选择的物态、行为方式和与之相关的安全价值观，从而满足生产安全需要和保障社会安全的过程。

企业安全文化是企业文化与安全文化的结合体。企业安全文化作为企业文化的一部分，与企业文化的建设目标是一致的，都着重于通过培养正确思想和先进理念，并依靠一定的体制机制和行为规范来实现企业的目标。因此，每个独立的企业都有各自特色的文化存在，在安全工作方面都有自己的一套做法，企业自身特有的处理安全问题的方法构成了该企业独特的安全文化。

企业安全文化提倡以员工安全文化素质为基础形成群体和企业的安全价值观和安全行为规范，表现为对员工安全生产的态度和激励。根据对企业安全建设的调查，我们认为，要使企业建立起互爱、互助和以企业为家、以安全为荣的企业安全文化氛围，就必须在企业员工的心灵深处树立起安全、高效的个人和群体的共同奋斗意识。

2. 企业安全文化的特征

确定企业安全文化的含义，必须发掘其主要特征。企业安全文化具有以下特征：

（1）系统性。企业安全文化是一个抽象、复杂的系统性概念，是企业的安全价值观、信念、道德、理想、认知、传统、风气、环境、行为准则以及企业最高目标的复合体，并且这些要素相互之间又有结构性的联系。

（2）综合性。企业安全文化的内涵非常丰富，涉及领域广泛。企业安全文化不仅是文化学与安全科学的交叉与综合，也是管理学与心理学等自然科学与社会科学的交叉与综合。在企业安全文化建设过程中，企业需要运用各种科技手段，根据安全文化建设中的各项指标，对安全文化这个系统工程进行综合分析和计算，以评价系统的科学性和有效性。

（3）传承性。企业安全文化有着比较复杂的社会遗传与传统属性，人们在长期生产实践中对安全的认知具有连贯的传承性。

（4）动态性。企业安全文化的核心是企业安全价值观，并且通过价值观对其他要素产生动态作用。

（5）先进性。企业安全文化能够通过个体和组织不断地学习得到完善和改进，进而创造出更为先进的企业安全文化。

（6）开放性。企业安全文化是一个开放的系统，它必然受企业内外环境的影响并发展为具有独特个性的文化体系。

（7）强制性。企业安全文化在形成过程中会有更多的强制性的约束成分，其对员工的正负激励力度会相对大于其他文化体系。

（8）创新性。企业安全文化从思维上和管理上突破了传统安全管理的局限性，不只是重视效益，而是把人生、人权、人文、人性提高到一个绝对高度，从而提升了安全管理的内涵，安全管理提高到一个新的领域。因此，企业安全文化具有创新性。

（9）实践性。企业安全文化源于企业的安全生产、安全生活等实践活动。安全活动的经验和理论经过规范、创新、传播和优化，又指导安全实践活动。理论与实践的融合，升华和发展了新的安全文化内容。没有大众安全文化的活动实践，安全文化就得不到优化和发展。因此，企业安全文化又具有实践性。

3. 企业安全文化的范围

企业安全文化的范围主要包括两个方面：

第一，安全文化的范畴是公共安全，而企业的活动大多属于生产领域，因而企业安全文化应当将侧重点放在生产安全范畴，同时关注与之相关的其他安全范畴。

第二，企业安全文化的主体是企业，包括企业和企业中的个体，主要涉及企业各阶层员工，因此，在界定企业安全文化时应当以企业为边界，研究企业这个特定组织、特定空间内的安全文化。

二、企业安全文化建设的基本原理

企业安全文化建设的基本原理是企业安全文化建设的基础和指导方针，安全文化建设方法是企业安全建设实践的方法论引导。企业安全文化主要有以下三个建设原理。

1. 人本安全原理

企业安全生产包括的内容很广，人、机、物、环境、操作方法等都包括在其中，可以概括为人和物的安全两大类。企业安全生产需要物质的安全，但其本质上更需要人的安全。以人为本，人与物的结合，是构建生产安全防线的重要指导原则。

企业安全文化建设以人为本就是强调"人本安全原理"，其内涵是指一方面人的安全放在首位，另一方面人是安全文化建设的首要因素。其标准主要体现在：时时想安全的安全意识，自觉学安全的安全认知，处处要安全的安全态度，全面会安全的安全素质，实践做安全的安全本领，事事成安全的安全目的。塑造和培养本质安全型人，需要从安全精神心理文化和安全行为制度文化入手，需要创造良好的安全物质环境。

2. 文化力场原理

这一原理的含义表明，安全文化的建设就是要形成一种文化力场，将企

业职工的安全意识，引向安全规范和制度的标准及要求上来。形成安全文化
力场需要一个艰苦的孕育过程，通过制定严格的标准和对标准的坚决落实，
通过严格的奖惩措施最终形成安全规范。当人们适应了制度和标准，这些硬
的外在的东西就成为大家共同认可的文化。

3. 斜坡球体原理

"斜坡球体原理"的含义是，消防安全状态就像一个停在斜坡上的球，
物的固有安全、现场的安全设施和人的安全设施，是球的基本支撑力，对
安全的保证发挥基本的作用。安全制度要求、安全激励措施是球的向上拉
动力。但是仅有支撑力和拉动力是不够的，要使这个球能够稳定在应有的
标准和水平上，不会下滑，还需要很强的黏合力，这种黏合力就是企业安
全文化力。球在斜坡上，必然有下沉的重力，这些重力表现在企业安全方
面就是固有的不良习惯，经济利益至上主义，思想松懈麻痹，管理制度不
健全，安全执行力不到位，再加上各种不安全因素的特殊性和复杂性等。
各种各样的下滑重力，使球不能平稳地停留在一个稳定的位置上。

要克服这种下滑重力就需要文化力来进行反作用。这种文化力就是正确
的安全认识论形成的驱动力、安全价值观的引领力、强管理标准的执行力、
道德行为规范的约束力等。

三、企业安全文化建设手段

关于如何建设企业安全文化，一些在安全文化方面做出显著业绩的企业
给我们提供了许多有益的经验。结合一些成功的案例和我们自己的思考，我
们认为关于企业安全文化建设，可以运用以下手段进行操作：

1. 安全管理手段

通过安全管理的手段调节企业与安全有关的各种要素之间的关系，建立
一种规范和谐的安全生产工作机制，从而达到实现安全生产管理目标，并逐
步培育起与企业生产经营过程相符的安全文化。企业的安全生产制度具有一
定的强制性，用来规范人的行为，塑造人的形象。这种安全行为文化建设应
包括两个方面的内容：一要有强有力的安全机构和行之有效的安全生产网络
体系；二要有一套科学的安全生产规章制度并切实贯彻执行，形成一个有效
的激励机制与严格的约束机制。

2. 行政干预手段

依靠政府监管部门、行业管理部门以及企业内部行政管理部门的力量，督促企业严格落实国家安全生产的各种法律法规，约束员工严格执行安全生产各项规章制度和操作规程，实现安全生产。行政手段突出在监督和处罚，但是应该注重发挥企业安全制度文化的作用，引导和规范员工遵守纪律，避免出现危险行为。行政干预的最高境界是让人们忘记有行政干预一说，而是能够自觉保护他人、保护自己，防止一切可能的生产安全事故和作业伤害。

3. 科技保障手段

安全文化建设一向注重吸收先进的科研成果来提升安全水平，充实安全文化建设的深厚内涵。比如，采用先进的安全生产技术和工艺，依靠科技进步成果，不断改善企业的劳动环境和作业条件，实现生产过程的本质安全，不断提高企业安全生产保障水平等。

4. 技术经济手段

技术经济手段在企业安全文化建设的过程中，一开始主要是起引领和驱动作用，因为企业所有的安全事故损失的都是企业的纯利润。为保障企业的经济效益，很多企业被动地把安全文化作为一个重要的经济指标来建设。其实，安全生产的目的不仅要保护从业者在生产、经营活动中的安全与健康，减少事故导致的经济损失，还应充分利用先进生产技术与安全技术的能动作用带动企业经济效益正增长。特别是在市场经济条件下，应积极采用科学而合理的方法，适应企业的安全文化和经济背景，以最小的安全投入，取得最大的经济效益与安全效果。

5. 安全法制手段

利用国家的劳动安全与保护的法律、法规及有关政策，对企业的安全、生产状况、企业的新改扩建设工程项目、生产经营活动等进行安全监督与监察，使用法制手段来规范企业安全生产与经营行为。安全法制不只是企业外在的安全措施，不只是行业主管部门进行监管的准绳，它应当成为企业内部规范企业和员工行为的自觉标准，是绝对不能触碰的高压线。

6. 宣传教育手段

安全教育是传播安全文化理念、传递安全生产经验、普及安全科学知识、保障安全生产、促进社会文明的重要途径，政府部门和企业可以通过开展宣传、教育和培训，培育从业者的安全生产、生活以及安全的知识、态度、意识、习惯等。安全教育不只是行业主管部门的强制性手段，更是企业内部建设安全文化的必要途径。

7. 典型引领手段

企业安全生产过程中最让人揪心的是安全生产事故，近几年出现的以黄岛石油管道爆炸、天津港爆炸为典型代表的恶性安全事故给国人的冲击是惨烈的。这些重大安全事故带给人的是无尽的反思，血的教训总会引起社会对安全问题的持续关注。但是，我们在关注重大安全事故的同时，还应该把相当一部分精力用于研究那些安全工作做得扎实有效的企业、那些把安全文化当做生产经营中的核心工作来建设并有突出成效的企业。通过总结经验，提炼安全文化建设的先进理念和管理规则，用以指导企业的安全工作实践。同样，在企业内部也有一些先进安全工作代表人物可以作为内部典型号召员工学习借鉴。典型引领是从安全工作正反两个方面、企业内外两个方面来总结经验教训，通过提炼加工后用于指导企业安全文化建设。

企业安全文化建设的手段有很多，我们介绍的这 7 种手段是较为典型的，而且这些手段的使用也不是孤立的，在具体实践中只有将它们综合联系起来，才能使企业安全文化建设发挥出最好的效果。

案例链接：青岛城运控股集团安全文化建设

青岛城运控股集团是集城市交通运输服务、交通基础设施投资建设、交通产业资本投资于一体的城市交通综合运营服务企业集团。集团下属82 户子企业，干部职工总数 3 万人；拥有各类场站 205 处，二级以上资质汽车客运站 10 座；拥有各类车辆近 1.5 万辆，运营公共交通线路 560 条，包括山东首条现代有轨电车线路——城阳现代有轨电车示范线，年公共交通客运总量达 7.74 亿人；长途及城际客运线路 174 条，辐射 12 个全国省份；专业校车线路 3502 条，运行区域覆盖青岛全域。

面对点多、线长、面广的生产经营实际，集团始终坚持"安全第一、预防为主、综合治理"的安全生产方针，夯实基础建设、完善预防体系、强化科技创新、厚植文化导向，有效防范各类安全生产事故发生，为集团平稳、快速发展打造了良好的安全环境。

一、夯实基础建设，提升安全生产工作管理水平

做实做强基层基础是筑根之举、防范之要、安全之魂，集团以体制机

制基础完善为切入点，深入推进"筑根工程"。

（一）安全体制建设。全面开展道路运输企业安全生产标准化建设，建立了从集团到各子分公司的安全管理体系，逐级成立安全生产委员会，逐级设立安全管理部门，共计配备1150名专职安全管理人员，强化了安全管理队伍建设。

（二）安全机制建设。着力抓好"双重预防体系"建设，构建了对日常安全生产风险的分级管控机制和安全隐患排查治理闭环管理机制，形成了公司、部门、车间、班组各司其职、各尽其责，实现了对安全生产风险的分级管理。

（三）考核体系建设。建立月度安全行车考评制度，采取出车前技术状况检查、行驶安全路线警示、动态视频监控等闭环规定动作，细化考评内容和分值考核体系，推行"日讲评、周通报、月考核"工作模式，营造了规范操作、讲评公示、争先创优的安全驾驶氛围。

二、完善预防体系，提高安全风险防范化解能力

围绕事故预防安全管理"人、车、路、现场"四个核心焦点聚力攻坚，创新推出"四个一"道路交通安全预防体系管理模式。

（一）抓细"一人一档"，强化驾驶人员安全管控。强化驾驶员诚信台账建立，实行"一人一档"管理，交通违法记满分、诚信考核不合格以及从业资格证被吊销的驾驶员，及时调离驾驶岗位。强化岗前教育培训，新聘用驾驶人员一律参加岗前三级安全教育培训，经考核合格后方可上岗。全面落实继续再教育制度，组织驾驶员每年按规定学时继续教育，并将考核成绩及时归档。

（二）抓好"一车一账"，强化车辆安全管理。建立健全营运车辆安全事故台账，将发生事故的车辆基本信息、驾驶人员信息、事故情况、事故分析及处理结果等形成完整的管理档案。监督驾驶员做好出车前、行车中、收车后的三检工作，确保车辆运行安全。加大对营运车辆违章查询频次，每月至少进行一次安全车辆违章检查，确保车辆当月违章清零。

（三）抓实"一线一策"，强化行车安全管控。对运营线路上存在的安全风险，持续开展全方位、全过程辨识，通过绘制"红橙黄蓝"四色线路安全风险标识图，建立线路安全风险数据库。并针对风险特点，从组

织、制度、技术、应急等方面制定有针对性的安全风险管理措施，制作线路安全作业指导书，进行有效的安全管控。

（四）抓牢"一场一册"，强化场站安全管理。车辆场站、油气站充电站、物流园区等有形化市场是安全管理重点区域。集团根据经营业务类型、人员构成、设施设备和周边环境，全面开展场站安全风险隐患排查，划分安全管控重点区域，从安全作业、消防管理、值守保卫等安全管理职责着手，形成场站安全作业手册，确保场站安全。

三、强化科技创新，促进安全管理模式赋能升级

全面实施科技创新驱动战略，促进先进制造技术、新一代信息技术与安全生产融合发展。

（一）提升车辆本质安全技术水平。制定"七＋七"车载主被动安全系统配备标准，为车辆安全运行提供强大技术保障。"第一个七"是车载安全带、灭火器、破玻器、一键报警系统、GPS视频监控、外推窗、驾驶区隔离装置等被动安全系统；"第二个七"是防疲劳监控系统、辅助刹车系统、防碰撞提示系统、360环视系统、车内自动感应灭火系统、危险气体检测系统、发动机及电池仓自动灭火系统等主动防御系统。

（二）加快安全管理信息化升级。根据交通行业安全管理特点，依托互联网＋、电子办公网络和手机终端，创新开发提升安全意识和能力的驾驶员ERP学习系统、便于人员管控的"暖行"安全叮嘱系统、保障行车安全远程视频实时监控系统、基于场站安保需求的电子巡更系统、多方联合应急救援的一键报警系统，实现了企业安全监管数据、语音和视频信息的传输和处理。

（三）紧盯安全管理技术前沿。进一步研发实现安全隐患排查治理全过程闭环管理的治理系统，探讨研究人脸识别技术、自动驾驶在公共交通领域应用，不断提升交通安全管理技术水平。

四、厚植文化导向，推动交通安全意识重塑提升

牢树"思想是行动前导""隐患就是事故"的安全预防关，将交通安全宣传教育贯穿于全年安全管理始终。

（一）创新推出独具特色的"春风、阳光、秋实、暖情"四季主题交通安全生产活动。第一季度"春风"活动围绕冬季行车安全、春运和"两

节、两会"时间节点，强化冬季车辆技术维护和驾驶员冬季行车专项培训。第二季度"阳光"活动围绕"五一""端午"小长假，抓好换季期间驾驶员"春困"预防预控工作，并加大道路交通事故、消防、逃生等应急演练活动。第三季度"秋实"活动围绕夏秋季道路交通事故预防重点，积极开展"送清凉、话安全""驾驶员访谈月"、技能竞赛等活动，固化驾驶员安全行车意识。第四季度"暖情"活动围绕国庆节和冬季行车特点，开展"抓冬防、送温暖、保平安"和"安全文化月"活动，开展冬季行车安全检查和应急演练，同时总结全年经验，弥补不足，为提升次年道路交通事故预防工作管理水平奠定坚实基础。

（二）开展"查、看、问、摆、改"五个阶段自评活动，用安全文化推动企业健康发展。"查、看、问、摆、改"五个阶段自评活动即："查"是结合安全生产管理制度和安全操作规程，检查所属单位安全生产状况；"看"是阅看所属单位安全文化建设资料的使用和管理情况；"问"是向从业人员提出安全相关问题，开展安全知识竞赛活动，了解员工掌握安全文化知识情况；"摆"是通过开展的"查""看""问"活动，对活动中存在的不足项，进行摆问题、查漏项；"改"就是针对摆出的问题，明确责任人进行整改纠正，推动安全文化建设持续健康发展。

不忘初心、方得始终。青岛城运控股集团将牢固树立以人民为中心的发展思想，切实增强风险意识、强化底线思维，真正把安全发展理念体现在行动上、落实到工作中，全力以赴防风险、保安全、护稳定，确保道路交通安全行稳致远。

（撰稿人：青岛城运控股集团有限公司戴凯凯）

四、企业安全文化发展战略

企业安全文化是企业文化的重要组成部分，具有企业文化所表现出来的一般作用，更具有自己的作用方式与特征，它对企业安全生产工作所能发挥的引导、渗透、保障和支持作用，是确立企业安全文化建设战略目标的基本前提。因此，企业安全文化建设必须要树立长远目标，要有长远的规划，不能只盯着眼前的问题，那种只会"拆东墙，补西墙"的所谓"短视症"，无法保证企业在安全文化建设上保持可持续发展能力。企业安全文化发展战略是指企业在安全方面的发展方向问题，企业若要拥有久长的生命力，就必须在安全方面具有战略眼光。打造安全文化战略要从长远、整体等几个角度来考虑。

1. 企业安全文化发展战略要关注全局

所谓全局，是说企业安全文化是一个系统工程，是渗透于企业各个方面、无处不在的。对于一个企业来说，安全文化既是指导安全生产工作的灵魂，又是安全生产工作得以顺利推进和落实的内在动力和基本保障，其作用及影响范围覆盖了企业安全生产工作的所有方面，存在于安全生产工作所涉及的各个主体、各种要素、各个环节及各个主体之间的相互关系，各种要素之间的相互组合及各个环节的相互衔接之中。安全文化理念及各项行为规范必须在企业生产领域的各个点得到完全贯彻，企业各个主体的安全意识、安全管理与操作行为及其结果与责任，各种要素之间必须合理搭配与有效整合，各个环节必须合理衔接并始终处于正常的运行及有效的控制之中。企业只有把安全文化的渗透与浸润工作不留死角地贯彻落实，完全内化于所有员工的行为之中，企业安全效益才能真正体现。因此，安全文化建设战略要从全局出发，而不是只关注于局部的情况。

2. 企业安全文化发展战略要关注长远规划

企业安全文化的形成可能有多种情况。但是，企业的安全文化一旦形成并为企业及其从业人员认可接受，其内容、形式及影响便具有较强的稳定性，不能也不会在短期内随意改变。这是因为安全文化对企业安全生产工作的导向作用、对企业各个部门管理活动的引导作用、对各个层次人员安全生产行为的规范作用，会逐步转化并确立为企业全体人员共同遵守的安全生产的价值观、评判标准及行为准则，会逐步形成一种持续的、良好的安全生产氛围或环境，会逐步成为企业维持与提高核心竞争力、提高整体竞争力的一种重要特质。因此，企业安全文化建设一定要从宏观发展角度考虑，考虑国际国内安全管理发展趋势，考虑行业未来发展方向，关注最新的信息化技术和各行业之间的跨界融合，考虑未来人类对安全生活的需求导向等要素，以大思路、大视野、大格局的前瞻思维进行长远规划。

3. 企业安全文化发展战略要强调主动性

安全文化虽然包含有安全行为规范方面的内容，也体现为安全制度层面，但是在习惯上人们还是把它跟一般的安全管理强制制度有所区别。它不同于安全生产的法律法规和各项制度，也并不再刻意强调强制性的约束力，即企业或企业员工会因为不遵守安全生产的法律法规和各项制度的规定而受到相应的惩处、付出一定的代价，而安全文化的作用则是引导企业及企业人员形成追求安全与健康的理念并形成一定的氛围，促进整个企业的安全行为转变为企业有目的地设定的标准行为规范。对于企业及企业的人员来说，这种作用具有一定的标杆性、灵活性和选择性，安全文化更多地表现为一种内吸力。一个企业可以通过强制性植入、导入的方式确立和推广新的安全文化，也可以通过对个人实行程序化、标准化和规范化的强化性训练让人们在短期内必须接受，但这绝不意味着新的安全文化已经融入人们的内心，更不意味着新的安全文化就能马上产生或达到企业所期望达到的效果。因此，安全文化只有当它在被接受之后并经接受者消化、吸收而融入、内化、体现为自身的东西，才是也才能真正发挥应有的作用，当然，这种融入、内化及体现是一个逐步渗透、潜移默化的过程。这是企业安全文化建设强调主动性的重要原因。

五、企业安全文化体系结构

企业安全文化体系分为三个主要层次，分别是精神层、行为层、物质层，这与我们前面提及的人类安全文化的结构层次是一致的。

首先是安全文化精神层。安全文化内涵中的观念文化方面对应安全文化的精神层，在企业中的表现就是企业的安全理念和精神体系。企业的安全精神体系作为一种精神，主要是指积淀于企业及职工心灵中的安全意识形态，包括企业在长期安全生产中逐步形成的、为全体职工所接受遵循的、具有自身特色的安全思想意识、安全思维方式、安全道德观念、安全价值观等，也包括在此基础上形成的安全目标体系。

其次是安全文化行为层。安全文化不能仅仅停留在理念层面，它不只是精神文化。因为安全文化的作用与影响过程是内在的，但其作用结果类似于哲学意义上的"精神变物质"，它的结果是外在的、看得见的，这表现为安全行为层面。对应到企业管理活动中，安全精神体系也不能只停留在精神表述阶段，只成为口号和标语挂在墙上、说在嘴上，而是要表现在人的行为上，成为实实在在的人的安全标准化的动作。观念决定态度，态度决定行为，行为养成习惯。要让安全文化在企业中真正起到作用，就要将安全精神内化于心、外化于行、固化于制。因此，企业管理的制度层面必须与安全精神相结合，将安全精神的指导思想、目标和行为要求用制度的形式进行规定和固化，以便于将安全精神贯彻于生产经营的全过程，彰显其核心作用。安全管理行为是将安全文化从精神文化向行为文化转化的保障，它定义了在安全精神的要求下需要遵守的一系列办事规程和行动准则，某种程度上会体现为一种强制性的力量。安全管理要实现良好的效果，不仅制度本身要逻辑严谨、权责清晰、符合企业实际，更是要企业通过精准化的设计，让一系列管理安全活动制度相互配合形成闭环系统，环环相扣发挥指导和引领作用，并让全体企业成员产生敬畏感，从而构成制度体系约束人的行为。

最后是安全文化物质层。安全文化在企业中需要以有形、无形的力量形成安全文化力场，来影响员工的思想、引导员工的行为。除了精神、安全行为这些无形的力量，企业安全文化同样有着丰富的有形的表现方式，这也是企业安全文化作为物质文化的体现。在企业的安全生产过程中，安全技术系统是安全文化最基础的载体，包括安全生产需要的工具、设备、设施、仪表、材料和技术等。这个层面的持续投资和不断创新，是企业安全生产的基本保障。安全物质设施是安全文化的重要组成部分，这些硬件要素不仅是保障企业员工的安全，它还会通过一定的表达形式去引导、警示企业员工在安全方面要关注的问题，传递塑造安全文化的信号。如何运用安全文化物质载体，以灵活多变的形式、生动感人的内容来传递安全文化的内涵、贯彻安全行为管理，这也是企业在安全文化建设中不可忽视的环节。

总之，企业安全文化的体系结构从精神到行为，再到物质，一步步丰富着安全文化的内容和实践。企业安全文化建设作为一项系统工程，需要在实践中进行长期不懈的努力。工作中，要坚持以人为本、求真务实、持之以恒、全员参与的原则进行安全文化建设。

六、企业安全文化建设的影响因素

企业安全文化在建设过程中受诸多因素的影响，对各种影响因素的划分也林林总总，如可划分为静态因素和动态因素、历史因素和现实因素等。为了研究方便，我们将这些因素划分为两大类：企业自身因素和企业外部因素。

1. 企业安全文化的内部影响因素

在研究企业安全文化的过程中，我们曾经从企业的行业特点、企业规模、企业效益、企业产品特点、企业人力资源状况以及企业的管理水平等诸多要素入手来审视企业安全文化建设，甚至把上述要素作为重点来挖掘。曾经设想，应该是生产高危产品的企业会更重视安全文化建设，容易发生安全事故的企业会更重视安全文化建设，或者效益好的、规模大的、人员层次高的企业会更重视安全文化建设。但在实践过程中，我们发现事实并非如此，比如国内著名的一些化工企业，反而因企业安全文化建设不到位导致安全事故频发。

虽然企业的管理水平的确能提高安全文化建设水平，企业效益在一定程度上也会提升安全文化建设质量，但是这些还不是影响企业安全文化建设的核心要素。研究安全文化，应该去粗取精，寻找安全文化建设的关键要素。研究发现，以下要素是企业安全文化建设的核心内部要素。

（1）安全意识。企业的安全意识分为集体安全意识和个体安全意识两大类。集体安全意识是指企业整体的安全意识，尤其凸显为企业领导层的安全意识，在企业安全意识中占据主导地位。个体安全意识是指企业员工的安全意识，受企业整体安全意识的影响较大。安全意识来源于人类的安全实践活动，是对企业员工安全行为态度的一种表达，是员工安全认识、心理、知识等的综合表现。员工的安全意识主要表现在生产过程中，对有可能对自己及他人造成人身伤亡和损害的外在环境条件的一种戒备和警觉的心理状态。安全意识高的员工能够保持较高的安全戒备心理，具有较高的安全敏感性，能够积极调动大脑中的安全知识，努力保持较好的安全行为规范，自觉遵守各项安全操作规程。企业整体安全意识水平对企业的安全文化建设起着至关重要的作用，企业领导的安全意识直接决定了企业员工在安全生产与生活中的表现。企业整体安全意识活动主要包括对外在客观环境的认知、评价和结果的决断以及在认知、评价和结果决断的基础上，决定企业员工个体的行为，并进行心理调节的过程。员工个体安全意识对企业整体安全意识有着重要的反作用，表现为一种相互促进的关系。

（2）组织承诺。组织承诺是组织中高层管理者对安全所持的态度，是在企业整体安全意识水平下的一种承诺。从高层管理者到生产主管的各级管理层对安全责任做出承诺并表现出无处不在的关注。对内对外的承诺是企业自我加压的方式，它所体现的不仅是企业内部的监督，而是借助于全社会的监督力量。组织的承诺确定了企业最基本的目标和实现目标的方式，这种承诺也能反映出高层管理者积极地向更高安全目标努力的态度。组织承诺的内容也体现了这个企业的整体管理水平和对安全认识的高度，组织承诺是企业安全文化的制度文化和物态文化的重要影响因素。

（3）员工授权。员工授权是指组织将高层管理者的职责和权力，分级授权给下级管理人员和基层员工，给予在安全方面一定范围和时间内的管理和责任权限。把高层的职责和权力用下级员工的个人行为、态度表现出来，并确信员工在改进安全方面所起的关键作用。每个被授权的员工都代表了上司的言行或上层领导的责任，这样领导和员工在安全方面的管理责任高度融合，员工有根据授权范围处理安全问题的自主权。一个培育了良好安全文化的企业会授权他们的员工，保证员工确切理解企业安全文化的内涵。

（4）管理参与。管理参与系统也就是管理层的安全实践，具体指企业管理层对安全工作的实际实施程度。领导层通过各种可能的机会实施安全管理，表明对安全工作的重视态度，通过出席会议、实施安全培训和执行重要安全工作来显示他们对安全问题的警惕性和对事故的积极防范意识，并在人力、物力和财力上给予足够的保证。高、中层管理者通过与一般员工交流注重安全的理念，并通过各种行为方式进行示范展示，可以大大提高员工遵守安全操作规程的自觉性。

（5）沟通系统。沟通系统指企业内建立的、能够有效地对安全管理上存在的薄弱环节在事故发生之前就被识别，并管理层和员工双向沟通报告的系统。对于安全保障来说，防范胜于救灾，如果能在事故发生之前，就发现事故苗头并立即进行整改是非常重要的。一个具有良好安全文化的企业必须建立正式的沟通系统，不只是管理者，更重要的是被员工积极地使用，并向高层快速传达或反馈必要的信息。

（6）教育培训系统。企业应定期提供及时、有效的安全管理培训和安全知识更新培训。通过培训提高员工对安全风险辨识和危机处理的技能，使员工树立正确的安全价值观并养成规范的行为方式。

（7）安全事故。企业的安全事故一般是生产经营单位在生产经营活动中突然发生的，给人类带来不幸后果的意外事件，或损坏设备设施伤害人身安全，或造成经济损失导致原生产经营活动暂时中止或永远终止。它会直接影响到安全观念水平，影响人们对安全工作的认识，是企业安全文化系统的一个重要影响因素。

2. 企业安全文化的外部影响因素

影响企业安全文化建设的外部因素很多，在实践过程中企业却很容易忽视企业之外的外部因素，这种只顾埋头拉车却忽视抬头看路的做法经常给企业的安全文化建设带来困惑。事实上，企业外界环境的变化，如自然环境、政策法规、科学技术环境等与外界相互作用的因素，是安全文化建设的开放性系统。这一因素因为大都超出企业的管辖范围，所以往往容易造成忽视，以至于经常给企业安全文化建设带来被动。常见的对企业安全文化建设具有影响力的外部因素大致有以下几个：

（1）社会经济发展水平。我们都知道经济基础决定上层建筑，而上层建筑又反作用于经济基础。企业安全文化属于上层建筑范畴，它的发展水平由社会经济发展水平所决定。社会生产力越发达，人们的物质生产越丰富，人们会更关注自身安全问题，由此影响安全文化建设。生活水平的高低决定着人的基本价值观念，社会利益的调整会改变人们的价值观念。在中国特色社会主义建设的初级阶段，过去片面强调以经济建设为中心，结果导致许多企业一味地追求利润而给企业带来了诸多安全隐患。因此，生产力发展水平不高，导致企业领导盲目追求眼前的利益，忽视了企业安全文化的塑造，对企业长远发展非常不利。

（2）社会文化的影响。社会文化主要包括民族文化和区域文化两个部分。民族文化是几千年沉淀下来的具有民族特色的民族价值观、民族道德和其他行为准则。不同民族有着自己不同的文化、不同的意识形态、不同的信仰和习俗，而且民族文化有着很强的继承性，这对企业安全文化有着深远的影响。不同地域的人们，由于气候环境和经济等因素，他们之间也有着各自不同的文化和不同的习俗，因此不同的社会文化也在不断影响着企业内部的安全观念。社会整体的观念是通过不同文化的传播所延续的，一个社会文化的核心就在于人们价值观的取向，在文化传播过程中确立自己的价值观，对于企业也有着重要的影响。

（3）社会安全价值观。在社会主义初级阶段，大家都知道社会主义核心价值观，这是我们作为社会公民的行为准则。社会主义核心价值观是社会价值观的重要组成部分，而社会价值观又是人们世界观的重要组成部分，同时也是社会意识形态和文化体系的核心，它是以人们的多种需求与理想为基本，以世界观和方法论为原则，表现人的情感关怀，并用以指导人们进行社会生产。社会价值观表现在安全方面就是社会安全价值观，它在企业生产方面的表现就是企业的安全价值观念，人的社会安全价值观对于企业的安全生产必不可少，影响深远。不同的社会安全价值观对社会有着不同的影响，只有高度重视社会、个体人身安全的文化氛围才会对企业安全生产产生无形的影响力，决定了企业自身安全价值观的形成，并最终影响企业安全文化建设。

（4）理论研究水平。企业安全文化作为一项新的安全管理方法，其理论研究水平如何直接关系到其接受和实施的程度。目前国内参与企业安全文化研究的人员还不够多，致使有关安全文化建设的著作，特别是通俗易懂的著作较少，可供借鉴的有效活动模式更少。由于没有系统配套的理论作支撑和典型成功的经验为榜样，企业在进行安全生产的过程中往往无所适从，从而直接影响企业安全文化建设。另外，安全文化作为一门新兴的学科，在学术研究方面，虽然百家争鸣有利于完善学科体系、统一思想认识，但是如果经过一个较长时期的讨论之后，仍然还是学派林立、观点众多，那就很容易造成思想上的混乱和认识上的模糊，这种尚在讨论争论的理论，很难进行推广应用。

（5）国家安全法规。国家安全法规推出的时机、系统及普及对于企业安全管理十分重要。首先，安全法规自身要完善，针对性要强，处罚力度要大，这是法律法规制约人的重要手段。其次，安全法规必须能普及到位。如果企业员工对于国家安全法规不够重视，势必会对存在的安全隐患视而不见，进而影响到整个企业的安全生产。因此，国家安全法规是影响企业安全文化的重要因素。

（6）行业特点。按照常规的理解，像煤炭、矿产挖掘、化工生产、交通运输、海上作业等安全系数较低的行业关注安全文化建设是天经地义的，作为国家安全管理监管层面应该把监管重点放在这些行业，所以这些行业会更强调企业安全文化建设。由于社会关注多、监管力度大，高危行业明显更加关注自身的安全文化建设，于是在实践中就出现了一些高危行业安全事故发生较少，相反有些看起来安全系数较高的企业反而安全问题不断涌现。其实这就是认识和管理监督的差异造成的，因此在进行安全文化建设时，实行分层分类的管理监督，强调全社会齐抓共管，不忽视任何行业，这是企业安全文化建设的不二法门。

第三节　中国特色的企业安全文化

一、我国企业安全文化建设发展阶段

根据目前国际上一些成功企业的经验，企业安全文化建设一般分为三个阶段。

1. 被动执行阶段

企业及员工安全行为基本是被迫接受或者在外在压力之下不得不为。这一阶段之所以被称作被动阶段，是因为必须要去做一些事情，就是人们经常所说的理解要执行、不理解也要执行。这个阶段的企业及员工是被动地按照法律标准要求提供安全防护技术措施，改善生产作业条件以及运用基本的安全管理过程控制危险。这是被动执行。整个企业被动地贯彻执行《安全生产法》，安全操作规章、制度，否则追究责任。企业内部没有完全建立起有效的安全生产运行机制和体系。

2. 主动管理阶段

在这一个阶段，企业决策层已经认识到安全管理的重要性，而且明确了安全管理的目标，在内部已经树立了安全价值观，有了安全方针，并建立健全了实现安全管理的方法程序。企业内部制定了安全法规，明确了安全目标及相关责任主体，企业安全价值观已经开始确立，并对员工进行系统培训。企业制定系统化、规范化安全操作规程和规章制度，生产中优先考虑安全。管理人员和安全专职人员为了搞好安全生产已经主动采取更加有效的技术措施。企业的这些安全管理举措的实行，已经标志着企业安全管理有着显著的改进，但是这些行为中还存在着一些明显的缺陷。这些缺陷的一个突出表现就是企业还缺乏员工参与安全事故商讨和决策的系统机制。企业职工的安全行为主要还是在监视监督之下得以实现的，并没有主动参与。

安全文化在主动管理阶段和被动执行阶段的一个很重要的区别是指在被动阶段，高层、中层、员工三层都是被动的，而到了主动管理阶段至少决策层、中间管理层开始有了主动性，企业管理者开始关注安全管理。管理层已经采取了一系列措施，但是员工层仍然是被动地参与，大部分员工根本没有意识到安全管理的重要性。管理层也认为员工只需要按照规定执行就好，没有动员员工参与企业安全方针、安全政策、安全措施活动当中，员工的安全行为仅仅是在上级的监督约束之下实施的。

3. 全员自律阶段

在这个阶段，企业安全管理已经不仅仅局限于领导层、管理层，而是包括全体员工在内企业所有人都意识到企业安全管理的重要性，都能把安全管理作为自己一项必须高度重视的工作，在企业安全方面所有人都到了自律的阶段。到这种阶段，企业安全管理承诺、安全管理的手段都已经到位，员工也具备了安全的意识和安全知识，自觉地按照安全规章制度进行生产。在这个阶段企业领导者和员工都把安全价值取向作为个体价值的一部分，个人价值和集体价值在安全方面高度融合。员工开始主动自觉地参与安全管理，把安全管理内化到个人责任之中，把安全行为强化到安全生产中，在这种安全文化背景下几乎所有不安全的作业条件和行为都被认为是完全不可接受的。有了员工的普遍参与，这个阶段的企业安全管理是上下呼应，每一个安全隐患都会被及时发现并处理在萌芽中，这个阶段是员工安全素养最高的阶段。

二、我国现阶段企业安全管理存在的主要问题

企业是安全生产的责任主体，面对着严峻的安全生产形势和挑战。对现阶段我国企业安全管理存在的问题进行分析和解决，有利于加速安全文化建设。我们先看《新民晚报》2013 年 6 月 5 日的一则评论：

短短四天，三把大火，东北三省，这是怎么了？5 月 31 日，黑龙江省林甸县，国家级粮库大火，几万吨粮食起火；6 月 2 日，辽宁省大连市，中石油分公司油罐爆炸；6 月 3 日，吉林省德惠市，一家禽业公司液氨泄漏引发爆炸，致 120 人遇难。损失如此惨重，伤亡如此巨大，令人震惊，令人悲痛，令人警醒。

重大事故发生，我们往往会发现，事故原因，通常是防范神经松弛，甚

至麻木。以大连石化为例。过去四年中，大连石化已发生6起安全事故，导致多人死亡或重伤，并造成直接经济损失数亿元。人们要追问的是：为何频发的事故没有敲醒大连石化？每次损失惨重的安全事故都是一记警钟，涉事企业理应吸取教训，避免灾难重现。然而，大连石化却反复在"同一个地方摔倒"——比如，2010年7月16日和10月24日发生的两起事故，就都发生在103号油罐。这些安全事故，都曾被国务院定性为责任事故，众多责任人在事后被问责；企业也推出了监管新手段。

问责与改进未能降低发生安全事故的概率，关键原因在于，这些举措没有堵住监管的漏洞。企业管理与项目运作不规范、安全生产意识淡薄、政府监管"睁一只眼闭一只眼"，这些潜在的"人祸"因素得不到有效治理，再小的诱因也能导致一场严重的安全事故。

犹记得，三年前"7·16"管道爆炸事故发生一个多月后，导致事故发生的深层原因尚未查明，事故责任还未厘清，赔偿行动也未见启动，大连石化却在内部开起了"救援表彰大会"。如此自我感觉良好的心态，降低了对安全威胁的防范与警惕，正是其后事故一再发生的重要原因。可资印证的一个事实是，就在此次爆炸事故发生的前两天，大连石化刚对"停工检修、汽油升级"项目进行表彰。当然，探究大连石化成为"事故大户"的原因，板子不能只打在企业身上，也应反思地方政府的监管失职。

疏于防范和监管的问题，在另两场事故中，也能看到——

在林甸，央视记者在火灾现场了解到，这个粮库消防设施不全，水源设置不合理，而且是违反规定露天存放，粮食存储量也超过了规定的一倍。粮库扩容，消防的力量却没有扩容，隐患重重，堆放最集中，同时也是火势最大的粮囤群周围，竟然没有一处有效的消防设施。

在德惠，事故原因仍在调查，但是，记者调查发现，为了"便于管理"，这家企业将绝大多数车间的大门都关闭，事发时，车间仅有一个侧门打开，其他出口均被反锁，停电后，应急灯也未亮。这些问题，显然是造成伤亡惨重的原因之一。

事故发生了，问责是必须的。但是，要防止事故，日常的防范和监管，才是最最重要的。这根神经，万万松不得。衷心希望，三把大火能烧醒麻木的防范和监管神经。

在这篇评论中，作者分析了企业安全事故的一些原因，可以用振聋发聩来形容！为什么企业安全事故屡禁不止呢？我们换一个角度，从以下三个方面分析企业安全建设出现的问题。

1. 安全管理流于形式，缺少实质内容

对于我国国内大部分企业来说，安全管理容易流于形式，变成一个空洞的内容，通常看起来很好，但往往脱离企业安全管理实际，而且缺乏实质性的内容。

在制定安全方针的问题上，有些企业多是"走过场"。上至企业的高层领导，下至生产一线职工，甚至包括企业的安全管理人员，对自己制定的安全方针理解不深刻，对安全方针的执行不坚决，以至于在安全和生产之间出现偏差的时候，更多的是生产第一，安全往往排在次要甚至最后的地位。

在制定安全目标方面，有的企业没有发动职工广泛参与，也没有对本单位的安全状况进行系统、全面地调查、分析、评价，导致安全目标不明确，制定的安全管理目标要么过高没办法实现，要么过低起不到防范作用。

对于企业制定的规章制度执行力不足也是企业安全管理流于形式的重要体现。执行效率的高低直接影响着企业安全管理，再好的规章、再完善的制度，都不能离开强有力的执行力保障。安全生产责任制的落实不到位就是执行不力的一个突出表现。目前，我国很多企业都不缺少安全管理规章制度，但是在实际工作中，有章不循的现象却时有发生，从而降低了安全管理规章制度的效力，甚至直接导致了重大事故的发生。

因此，我们认为把企业安全管理内容真正落到实处，才是企业有效运行的关键。

2. 企业安全管理没有形成完整的体系

据统计，我国伤亡事故中70%以上是由于"违章指挥，违章操作，违反劳动纪律"造成的，许多安全事故是由于缺乏完整的安全管理体系造成的，有些企业特别是中小企业安全管理体系不健全。[①] 事实上，国内许多大型国企的安全问题也相当不容乐观，上面提到的中石油大连分公司就是一个典型。

在一些企业中，真正的大安全观还没有树立起来。由于过分重视经济效益，过分追求产值，目前中国大多数企业仅仅把安全当成一项由少数人从事

---

① 我国今年安全生产状况公布，关注特大伤亡事故，摘自新浪新闻中心，2003 年 10 月 23 日，http：//news. sina. com. cn/c/2003 – 10 – 23/13511983217. shtml。

的职业或某个部门的阶段性工作任务来对待。安全问题，在企业内部长期被当作仅仅是安全管理部门的事，而没有把它作为"人人相关、人人有责"的企业安全文化来建设。

3. 安全管理缺乏先进的管理理念作为指导

当前，我国企业安全文化建设尚处于起步阶段。即使一些企业意识到安全管理的重要性，意识到只有通过安全文化建设才能提高企业员工的安全意识，才能保证企业安全生产的良性运作，但是在传播企业安全文化理念时严重滞后，传播和发动还只是初步的。更何况目前我国企业安全文化理论还很不完善，各地域、各行各业推广和应用工作进展不够平衡，一直没有形成强大的安全文化氛围。主要有以下几种表现：

第一，过去我们一段时间一直强调经济利益，强调 GDP 增长，企业挣钱才是硬道理，结果安全问题在大多数企业一直就是生产的陪衬，重视程度严重不足。方向性的错误导致企业安全文化建设被忽略，直接影响了企业的安全生产。

第二，有的企业虽然意识到安全生产的重要性，但是在如何强化安全管理方面，缺少办法，管理措施不到位。大部分企业认为员工的安全观念很难改变，其实这主要是因为忽视了安全文化建设所导致。没有安全文化理念引导，没有员工发自内心地对安全问题的认识，仅从外部强制性的管理监督往往很难达到安全管理的目的。

第三，大多数企业广大劳动者的安全素质普遍不高。员工缺少系统的安全管理培训，加上自身的观念意识比较差，所以容易出现安全问题。

三、打造具有中国特色的企业安全文化

在经济高速发展的今天，关爱生命、以人为本是一个永恒的主题。企业安全文化的建设必须要符合时代的要求，在关注产值增长的同时要关注劳动者的健康。在"绿水青山就是金山银山"的时代主题下，每一个企业都要做到与时俱进，又要紧密结合企业实际，使企业自身安全文化具有鲜明的个性特色。安全文化如同每个人，文化代表着一个企业的独特品格和个性，体现着企业的综合素质。文化的建设缘于企业的历史和传统，升华于企业的发展过程。一个优秀企业的安全文化决定了企业的内在品质和外在形象，决定了

企业的社会责任，它是企业得以安全发展和可以长久运行的保证，是一种与企业相伴相生的精神存在。因此，打造具有中国特色的企业安全文化是十分必要的。

1. 弘扬优良的民族传统文化

任何一个国家和企业的安全文化的底蕴首先来自本民族的传统文化，一种优秀的安全文化，必定是融合了民族文化和历史人文精神的精华，注重吸收传统文化的营养来充实、丰富、发展自己的安全文化。企业安全文化无不处处体现着人文气息、多元思维及活跃的氛围。

中国传统文化有一个基本精神是人本主义，认为人是世间一切事物的根本，天地之间人为先。这个人本主义的核心是坚持"民为贵"的民本主义精神。《尚书》中就有"重我民""唯民之承""施实德于民"的记述。《左传》《国语》等典籍中，也多处显示了以民为本的观念。儒家学说更是集中体现了民为邦本的思想。孔子历来主张重民、富民、教民。在"民、食、丧、祭"这些世间的大事中，将"民"列为首位。《论语》记载，有一次马厩失火被焚毁，孔子退朝回来，听说此事，曰："伤人乎？不问马"，首先关心的是人而不是马。孟子则提出了影响中国几千年的"民为贵，社稷次之，君为轻"的著名观点，成为历代开明统治者维护统治的座右铭。不仅儒家主张民为邦本，道、墨、法诸家也都具有以民为贵的重民思想。以民为本的人本主义精神对于企业安全文化建设的影响自然是重大的，这也是一个企业伦理的重要问题。企业的存在为了什么？企业如何承担起社会责任？企业如何对待自己的员工和社会公众？人的生命安全是最重要的，理解了这一点就会自觉地把企业安全问题作为企业的首要问题，相应地安全文化建设就会成为企业的重中之重。因此，建设企业安全文化，我们有很好的历史遗产，有优秀的文化基因。

中国传统文化具有一种鲜明的道德伦理色彩，其对个人价值的肯定，不在于个人物质欲望的满足，也不着眼于个人精神的愉悦，而是从个人社会关系上，从个人与对象（家庭、宗族、国家）的关系上来肯定个体心性的完善。特别强调，个人必须担负对社会应尽的责任，同时又要追求一种主体道德心性的完善，这既是社会的要求，也是个体的自觉。所以儒家提出修身、齐家、治国、平天下，这是一种社会责任，但其前提需要正心、诚意、格物、致知，也就是必须先完善个体自我的道德心性。只有"内圣"才能"外王"，只有"意诚""心正"才能"身修",而后才能"家齐""国治""天下平"。这种注重人的心性修养的自觉功夫,对于企业安全文化建设的意义不言而喻,它使安全文化建设有了根基。只要意识到安全的重要性就会自觉地践行,企业员工会通过个体的自我约束、自我修炼,达成对安全行为规范的自觉遵守,不仅如此,还会在自我完善的同时去完善他人,去宣传、鼓动、引导社会公众去遵守安全行为规范,形成安全氛围。

除了上述具有鲜明特色的传统文化精神之外,其他如以家族观念为基础,强调个人服从整体的团体意识;根源于中庸之道和天人合一观,主张人与人亲和、人与自然一体的和谐思想;积极入世的人生态度和淳朴诚信的求实精神;勤劳勇敢、勤俭节约、忍辱负重、自强不息的民族性格;敢于挑战、勇于开拓等都值得发扬光大。西方国家在过去残酷无情的市场竞争和纯理性的经济人管理理念引导下,人与人关系淡漠,缺乏人情味,导致了许多安全管理问题,现在他们也正转向东方,尤其是中国寻找和谐思想及中国文化中特有的关注人情的管理理念。因此,我们认为,只要我们善于反省总结,克服传统文化中的惰性及消极成分,发扬优秀部分,并善于把它同当前经济社会发展有机结合起来,中国传统文化仍会大放异彩,成为我国新型安全文化的坚实思想基础。

2. 以"可持续发展"为安全文化建设的目标

所谓可持续发展理念,就是指企业在建设自己的安全文化时,要正确处理好各种关系,包括企业内部各方面的关系和企业与外部环境的关系,保证企业能够长期地生存和持续健康地发展。

首先,在企业内部经营管理中,必须传承中华优秀传统文化中个人服从团队的价值理念,强调每一个个体对团队所具有的责任心,着力创造一种整体与个体高度和谐和相互融洽的良好的内部环境。文化的力量是无穷的,善于用民族文化的精髓部分内化于心,并自觉自愿地传承,这是可持发展的重要条件。有了个人对团队的责任感,有了个人为集体必须奉献的自觉意识,那么高效团队的成员之间就可以在加强每个成员的企业安全文化理念方面相互促进、相互学习、互相监督,保证企业安全文化得到有效贯彻落实。其次,可持续发展理念贯彻到企业行为中,要求企业为了统一的发展目标,为了统一的集体愿景,从发展角度坚持统一的原则,严守安全管理规章制度,使企业能够在安全运营之中实现长期的盈利。最后,坚持可持续发展理念,就能要求企业在发展中有更大的格局、更高的目标和更开阔的视野，能够面向世界、面向未来，树立全球观念。在经济全球化的今天，在电子网络高度发达、智能化社会不断推陈出新的今天，任何一个国家和企业都不可能孤立地存在和发展。

企业在安全文化建设方面必须重视学习和吸纳世界上所有优秀企业的安全文化思想，既要反对完全照搬照抄，又要反对盲目排外、夜郎自大，而是应该以开放、兼容的态度，面向未来加强对外合作交流，提升本公司自身的安全建设水平，以保证与时俱进，取得最好的发展。

3. 提炼并传承企业历史上积累和创造的优秀文化

任何一个成熟的企业都是由于经过长期的市场经济洗礼、民族文化的熏陶和生产经营实践，在不断创新的过程中形成了自己独具特色的管理经验和文化，他们传承了企业自创建以来长期积淀的优秀企业文化中的精髓并运用于自己企业的运行中。

我国企业在长期的生产经营实践中也积淀了很多优秀文化，形成了不少优良传统和可贵精神，值得认真总结、提炼、并传承下去。例如，建国前的民族资本安全文化，它的精髓主要体现在三个方面：一是"实业报国、服务社会"的企业使命和企业精神，它代表了近代民族资本企业的主流。二是"人和精神"，这种脱胎于中国血缘宗法制度的企业治理方式，即注重巩固企业的血缘基础，培育企业的亲和氛围和企业内部同呼吸共命运的家族意识。三是"严细精神"，即重视企业内部严密的规章制度和严格的生产、质量管理控制。

社会主义公有制企业从一开始就在党的领导下，长期接受党的优良传统的熏陶，在生产经营实践中形成了很多独具特色的企业精神和优良传统。如：强烈的社会责任感、集体意识和国家至上的奉献精神；敢打敢拼、自力更生和艰苦奋斗的创业精神；鼓足干劲、力争上游、不怕牺牲、排除万难的拼搏精神；讲求质量和对人民对国家高度负责的服务精神；精打细算和勤俭节约的坚守精神等。这些优秀的企业文化精神在新时代企业安全文化建设过程中都有非常强的生命力，会促进安全文化的建设。

4. 学习和借鉴东西方安全文化的精华

东西方安全文化最为突出的三种模式是：美国模式、日本模式和欧洲模式。美国是一个由移民组成的年轻国家，文化根基很浅，僵化的传统不多，与此相适应，美国安全文化模式最重要的特色就是推崇个人能力主义，追求理性主义。日本安全文化模式的精髓是"团队精神"。日本是一个农耕民族，受中国儒家文化影响较深，具有较强的岛国忧患意识、长期的家族主义传统、较强的合作精神和集团意识，员工视企业为家族，并与之保持着深厚的血缘关系，与企业是"命运共同体"。由于欧洲各国经济发展过程和体制相近、市场相连、文化环境相近似，且各种文化、经济交往频繁，所以各国安全文化有很多共同性，大体上也可称之为一种模式，这种模式比较重视理性主义，具有较强的质量观念和勤俭节约传统。①

这些文化都值得我们学习与借鉴，当然，绝不能照搬照抄，应根据我国国情，择其精华，为我所用。

5. 认真学习党中央相关指示精神，遵守国家安全法规

任何企业的发展离不开一定的宏观经济、政治、文化、科技环境，企业安全文化建设也离不开这些宏观背景，所以深刻理解党中央在安全方面的相关指示精神，遵守国家相关安全法律法规是企业安全文化发展过程中的核心指南。2019 年 1 月 21 日，习近平总书记在省部级主要领导干部坚持底线思维着力防范化解重大风险专题研讨班的讲话中指出：深刻认识和准确把握外部环境的深刻变化和我国改革发展稳定面临的新情况新问题新挑战，坚持底线思维，增强忧患意识，提高防控能力，着力防范化解重大风险，保持经济持续健康发展和社会大局稳定，为决胜全面建成小康社会、夺取新时代中国特色社会主义伟大胜利、实现中华民族伟大复兴的中国梦提供坚强保障。这个讲话虽然是就大的国家安全层面表述，但是对任何一个企业的安全文化建设都有非常现实的指导意义。尤其是 2022 年 10 月，中国共产党第二十次全国代表大会报告中，更是把安全问题进行重点阐述，提出坚持以人民安全为宗旨，提高公共安全治理水平等，再一次强调了关注安全的重要性。

6. 在实践中落实和完善安全文化

所谓重视安全文化建设，不是体现在墙上挂挂标语、喊喊口号，弄一个企业安全文化建设方案对外搞宣传或者说应付相关部门的检查，而是体现在企业上下实实在在的行动之中，落实在企业生产运营过程中完全的企业安全

---

① 贾文红. 沃尔玛文化对构建中国特色企业文化的启示 [J]. 上海经济研究，2008（12）：112 - 116.

氛围中，是在执行中提升安全文化。任何脱离了制度、停留在思想领域的所谓安全文化，不过是一种表面的、虚幻的、主观的文化现象，可以说是一种假的安全文化。要使安全文化真实起来、落实下去，必须从制度入手、从执行入手、从效果上考量。俗话说得好，高雅的语言未必源于高尚的心灵，只有行动才是最有感召力的旗帜。企业安全文化要内外兼修，首要是把理念作为内心要约和指南，然后强化以制度为外部规范和保障。在企业抓安全工作，必须坚持自律与他律相结合，先把先进的适合本企业发展的安全理念转换为企业的制度、流程和员工的具体行为，而后这些理念才能在不断地总结提炼过程中成为制度的升华，从而使理念和制度呼应起来，制度成为文化。同样地，行为规范才能转变为文化规范。当一个企业的安全制度约束成为员工的习惯，企业上下对制度没有了排斥反应，那么这些制度就真正成为文化。到了这一境界，企业员工就能把安全价值观、宗旨、信念内化在头脑里并外化和固化在行为中，安全理念和安全行为内外统一起来形成企业安全文化建设的长效机制，逐步进入一种高度自觉的精神状态，创造企业安全文化的新境界。

安全文化对企业的生存和发展有着不可替代的重要作用。一个企业的强大凝聚力不只是来自于资源和技术，而更重要的是来自于安全文化。借鉴别人的成功经验，向一切优秀企业学习，汇他山之石、集众家之长，不断地修正自己的安全文化思想，开阔自己的视野，理顺自己的思路，看清自己的目标，这样才会构建有中国特色的安全文化，引领中国企业安全文化健康地发展。

第二章

企业安全物质文化建设

习近平总书记指出："确保安全生产应该作为发展的一条红线。发展不能以牺牲人的生命为代价。要深刻认识安全生产工作的艰巨性、复杂性、紧迫性，坚持以人为本、生命至上，全面抓好安全生产责任制和管理、防范、监督、检查、奖惩措施的落实。"

根据 2020 年山东省统计局所发布的山东省国民经济和社会发展统计公报显示，全省安全事故形势稳定。生产安全事故起数和死亡人数比上年分别下降 38.0% 和 38.4%，亿元 GDP 生产安全事故死亡率 0.0074，十万人工矿商贸企业就业人员生产安全事故死亡率 0.40，道路交通万车死亡率 1.13，煤矿百万吨死亡率 0.142。数据显示全省安全发展形势向好发展，但因安全物质文化建设方面的欠缺，仍有诸多的安全事故发生。尤其是矿产企业在生产过程中安全意识有所欠缺，对于安全物质文化的漠视导致了一系列安全惨剧的发生。

综合来看，随着我国社会的发展和安全建设的不断深入，安全文化建设越来越受到人们的重视，安全文化体系的构建也日渐趋于成熟，企业安全物质文化无疑是当前安全文化建设的主要构成部分之一。当前，国内诸多企业的安全物质文化建设还颇有局限性，安全意识不够深入，安全制度实施不到位，还需要继续加强，采取适当措施预防安全生产事故的发生。

第一节　安全物质文化与安全标志建设

一、安全物质文化含义及分类

1. 安全物质文化的含义

企业安全物质文化是指整个生产经营活动中所使用的保护员工身心安全与健康的工具、原料、设施、工艺、仪器仪表、护品护具等安全器物，我们可以把安全物质文化理解为以物质为载体的安全文化。企业安全物质文化也可称为作业环境安全文化或视觉安全文化，它包括企业在整个生产经营活动中能保护员工身心安全与健康的先进工艺技术、设备设施或机具、安全防护与人机隔离技术、安全保护与连锁装置、安全标志标识、安全展览、作业环境与区域定置等硬件设施。它旨在通过物质建设，保证企业健康安全地发展。

2. 安全物质文化的分类

安全物质文化的分类有很多，主要分为以下几类：

（1）防护具护品：防毒器具、护头帽盔、防刺切割手套、防化学腐蚀毒害用具；防寒保温的衣裤，耐湿耐酸的防护服装；防静电、防核辐射的特制套装。

（2）安全生产设备及装置：各类超限自动保护装置；自动引爆装置；超速、超压、超湿、超负荷的自动保护装置等。

（3）安全防护器材、器件及仪表：阻燃、隔声、隔热、防毒、防辐射、电磁吸收材料及其检测仪器仪表等；本质安全型防爆器件、光电报警器件、热敏控温器件、毒物敏感显示器件等。

（4）监测、测量、预警、预报装置：水位仪、泄压阀、气压表、消防器材、烟火监测仪、有害气体报警仪、瓦斯监测器、雷达测速、传感遥测、自动报警仪、红外控测监测器、音像监测系统等；武器的保险装置、自动控制设备、电力安全输送系统等。

（5）其他安全防护用途的物品：微波通信站工作人员的防护，激光器件及设备的防护，乃至保护人们的衣食住行、娱乐休闲安全需用的一切防护物件及用品；防化纤织物危害的保护剂，消除静电和漏电的设备，防食物中毒的药品，防增压爆炸、防煤气浓度超标自动保护装置；机床上转动轴的安全罩、皮带轮的安全套、保护交警和环卫工人安全的反光背心；保护战士和警察安全的防弹服等。还有其他一些研制或开发的新型护品、护具、设备、器具、材料、物品等。

二、安全标志之安全色

安全标志是我们的生活伙伴，无论是在道路交通还是生活住所都随处可见。安全标志的作用至关重要，具有不可替代性，企业安全物质文化建设离不开它。安全标志建设首先要进行安全色建设。

1. 安全色的规定目的

在国家标准《安全色》（GB 2893 – 2008，自 2009 年 10 月 1 日执行）中规定了传递安全信息的不同颜色以及安全色的测试和使用方法，目的是使人们能够迅速发现或分辨安全标志，并执行相应的安全要求以防发生事故。它主要适用于公共场所、生产经营单位和交通运输、建筑、仓储等行业以及消防等领域所使用的信号和标志的表面色，不适用于灯光信号和航海、内河航运以及其他目的而使用的颜色。

2. 安全色的定义

安全色是表达安全信息含义的颜色，如表示禁止、警告、指令、提示等。安全色规定为红、蓝、黄、绿四种颜色，其含义和用途见表 2 – 1。

表 2 – 1　　　　　　　　　　安全色的含义和用途

颜色	含义	用途举例
红色	禁止 停止 危险	禁止标志，停止标志，机器、车辆上的紧急停止手柄或按钮，禁止人们触动的部位，消防设备标志，仪表刻度盘上极限位置的刻度等
		红色也表示防火

续表

颜色	含义	用途举例
蓝色	指令 必须遵守的规定	指令标志：如必须佩戴个人防护用具，道路上指引车辆和行人行驶方向的指令
黄色	警告注意	警告标志，警戒标志，围的警戒线，行车道中线，安全帽
绿色	提示 安全状态 通行	提示标志，车间内的安全通道，行人和车辆通行标志，急救站、疏散通道、避险处、应急避难场所等

3. 安全色的特点

安全色都采用色彩鲜明的颜色，起到提示作用。不同的颜色可以表达不同的含义。

（1）红色。注目性非常高，视认性也很好，在紧急停止和禁止等信号时常用红色。

（2）黄色。对人的视觉能产生比红色还高的明亮度，黄色和黑色组成的条纹是视认性最高的色彩，特别能引起人的注意，所以用作警告色。

（3）蓝色。蓝色在太阳光直射下颜色较明显，工厂喜欢用蓝色作指令标志的颜色。

（4）绿色。在人的心理上能使人联想到大自然的一片翠绿，由此产生舒适、恬静、安全感，所以用它作提示安全的信息。

安全色与对比色同时使用时，应按表2-2的规定搭配使用，其含义和用途如下：

表2-2　　　　　　　　安全色的对比色

安全色	对比色
红色	白色
蓝色	白色
黄色	黑色
绿色	白色

①红色与白色的相间条纹：禁止越过，应用于交通运输等方面所使用的防护栏杆及隔离墩；液化石油气汽车槽车的条纹；固定禁止标志的标志杆上的色带等，如图2-1所示。

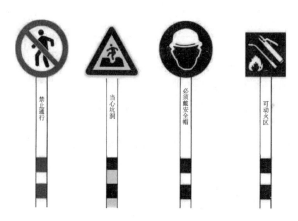

图 2 - 1　安全色与对比色搭配图

②蓝色与白色的相间条纹：应用于道路交通的指示性导向标志，固定指令标志的标志杆上的色带，如图 2 - 1 所示。

③黄色与黑色的相间条纹：警告危险，应用于各种机械在工作或移动时容易碰撞的部位，如移动式起重机的外伸腿、起重臂端部、起重吊钩和配重；剪板机的压紧装置；冲床的滑块等有暂时或永久性危险的场所或设备；固定警告标志的标志杆上的色带，如图 2 - 1 所示。

④绿色与白色的相间条纹：应用于固定提示标志杆上的色带等，如图 2 - 1 所示。

4. 安全色的用途

安全色主要用于安全标志牌、交通标志牌、防护栏杆、机器上不准乱动的部位、紧急停止按钮、安全帽、吊车、升降机、行车道中线等。

标志牌中安全色的应用，可起到提醒作用，在视觉上产生冲击感，让人们更加警觉，从而预防安全事故的发生。

三、安全标志

安全色在我们日常生活中随处可见，其警示作用具体如下。

1. 安全标志的含义

安全标志由安全色、几何图形和特定图形符号组成，用以表达特定的安全信息。

2. 安全标志的类别

安全标志分为禁止标志、警告标志、指令标志、提示标志四类。

（1）禁止标志。它的几何图形是带斜杠的圆环，见图 2 - 2。

图 2 - 2　禁止标志

（2）警告标志。它的几何图形是正三角形，见图 2 - 3。

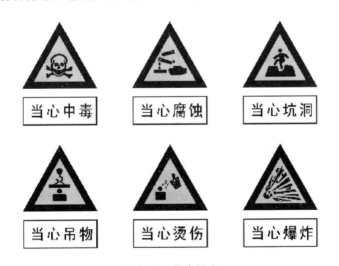

图 2 - 3　警告标志

（3）指令标志。它的含义是必须要遵守的意思，几何图形是圆形，见图 2 - 4。

（4）提示标志。它的含义是示意目标的方向，几何图形是长方形，按长短边的比例不同，分为一般提示标志和消防设备提示标志，如图 2 - 5 所示。

图 2-4　指令标志

图 2-5　提示标志

3. 安全标志牌的制作

安全标志牌的制作应按照安全标志牌的图案，用金属板、塑料板、木板等材料制作，也可以直接画在墙壁或机具上。有触电危险场所的标志牌，应当使用绝缘材料制作。

4. 设置位置与检查维修

（1）设置位置。安全标志牌应设在醒目或需要安全提示的地方，人们看到后能有足够时间来注意它所表示的内容，不能设在门、窗、架等可移动的物体上，以免这些物体位置移动后人们看不见安全标志。

（2）检查与维修。安全标志牌应每年至少检查一次。如发现有变形、破损或图形符号脱落以及变色后颜色不符合安全色的范围等情况，应及时修正或更换，如置放的位置不当，内有误导或不正确的信息，破损、褪色、缺失或已无法读清其内容，应及时重涂或更换，以保证安全标志正确、醒目，达到安全警示的目的。

四、安全语言警告牌

随着科学技术的发展，科技人员研发了职能安全语警告牌。当工作人员误入安全距离时，警告牌会智能地发出语音，提醒工作人员注意，防止发生事故。语言警告牌中采用红外线器件做探头，探头可遥测人体信号，此信号经过一系列变换、温度补偿、延时和功率放大处理后，可在适当时候发出语言声音。当工作人员进入遥测距离（可根据现场实际情况规定遥测距离）后，警告牌就会发出语言提示，语言的内容一般同警告牌文字内容一样，如"止步，高压危险！"等，提醒工作人员注意，防止人身事故的发生。

五、危险源辨识和分级监控标准化建设

这种方法是应用科技手段，严格按照国家危险源辨识标准或方法，划定危险源识别单元和等级，并研究分析可能产生的危险后果，据此来制定科学的监测监控措施，实施重点监控。

对识别出的危险源按照危害范围和严重程度，实行厂（矿）、车间（工区）、班组和岗位四级监控管理，并定期进行检查，确保危险源处于受控

状态。

1. 基本定义

（1）危险源。危险源是指一个系统中具有潜在能量和物质，释放危险的、可能导致死亡、伤害、职业病、财产损失、工作环境破坏或这些情况组合的根源或状态。危险源在一定的触发因素作用下可转化为事故的部位、区域、场所、空间、岗位、设备及其位置。危险源在《职业健康安全管理体系要求及使用指南》（GB/T 45001－2020）中的定义为：可能导致伤害或危险状态的来源，或可能因暴露而导致伤害和健康损害的环境。

（2）事故隐患。事故隐患是指生产经营单位违反安全生产法律、法规、规章、标准、规程和安全生产制度的规定，或者因其他因素在生产经营活动中存在可能导致作业场所、设备及设施的不安全状态，人的不安全行为和管理上的缺陷。事故隐患是引发安全事故的直接原因，严重时可能导致重大人身伤亡或者重大经济损失。因此，加强对重大事故隐患的控制管理，对于预防特大安全事故有重要的意义。

危险源是一种"根源"，事故隐患是可能导致伤害或疾病等的主体对象，或可能诱发主体对象导致伤害或疾病的状态。例如：装乙炔的气瓶发生了破裂。危险源是乙炔，是可能导致事故的根源；事故隐患是乙炔瓶破裂，即导致事故的"状态"。

2. 危险源的辨识方法

（1）一般危险源的辨识。按《生产过程危险和有害因素分类与代码》（GB/T 13861－2022，自2022年10月1日实施）进行辨识，危险源分类主要包括四大类：

①"人的因素"包括：a. 心理、生理性危险和有害因素：如疲劳、劳损等负荷超限；伤病等健康异常状况；从事禁忌作业；情绪异常、冒险心理、过度紧张心理异常等；辨识错误等辨识功能缺陷。b. 行为性危险和有害因素：如指挥错误；误操作、违章作业等操作错误；监护失误等。

②"物的因素"包括：a. 物理性危险和有害因素：如强度不够、刚度不够、稳定性差等设备缺陷；防护不当、支撑不当、防护距离不够等防护缺陷；漏电、静电等电危害；机械、电磁等噪声；机械、电磁等震动危害；X射线等电离辐射；紫外线、激光、微波等非电离辐射；坠落物、反弹物、土等运动物伤害；明火；低温物质、信号不清缺陷；标志标识不清晰等缺陷；有害

光照；信息系统缺陷。b. 化学性危险和有害因素：如易燃易爆等理化危险；急性毒性、皮肤腐蚀、致癌等健康危险。c. 生物性危险和有害因素：如致病微生物；传染病媒介物；致害动物；致害植物。

③ "环境因素"包括：a. 室内作业场所环境不良：如地面滑；作业场所狭窄、杂乱；地面不平；梯架缺陷；墙和天花板开口；房基下沉；安全通道和出口缺陷；采光照明不良；空气不良；温湿度不适；室内给排水不良；室内涌水。b. 室外作业场地环境不良：如大雾、冰雹、暴雨雪等恶劣气候；作业场地和交通设施湿滑；作业场地狭窄、杂乱；作业场地不平；道路、水路等交通环境不良；梯架扶手、护栏等有缺陷；地面开口缺陷；桥梁、屋顶、塔楼等建筑物结构缺陷；大门、栅栏等设施缺陷；作业场地地基下沉；安全通道和安全出口缺陷；光照不亮；空气不良；温湿度及气压不适；作业场地涌水；排水系统障碍。c. 地下（含水下）作业环境不良：如隧道/矿井顶板或巷帮缺陷；隧道/矿井作业面缺陷；地下空气不良；地下火；冲击地压；地下水；水下作业供氧不当。

④ "管理因素"包括：a. 职业安全卫生管理机构设置和人员配备不健全。b. 职业安全卫生责任制不完善或未落实，包括平台经济等新业态。c. 职业安全卫生管理制度不完善或未落实：包括建设项目 "三同时" 制度；安全风险分级管控；事故隐患排查治理；培训教育制度；作业指导书等操作规程；职业卫生管理制度等。d. 职业安全卫生投入不足。e. 应急管理缺陷：包括应急资源调查不充分；应急能力、风险评估不全面；事故应急预案缺陷；应急预案培训不到位；应急预案演练不规范；应急演练评估不到位等。

（2）伤亡事故类危险源辨别方法。按照《企业职工伤亡事故分类标准》（GB/T 6441 - 1986，自 1987 年 2 月 1 日实施）进行辨识，危险源主要有以下20 类：①物体打击；②车辆伤害；③机械伤害；④起重伤害；⑤触电；⑥淹溺；⑦灼烫；⑧火灾；⑨高处坠落；⑩坍塌；⑪冒顶片帮；⑫透水；⑬放炮；⑭火药爆炸；⑮瓦斯爆炸；⑯锅炉爆炸；⑰容器爆炸；⑱其他爆炸；⑲中毒和窒息；⑳其他伤害

3. 危险源的评价与分级

（1）是非判断法。直接依据国内外同行业事故数据资料及有关工作人员的经验判定为重要危险因素。

（2）作业条件危险性评价法。即 LEC 法：当事故根据数据资料无法直接

判定或不能直接确定是否为重要危险因素时，采用此方法，评价是否为重要危险因素。

风险值（D）＝发生事故或危险的可能性（L）×暴露于危险环境的频次（E）×发生事故可能产生的后果（C）

这是一种评价具有潜在危险性环境中作业时的危险性半定量评价方法。它是用与系统风险率有关的 3 种因素指标值之积来评价系统人员伤亡风险的大小。

取得这 3 种因素的科学准确的数据是相当烦琐的过程，为了简化评价过程，采取半定量计值法，给 3 种因素的不同等级分别确定不同的分值（见表2-3、表2-4和表2-5），再以 3 个分值的乘积 D 来评价危险性的大小，即 D = L × E × C。

表 2 - 3 　　　　　　　　　发生事件或危险的可能性（L）

发生事件或危险的可能性	分数值
完全可以预料	10
相当可能	6
有可能，但不经常	3
可能性小，完全意外	1
很不可能，可以设想	0.5
极不可能	0.2
实际不可能	0.1

表 2 - 4 　　　　　　　　　暴露于危险环境的频次（E）

暴露于危险环境的频次	分数值
连续暴露于危险作业环境	10
每天工作时间内暴露	6
每周一次或偶然暴露	3
每月一次暴露	2
或造成很大财产损失	1
非常罕见暴露	0.5

D 值越大，说明该系统危险性越大，需要增加安全措施，或改变发生事故的可能性，或减少人体暴露于危险环境中的频繁程度，或减轻事故损失，

直至调整到允许范围内（见表 2-6）。

表 2-5　　　　　　发生事故可能产生的后果（C）

发生事故产生的后果	分数值
大灾难，10 人以上死亡，或造成重大财产损失	100
灾难，3—9 人死亡，或造成很大财产损失	40
非常严重，1—2 人死亡，或造成一定的财产损失	15
严重，重伤，或较小的财产损失	7
重大，伤残，或很小的财产损失	3
轻微伤害，或较小财产损失	1

表 2-6　　　　　　风险值所对应的危险级别（D）

风险值（D）	危险程度	风险等级	是否需进一步分析
>320	极其危险，不能继续作业	一级风险	需进一步分析
160—320	高度危险，需立即整改	需要整改	需要注意控制
70—159	显著危险，需要整改	二级风险	可进一步分析
20—69	一般危险，需要注意	三级风险	不需进一步分析

第二节　安全工具与安全文化建设

安全工具通常专指电力安全工器具，是指防止触电、灼伤、坠落、摔跌等事故，以保障工作人员人身安全的各种专用工具和器具。

一、安全工具的作用

以电力行业为例，在电力系统中，根据各专业和工种的不同，人们要从事不同的工作和进行不同的操作，为了顺利完成任务而又避免人身事故，操作人员必须携带和使用各种安全工具。如对运行中的电气设备进行巡视、改变运行方式，检修实验时，需要采用电气安全用具；在线路施工中，人们离不开登高安全用具；在带电的电气设备上或邻近带电设备的地方工作时，为了防止工作人员触电或被电弧灼伤，需使用绝缘安全用具等。

安全工具是生产作业中必不可缺少的。正确使用安全用具对完成工作任务、保护人身安全起着重要作用。

因此，企业在安全文化建设中必须要加强安全工具的购置与发放，确保员工在每一次作业中的生命安全，这既是对员工负责，也是为企业谋利。

二、安全工具的分类

安全工具可分为绝缘安全工具和一般防护安全工具两大类。绝缘安全工具又分为基本安全工具和辅助安全工具两类。

1. 绝缘安全工具

（1）基本安全工具。这类工具是指绝缘强度大、能长时间承受电气设备的工作电压，并能直接用来操作带电设备或接触带电体的工具。如高压绝缘棒、高压验电器、绝缘夹钳、钳形电流表等，是电力企业运行过程中必不可少的器具。

（2）辅助安全工具。这类安全工具是指绝缘强度不足以承受电气设备或线路的工作电压，而只能加强基本安全工具的保安作用，用来防止接触电压、跨步电压、电弧灼伤对操作人员伤害的工具。不能用辅助安全工具直接接触高压电气设备的带电部分，如绝缘手套、绝缘靴（鞋）、绝缘垫、绝缘台等。

2. 一般防护安全工具

一般防护安全工具是指本身没有绝缘性，但能起到防护工作人员发生事故的工具。这类安全工具主要用作防止检修设备时误送电，防治工作人员走错间隔、误登带电设备，保证人与带电体之间的安全距离，防止电弧灼伤、高空坠落等。如安全帽、安全带、安全绳、脚扣、梯子、站脚板、防静电服（静电感应防护服）、防护眼镜、过滤式防毒面具、正压式消防空气呼吸器、耐酸手套、耐酸服及耐酸靴等。

三、安全工具与安全生产的关系

在新世纪的和谐社会，无论是国家安全还是企业安全都倡导坚持以人为本，树立全面、协调、可持续的安全观。所谓以人为本，就是强调人在社会历史发展中的主体作用与地位，是对人在社会历史发展中的主体作用与地位的一种肯定；它是一种价值取向，强调尊重人、解放人、依靠人和为了人；同时它又是一种思维方式，就是在分析和解决一切问题时，既要坚持历史的尺度，也要坚持人的尺度。

习近平总书记提出国家安全观要以人民安全为宗旨，提高人民福祉是最根本保障。他在不同场合多次强调，国泰民安是人民群众最基本、最普遍的愿望，保证人民安居乐业，安全是头等大事。习近平总书记提出要以"总体安全观"为遵循，构建国家安全体系，在生产安全方面，要加强交通运输、消防、危险化学品等重点领域安全生产治理，遏制重特大事故的发生。

对于施工企业来说，安全就是生命，安全就是效益，安全就是企业发展的生命线。因此，企业在建设安全文化的过程中，安全工具必不可少。如何在安全生产工作中坚持以人为本呢？首先，把重视人的生命视作企业安全管理的第一需要。其次，要把做好广大职工安全思想教育作为安全工作的重点，加强安全培训，提高职工的业务操作能力和工作责任感，通过考核奖惩制度激发职工遵章守纪的自觉性，消除职工在安全生产上的麻痹大意思想和侥幸心理，严格按照操作规程操作，把安全生产放在第一位。

当然，仅仅具有安全思想是不够的，还必须狠抓安全生产中的硬件和软件建设，即安全生产中的安全工具与管理两个方面。要搞好安全生产没有先进的安全工具不行，这是安全生产中的"硬件"建设，是企业安全生产的保障。"硬件"的提高，为做好安全生产打下了坚实基础。因此，要加大安全措施的资金投入，更新和改造缺陷设备，严格按照有关规范要求配备安全防护设施和器具，使生产时使用的安全工具符合安全生产条件；要改善作业条件，使生产环境达到国家和行业标准，使各种安全标志齐全，全面落实安全生产措施，消除事故隐患。

但在抓好"硬件"的同时，企业也应狠抓"软件"建设，很多事故教训都告诉我们，只有先进装备而放松管理，同样会发生事故。因此，在抓好硬件的同时，不能放松软件建设，必须坚持"装备""培训""管理"并重的原则。深化安全管理，加强职工培训，促进员工素质提高。把硬件与软件有机地结合起来，硬软两手抓，使之相辅相成，互相促进。

在安全生产工作中，因缺少安全工具，或因只有安全工具但缺乏管理使隐患发展成事故的现象是不少的。企业对事故的发生要有预见性，要懂得未雨绸缪，否则一旦事故发生，企业便措手不及，这都是缺少安全装备和安全管理的表现。当然，仅有安全设施和管理，没有及时采取措施的行为，最终仍然免不了要受到事故的惩罚。只有把安全工具配备、安全管理和安全行动三者有机结合起来，才是最高明的保安全、防事故的科学艺术。

四、安全工具的管理

安全工具在企业的安全生产中起着重大的作用，是企业安全的基石，是物质保障，必须加强管理。

1. 安全工具的保管

（1）安全工具的保管与存放，需满足国家和行业标准及工具的使用说明书。

（2）安全工具应统一分类编号，登记清册，对号入座，并做到实物与清册一致。安全工具应定置存放，不得与其他工具、材料混放。

（3）安全工具应统一存放在工具房（工具柜）内，特别是绝缘工具存放环境应保持温度－15℃—35℃、湿度10%—70%，要存放在干燥的专用木架上，并保持室内通风干燥；在雨天使用或受潮后，应进行烘干处理，防止绝缘工具的绝缘性能降低。

（4）绝缘杆一般应垂直放置，架在支架上或悬挂起来，不得贴墙放置。水平放置时，支撑点间距不宜过大，以免操作杆变形弯曲。

（5）绝缘靴、绝缘手套等橡胶类安全工具应放置在避光的工具柜内，上面不得堆压任何物品，更不得接触酸、碱、油品、化学药品或在太阳下暴晒，并保持干燥清洁。手套应套放在支架上，水平放置时，手套内应涂以滑石粉，以防粘黏。

（6）防毒面具应存放在干燥、无风、无酸碱溶剂的室内，严禁重压。应定期检验滤毒盒的有效期，过期产品应检验合格后才可使用。

（7）个人保管的安全帽、安全带等工具，应有固定的存放地点，做到摆放整齐完整、清洁无污垢，不得严重磨损、断裂、连接部位松脱等。

2. 安全工具的检查

安全工具使用前应进行外观检查。

（1）绝缘操作杆：检查表面有无裂纹、脱漆；接头是否牢固；握手标志清晰；不超试验周期。

（2）绝缘手套：检查有无粘黏、漏气现象；不超试验周期。

（3）绝缘靴：检查靴底有无裂纹；不超试验周期。

（4）安全帽：检查帽衬与帽壳间距大于3cm；帽壳无裂纹；系带调节灵活。

（5）安全带：检查组件完整无裂纹；铆钉无偏移；织带无裂纹；不超试验周期。

（6）验电器：检查与绝缘操作杆连接牢固；电池有效；声光清晰。

（7）接地线：检查塑料护套完好；无断股；各部连接牢固，螺栓紧固。

（8）围栏网：检查网绳无断裂；警告标志（止步，高压危险）完整。

3. 安全工具的报废

有下列情况的安全工具应予报废：

（1）绝缘操作杆表面有裂纹或工频耐压没有通过。

（2）绝缘操作杆金属接头破损和滑丝，影响连接强度。

（3）绝缘手套出现漏气现象或工频耐压试验泄漏电流超标。

（4）绝缘靴底有裂纹或工频耐压试验泄漏电流超标。

（5）接地线塑料护套脆化破损；导线断股导致截面小于规定的最小截面；成组直流电阻值小于规定要求。

（6）防毒面具过滤功能失效。

（7）梯子结构松动，横撑残缺不齐，主材变形弯曲。

（8）安全帽帽壳有裂纹；帽衬不全。

（9）安全带织带脆裂、断股；金属配件有裂纹，铆钉有偏移现象；静负荷试验不合格。

（10）预防性试验不合格的安全工具报废，由各单位汇总后提出申请，出具试验报告报公司安全部审定。

（11）因安全工具存在严重缺陷或使用年限达到规定，需要报废。

4. 安全工具的具体管理措施

（1）安全生产的管理部门，应该有确定的安全工具订货厂家，从规格、型号的选择，数量的配置，到生产单位发放过程，生产单位安全工具的定期试验，维护保养以及使用过程都要制定相应的管理办法，并作为安全生产管理的考核内容之一加以考核。

（2）安全监督部门尤其要对安全工具的试验和选型以及采购加强监督。在选型上要集思广益，多听取一些职工的建议，订货人员应熟识安全工具的性能和使用方法，采购时严防"三无"产品和伪劣产品的流入，同时避免安全工具试验时出现漏试或不试现象。

（3）各企业应设1名兼职的安全工具管理员，并制定好安全器具遗失、损坏等一系列管理办法。实行专人保管，并按不同类别、不同规格型号进行编号，做好分类登记，做到账物相符。

（4）每次施工、检修领用时，管理人员应对领用人所领工具的规格、型号和数量进行登记，领用人工作结束送回时，管理人员必须进行认真核对，以免造成安全工具的丢失。

（5）安全工具的管理人员必须做好每月1次外观检查工作，同时安排好试验时间，若发现不合格或超周期的安全工具，应分别存放，做好记号并标明不准使用的标记，防止他人使用，并做好记录；对不合格的安全工具应及时提出书面补充计划，并上报有关管理部门；要认真做好安全工具的维护、保养工作（如清洗、上油等），防止变形、锈蚀而造成损坏；应保证安全工具的清洁、完好。

（6）个人保管的安全工具由保管人员自己进行每月1次外观检查，但严禁拆卸安全工器具的任何配件，例如，安全带保险扣不能随便拆卸。检查情况由保管人员自己报安全工具管理员处，由安全工具管理员做好记录。

（7）安全工器具每次使用前，使用者要进行外观检查，检查安全工具有无不合格现象，一旦发现受损、变形、不完整等不合格现象或试验超周期应严禁使用。

第三节　生产环境安全化建设

一、设备设施安全化建设

设备设施安全化是指设备设施加工、制作、使用及维护保养等应符合强制性规范、标准，实现设备设施本质安全化。

　　尽管政府安全管理部门和大多数企业在安全管理方面采取了一系列控制措施，但到目前为止，我国的安全生产形势依然严峻，发生伤亡事故的频率还是很高。虽然影响因素是多方面的，但最根本的问题还是企业的设备、设施本质安全化水平低下。因此，加强设备、设施本质安全化尤为重要。

　　1. 设备、设施本质安全化状况及其分类

　　本质安全化状况主要指设备、设施本身所固有的降低危险，中断故障，避免或减少事故损失的能力。对于一般生产工艺过程，其设备、设施的本质安全化状况大体上可按图 2 - 6 所示的思路进行分类。

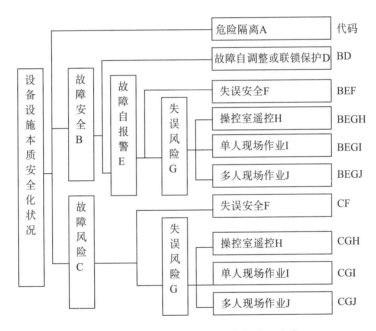

图 2 - 6　设备、设施本质安全化状况分类

　　2. 改善设备、设施本质安全化的途径

　　（1）加强企业领导安全意识，提高生产系统的安全投入。2021 年修订的《安全生产法》第二十三条规定："生产经营单位应当具备的安全生产条件所必需的资金投入，由生产经营单位的决策机构、主要负责人或者个人经营的投资人予以保证，并对由于安全生产所必需的资金投入不足导致的后果承担责任。"

但是有不少企业负责人只顾眼前利益，没有真正将安全工作放在重要位置。他们或者在新建、改建、扩建工程项目立项、设计时忽视设备设施的本质安全化，导致建设项目投产之前就先天不足；或者将安全工作成功的希望单纯寄托在人为失误控制上，没有真正从设备、设施本质安全入手去解决问题，往往因作业者受各方面不利因素（责任心、身体或心理素质、作业环境等）的影响而导致事故爆发。

（2）在建设项目的设计过程中力争提高设备设施的本质安全化水平。首先，设计单位必须对所设计的产品建成投产以后可能出现的危险模式有全面的了解，特别是可能引起群死群伤的重大危险模式，一个也不能遗漏。其次，对这些危险模式一定在设计中落实有效的控制措施，并贯彻到建设项目的工艺设计过程中，对工艺参数及有毒有害或易燃易爆物质的异常状态必须实现自动检测、自动调整、自动报警或联锁控制，使之在投入生产使用之前就具有较高的本质安全化水平。

（3）抓好新建、改建、扩建工程项目的"三同时"管理和安全评价。《安全生产法》第三十一条指出："生产经营单位新建、改建、扩建工程项目（以下统称建设项目）的安全设施，必须与主体工程同时设计、同时施工、同时投入生产和使用。安全设施投资应当纳入建设项目概算。"

《安全生产法》第三十二条还规定："矿山建设项目和用于生产、储存危险物品的建设项目，应当分别按照国家有关规定进行安全条件论证和安全评价。""三同时"管理和安全评价能有效辨识建设项目可能存在的危害因素，评价设计单位所采取的工程技术措施的针对性、实用性、可操作性、先进性，从而进一步完善设计，避免生产系统先天性隐患，提高设备、设施本质安全化水平。希望建设单位和有关中介机构严格按国家规定认真做好有关技术工作，各级安全管理监督部门切实把好关，避免"三同时"管理及安全评价工作走过场。

（4）生产单位认真做好生产过程中的维护管理。设备、设施的本质安全化功能都是通过一系列软硬件措施来实现的，因此，企业于生产过程中应注重有关备品备件的质量及维护保养的效果，以维持设备、设施本质安全化状态的持续有效性。这是企业实现安全生产的首要条件。

改善设备、设施本质安全化除了企业的有效措施外，其他相关的科研、设计、建设单位以及政府部门单位也要遵循以下途径：

（1）有关科研单位应加强相关的研究工作，包括通过案例分析及故障树分析等方法，发掘有关危险作业中的主要事故模式（潜在危险因素和触发引起事故的条件，可能发生事故的类别及后果）以及有关危险状态与生产工艺间的关系，并研究提出控制危险的工程技术手段等。

（2）有关设计单位在新建、改建、扩建工程项目及生产设备、设施设计过程中，应优先采用本质安全化程度高的工程技术措施，并注意跟踪其应用效果，不断总结、完善有关技术内容。

（3）建设单位应积极创造条件，支持和配合设计单位在新上工程项目中尽可能广泛地采用本质安全化程度高的设备、设施，并在本单位大、中修及大型技术改造过程中将本质安全化升级作为一项重要的技术内容。

（4）有关政府部门在安全法规、标准制定中应要求各有关单位积极采用本质安全化水平高的设备、设施，并奖励为提高设备、设施本质安全化作出贡献的单位和个人。

二、安全防护与人机隔离技术标准化建设

各种安全防护设施、人机隔离技术要符合国家或行业的相关标准及有关规范规定，企业在作业时能充分进行各方面的考虑，确保员工安全。

1. 安全防护措施标准化建设

以受限空间作业为例：

（1）在实施受限空间作业前，相关人员应在危险辨识、风险评价的基础上，要针对本次作业制定严密而有针对性的应急救援计划，明确紧急情况下作业人员的逃生、自救、互救方法；并配备必要的应急救援器材，防止因施救不及时造成事故扩大。

（2）现场作业人员、管理人员等都要熟知预案内容和救护设施使用方法；作业前要加强应急预案的演练，使作业人员提高自救、互救及应急处置能力。

（3）作业时必须保持良好的通风。借助于有效的通风，使作业场所空气中有害气体、蒸气或粉尘的浓度低于安全浓度，防止火灾、爆炸事故发生。这是目前经常使用的防范方法。

通风分局部排风和全面通风两种。局部排风是把污染源罩起来，抽出污

染空气，所需风量小，经济有效，并便于净化回收。全面通风亦称稀释通风，其原理是向作业场所提供新鲜空气，抽出污染空气，降低有害气体、蒸气或粉尘在作业场所中的浓度。全面通风所需风量大，不能净化回收。在受限空间作业前，应根据受限空间盛装（过）的物料的特性，对受限空间进行通风、清洗或置换，并达到下列要求：氧含量一般为 18%—21%，在富氧环境下不得大于 23.5%。有毒气体（物质）浓度应符合《工作场所有害因素职业接触限值 第 1 部分：化学有害因素》（GBZ2.1-2019，2020 年 4 月 1 日起实施）的规定。可燃气体浓度：当被测气体或蒸气的爆炸下限大于等于 4% 时，其被测浓度不大于 0.5%（体积百分数）；当被测气体或蒸气的爆炸下限小于 4% 时，其被测浓度不大于 0.2%（体积百分数）。

采取有效通风的措施有：打开人孔、手孔、料孔、风门、烟门等与大气相通的设施进行自然通风。必要时，可采取强制通风。采用管道送风时，送风前应对管道内介质和风源进行分析确认。禁止向受限空间充氧气或富氧空气。

特别提示：通风作业时操作人员的站位非常重要，必须站在通风口上部，顺风作业，防止二次中毒。

（4）其他安全要求。在受限空间作业时应在受限空间外设置安全警示标志。受限空间出入口应保持畅通。多工种、多层交叉作业应采取互相之间避免伤害的措施。作业人员不得携带与作业无关的物品进入受限空间，作业中不得抛掷材料、工器具等物品。

受限空间外应备有空气呼吸器（氧气呼吸器）、消防器材和清水等相应的应急用品。

严禁作业人员在有毒、窒息环境下摘下防毒面具。

难度大、劳动强度大、时间长的受限空间作业应采取轮换作业。在受限空间进行高处作业应按《化学品生产单位高处作业安全规范》（AQ3022-2008，2009 年 1 月 1 日起实施）的规定进行，应搭设安全梯或安全平台。

在受限空间进行动火作业应按《化学品生产单位动火作业安全规范》（AQ3022-2008，2009 年 1 月 1 日起实施）的规定进行。作业前后应清点作业人员和作业工器具。离开受限空间作业点时，应将作业工器具带出。作业结束后，由受限空间所在单位和作业单位共同检查受限空间内外，确认无问题后方可封闭受限空间。

特别提示：当发生紧急情况时，现场监护人应立即汇报并召集现场人员进行抢救处理。所有进入受限空间内的抢救人员必须具备相关的知识和技能，佩戴好防毒面具或呼吸器（使用空气呼吸器、氧气呼吸器或软管面具等隔离式呼吸保护器具，严禁使用过滤式面具）、安全绳索以及携带照明灯具等，必须在确保抢救人员安全的情况下组织救援；严禁冒险进入。作业结束后要清理现场、清点人员；严禁将工具、材料等物件遗留其中。

（5）进入受限空间作业许可证和相关要求。凡进入受限空间进行故障处理、堵料处理、检修、施工等作业时，由作业负责人负责办理《进入受限空间作业许可证》，涉及设备停机、停送电、临时用电、动火作业等，应遵守有关规定，并办理相关许可手续。受限空间属于要害岗位管理的，作业人员还应持要害部位出入证办理登记手续。

作业负责人按工作要求，对作业活动进行危险有害因素辨识，组织制定安全措施和应急预案，负责对作业人员进行安全交底，负责确认安全措施、相关手续和作业安全条件是否落实。

作业负责人应指派专人负责监护、内外（通信）联系、有毒有害气体监测工作。

作业单位使用的机械设备、工具用具、防护装备、气体检测仪等应符合国家有关规定、标准。准备的应急装备、设备、器材等能满足应急需要，配备作业现场应设置的安全标志。

特种作业人员应取得国家规定的有效资格证，并持证作业。按标准穿戴好劳动防护用品，根据作业的需要，准备好其他应用的劳动防护用品。

虽然受限空间作业危险性较大，但只要从作业许可、危险有害因素识别、现场安全交底制度严格执行等方面落实方案、检测措施、确认措施、监护措施、应急预案措施等要求，并严格落实安全责任，完全可以实现安全作业。

2. 人机隔离技术标准化建设

（1）机器隔离。在受限空间作业时，最常用的隔离方法是将生产或使用的设备完全封闭起来，使工人在操作中不接触煤气、化学品，简单地说，就是把生产设备与操作室隔离开，把生产设备的管线阀门、电控开关放在与生产地点完全隔开的操作室内。特别是受限空间与其他系统连通的可能危及安全作业的管道应采取有效隔离措施。管道安全隔绝可采用插入盲板或拆除一段管道进行隔绝，不能用水封或关闭阀门等代替盲板或拆除管道。与受限空间相连通的可能危及安全作业的孔、洞应进行严密封堵。

（2）危险源隔离。所谓危险源隔离，对机械设备而言，要求人体完全不可能触及其运动部件或所夹持的工件；对于火灾、爆炸或毒物泄漏等扩散型的危险源，必须具备以下条件之一：①生产过程中有关人员位于危险影响范围之外；②危险影响范围内作业的人员所处的操作室具有有效防火、防爆或通风换气、定时检测空气质量及自动报警等功能；③采取了有效措施使人员能避开危险能量的传播方向而不受伤害。

（3）个体防护。在缺氧或有毒的受限空间作业时，应佩戴隔离式防护面具，必要时作业人员应拴带救生绳。

在易燃易爆的受限空间作业时，应穿防静电工作服、工作鞋，使用防爆型低压灯具及不发生火花的工具。

在有酸碱等腐蚀性介质的受限空间作业时，应穿戴好防酸碱工作服、工作鞋、手套等护品。

在产生噪声的受限空间作业时，应配戴耳塞或耳罩等护具。应当指出个体防护不能视为控制危害的主要手段，而只能作为一种辅助性措施。

三、作业环境整洁化、定置管理标准化建设

作业环境整洁化是指按照现场文明生产的要求，对物品进行有目的、有计划、有方法地科学定置管理，并及时清理、整顿、清扫作业场所，不断改善劳动条件和作业环境，做到安全生产、文明生产、清洁生产，逐步达到人机环境整体优化。

传统的定置管理是企业在工作现场活动中研究人、物、场所三者关系，科学地将物品放在场所（空间）的特定位置的一门管理科学，它是为生产工作的现场物品的定置进行设计、组织、实施、调整，使其达到科学化、规范化、标准化，从而建立起现场的文明生产秩序进而提高工作效率。

首先，定置管理中的"定置"不是一般意义上字面理解的"把物品固定地放置"，它的特定含义是：根据生产活动的目的，考虑生产活动的效率、质量等制约条件和物品自身的特殊的要求（如时间、质量、数量、流程等），划分出适当的放置场所，确定物品在场所中的放置状态，作为生产活动主

体人与物品联系的信息媒介，从而有利于人、物的结合，有效地进行生产活动。

其次，定置管理内容较为复杂，在工厂中可粗略地分为工厂区域定置、生产现场区域定置和可移动物件定置等。工厂区域定置包括生产区和生活区。生产区包括总厂、分厂（车间）、库房定置。如总厂定置包括分厂、车间界线划分，大件报废物摆放，改造厂房拆除物临时存放，垃圾区、车辆存停等。分厂车间定置包括工段、工位、机器设备、工作台、工具箱、更衣箱等。库房定置包括货架、箱柜、贮存容器等。生活区定置包括道路建设、福利设施、园林修造、环境美化等。现场区域定置包括毛坯区、半成品区、成品区、返修区、废品区、易燃易爆污染物停放区等。可移动物件定置包括劳动对象物定置（如原材料、半成品、在制品等）；工卡、量具的定置（如工具、量具、胎具、容器、工艺文件、图纸等）；废弃物的定置（如废品、杂物等）。

定置管理工作的目的：一是提高产品质量；二要提高生产效率；三是减少事故发生。

在实行定置管理时，必须遵守以下原则：

（1）要有利于提高产品质量；

（2）要有利于促进生产、提高工作效率；

（3）要有利于安全生产；

（4）要有利于降低产品成本，提高经济效益；

（5）要有利于充分使用生产场地，发挥生产能力；

（6）要有利于定置物的规范化、标准化、科学化。

四、人流、车流与物流有序化建设

凡是有起重设备和车辆通行的厂房内都要划分吊运作业区域、物料存放区域、人行安全通道和机动车辆通道，实行人车分路，做到人流、车流、物流规范有序。

厂（矿）区道路划定人行通道、车辆通道以及斑马线。明确安全区域和危险区域，并对危险区域加以警示，对危险区域实施特殊管理，从而避免危险。

第四节　企业安全物质文化建设存在的问题及对策

一、企业安全物质文化建设存在的问题

由于政府部门的安全监管和企业自身的安全建设，我国近几年在安全文化建设的理论和实践方面都取得了许多可喜成果，但也存在不少问题、矛盾、偏向和误区，使我们油然生出一些隐忧。企业进行安全物质文化建设时存在的问题主要有：

一是安全物质文化建设的设施、行为视觉识别系统还不够到位，不够规范化、体系化、系统化，达不到科学标准。

二是安全物质文化建设的宣传不到位。一些企业管理者和职工对企业安全文化的内涵是什么都不清楚、不了解，所以没办法把安全文化建设落实到实处。

三是企业安全物质文化建设缺乏整体规划，不知如何建，导致安全文化建设不能达到理想效果。

以上是总体情况，针对不同规模的企业，存在的问题也是千差万别。

1. 大中型企业安全文化建设存有误区

在我国企业安全文化发展的几年来，许多大中型企业的安全文化都形成了自己的体系。但是在市场经济条件下，经济利益的多极化、劳动用工形式的多元化、意识观念的差异化，使安全文化建设发展水平参差不齐，安全价值观、安全方式、安全行为准则以及安全规范、安全环境在整体上与国外先进企业存在较大差距。安全文化提得多，做得少。在安全文化和行为上还存在以下误区：一是忽略"以人为本"的安全文化核心理念，只注重对"物"的管理，以"事"为中心，忽视人的价值，只知道"安全为了生产"，所以"生产必须安全"；二是认为安全投入是增大企业负担，没考虑到长远利益，认为效益好的企业可以投入，效益差的企业没有必要加大投入，导致恶性循环；三是安全文化建设生搬硬套，没考虑到企业的行业及生产实际情况，使

安全文化建设渗透力不强；四是上热下冷，执行力层层递减，到生产作业基层无法保证贯彻落实；五是没有把安全文化建设放在国家大安全观的系统中去思考，更没有将安全文化建设同可持续发展、构建和谐社会联系起来，没有承担领头羊企业应当承担的社会责任。

2. 小型企业安全文化建设困难重重

我国小型企业数量众多，且基本处于刚发展的资本积累阶段，主要精力放在如何提高企业利润和经营方法上。这种小型企业的安全负责人普遍安全生产意识低下，安全管理知识和管理技能缺乏，整个企业的安全建设处于无序发展中，呈现一种混乱局面。这种只注重经济效益不注重生产安全，完全忽视员工健康的企业普遍存在，导致大量员工处于不安全的工作状态下，得不到生命健康的基本保障，直接影响了经济的健康发展，因此必须引导数量众多的小型企业建立起科学的、可持续性发展的安全文化，帮助他们进行安全物质文化建设。

二、企业安全物质文化建设的有效对策

以上问题我们必须严格对待，有针对性地提出对策，应该做到以下几点：

1. 加大基层主体建设力度，增强安全文化主体的引导作用

安全文化建设的最终目标就是让全体员工做好安全工作，首先，企业要让员工理解和接受安全文化，保证全员参与。企业可以采取一些活动，如每年设计一些大型并具有影响力的安全活动，让员工感受到安全活动的主体和推动力。其次，在班组开展安全文化竞赛活动，形成竞争机制，调动基层班组自觉进行安全文化建设的积极性。最后，可以建立健全班组安全活动制度，要在活动的实效、深度和广度上下功夫，让班组安全活动实行大众化、制度化，开展一些以安全为主题的互动游戏，增强班组成员间团结协作意识和安全意识。

2. 加大安全设施建设力度，加大物质投入

企业要特别重视安全文化设施及安全标志系统建设，必要时要加大资金投入，确保各种安全设施购置到位；确保安全视觉识别系统与安全设施建设同步发展；确保新建、改建、扩建、扩建和技术改造工程项目劳动安全卫生设施与主体工程的同时设计，同时施工，同时投产使用的审查验收。

　　此外，也要运用先进的科学技术，快速推进机械化换人、自动化减人、智能化无人进程，实现本质安全。重点推进生产运作机械化、自动化，推广重要设备智能无人值守，实现少人则安、无人更安，建设本质安全企业。

　　3. 加大安全文化宣传力度，不断营造安全文化建设的良好氛围

　　企业要不断地利用各种媒体、各种形式宣传国家劳动保护政策、法律、法规。除在企业建设安全文化长廊，增强员工安全意识外，还应在公共场所制作一些醒目的标语，运用安全色和安全标志提高职工安全生产意识。通过各种安全氛围的持续营造，推动安全管理从"零事故"向"零隐患"转变。秉持"双零"目标，坚持安全管理精力不分散、力量不削弱、思想不懈怠，把隐患当作事故对待，把隐患排查治理摆在更加突出的位置，做到"排查不留死角，治理不留后患"，把问题解决在萌芽中。

　　4. 加大员工安全培训和教育，提高职工技能

　　企业生产经营能否确保安全，关键是企业员工在实际工作中的每一个行为能否遵守技术规范、技术标准、操作规程，如果企业的每个员工都能达到技术标准，熟悉操作规程，很多事故是可以避免的。因此，要确保企业生产安全，就必须加大对员工的培训和教育力度。企业要结合实际，建立起自己的培训实作基地，购置、补充各种教学器材，收集资料、实物，来充实教育内容。此外，企业还要抓好分类培训，对新员工、班组长、管理层分别进行培训，让培训内容更具针对性。企业还要让集中培训与分散培训、定期培训与日常培训、理论培训与实操培训等经常化。

　　5. 认真学习国外技术，建立标准体系

　　企业应派领导及管理层人员到国外的先进企业进行参观考察，学习先进技术，与自身企业实际相结合，建立一套标准化、科学化的安全物质文化建设体系。

　　6. 健全企业的各项规章制度，明确安全生产责任制

　　企业应在政府的正确引导下，根据自身规模的大小和行业特性，建立健全符合企业自身特色的各级安全管理和监督组织体系，强化安全生产责任主体，坚持"谁主管、谁负责"的原则，逐级落实各级企业管理层的安全生产责任制，以此使企业法人改变先前的无安全意识，确保企业健康发展。

　　7. 加强"以人文本"的安全文化理念传播

　　通过安全文化理念传播让员工形成正确的价值观，让企业领导重视"以

人文本"，形成以人为中心的安全观。安全生产是最重要的政治、最现实的效益、最过硬的企业形象、最根本的民生福祉。安全不能决定一切，但能否定一切，关乎企业的生死存亡。人安全了，生产才会安全，企业才会安全。同时，安全也是政府、市场、员工检验企业的试金石，只有坚持"以人为本""生命至上"的发展理念，才能实现企业的健康、可持续性发展。

第五节　国内外相关案例分析

2020 年 4 月 10 日，习近平总书记就安全生产作出重要指示："务必把安全生产摆到重要位置，树牢安全发展理念，绝不能只重发展不顾安全，更不能将其视作无关痛痒的事，搞形式主义、官僚主义。要针对安全生产事故主要特点和突出问题，层层压实责任，狠抓整改落实，强化风险防控，从根本上消除事故隐患，有效遏制重特大事故发生。"

可见，安全生产是企业生存发展的生命线。安全是发展的前提，发展是安全的保障，安全就是竞争力，就是效益。安全生产重于一切、先于一切、高于一切、压倒一切。安全影响企业生死存亡，生命重于泰山，安全生产既是一场"攻坚战"，又是一场"持久战"，需要不断提升本质安全水平、压实责任严考核、强化安全培训，构建全方位、全过程、全流程、全员参与的安全生产管控体系，打通安全生产"最后一公里"，坚决守住安全红线、底线、生命线。

一、哈里伯顿安全文化——事故是可避免的[①]

哈里伯顿公司（Halliburton Company）成立于 1919 年，是世界上最大的为能源行业提供产品及服务的供应商之一。公司总部位于阿联酋第二大城市迪拜，在全球七十多个国家有超过五万五千名员工，为一百多个国家的国家

---

① 案例根据个人图书馆网络资料《哈里伯顿安全文化》改编，http：//www.360doc.com/content/10/0502/18/460249_25826465.shtml。

石油公司、跨国石油公司和服务公司提供钻井，完井设备，井下和地面各种生产设备，油田建设、地层评价和增产服务。

美国劳工部每年要对美国所有的油田服务公司进行一次全面安全统计，主要统计 20 万工时可记录事故率和事故发生情况，哈里伯顿能源服务集团的可记录事故率和事故发生情况一直低于平均值，安全生产名列前茅。哈里伯顿中国能源服务有限公司在中国区的安全记录也一直优秀，其中，2003 年哈里伯顿中国公司在中国区作业安全记录为：20 万工时可记录事故率为零，可记录事故数为零，连续 4 年获得业主颁发的南海西江作业安全奖。能把安全生产做得这样好，其中奥秘何在？记者来到哈里伯顿中国公司北京总部采访了两位作业经理：泰瑞·德里和叶伟康先生。

据了解，作为国际著名的油田服务公司，哈里伯顿将其企业的安全文化概括为"在零的左面（Left of Zero）"。其含意为以时间为坐标轴将事故的发生时刻界定为零点，则零的左侧即事故发生之前，零的右侧为事故发生之后，零的左侧为避免事故发生所作出的努力，可以视为未雨绸缪，而零的右侧则是对事故调查改进所作的努力，可视为亡羊补牢。"在零的左面"就是倡导大家要积极认真地对待生活和生产中的每个安全隐患，避免事故的发生。哈里伯顿是怎样做到"所有的事故都可以避免"，不站到"零的右边"去的呢？

据了解，哈里伯顿投入了大量时间和精力将安全、健康和环保问题纳入日常的作业中。为了让员工充分理解和执行安全生产条例，公司把安全政策和所需执行的要求都明确地写在员工行为手册中，要求所有员工严格执行。

泰瑞·德里先生对记者说，哈里伯顿公司安全文化中最重要的理念是：我们相信所有的事故都是可以避免的。"所有的？"记者怀疑地重复了一句。泰瑞·德里先生仍然十分肯定地回答说："对！是所有的事故都可以避免，而不是什么大多数的事故可以避免。"接着他解释说，如果说无事故发生是"零"的话，我们不应该把这个"零"视为平安无事而高枕无忧，应该积极地对待那些目前虽然还未发生但可能会导致事故发生的隐患，始终站在零的左面。

哈里伯顿公司有一个管理系统（HMS），在系统中对每个作业工程的流程都有详细的说明，哪个工种在流程中应该如何做，在什么地方、哪个步骤可能会有安全隐患等，都会及时警示提醒，并进一步告诉你应该如何排除安全隐患。

安全、健康、环保靠每个员工去实现。每次实际作业前都必须有作业监督人员或作业班长带领全体作业人员召开安全分析会，借助"作业安全分析表（JSA）"分析作业中的每一个步骤，看看在哪些地方可能会出现安全隐患以便于及时改进。即便是一项仅需要2—3名员工的小型作业活动，也要在作业前开会，并要求做详细的会议记录，这些记录将和其他作业中所发生的文件一起，组成工作日志被公司存档。存档的目的一是建立安全数据库，以便进一步分析安全状况；二是便于事后调查。

哈里伯顿中国公司将其安全人员视为公司安全、健康和环保信息的传递者而不是传统意义的警察式的"安全官"。一花独放不是春，百花齐放春满园。只有当每名员工都拥有"在零的左面"安全文化理念时公司才真正拥有了安全文化。公司上下一直坚持运行一个"安全时刻"的小程序，即要求所有会议的前5分钟，都要用来讨论一个安全小话题。讨论的题目和发言者可能是会议主持人指定的，更多是员工的自我推荐，因为安全的最终受益者是每名员工。

哈里伯顿的每一名员工手中都有两个有关寻找发现事故隐患的工具，一个是"事故隐患发现卡"，它是用来鼓励员工在作业中积极发现事故隐患，一旦发现将主动去纠正，并将这个隐患记录在卡上，交给相关的管理者；另一个是"错误或隐患改进系统（CPI）"，要员工把发现的隐患写进去，建立数据库，以便帮助今后改进安全工作。

一旦发现事故，公司安全管理部门就会用"工作改进系统"去进行寻根问底的调查，找出真正的原因就会果断采取措施，进一步改进作业流程。对于那些违反安全规定的员工和造成事故的责任人，哈里伯顿公司将会给予处罚。

二、山东国大黄金股份有限公司——筑起安全防线

山东国大黄金股份有限公司前身为招远黄金冶炼厂，1986年11月成立，是专业的黄金冶炼企业，1993年发展为集团公司，1998年由五个国有集体企业联合发起成立山东国大黄金冶炼股份有限公司，2003年、2005年通过增资扩股方式吸收香港CGD公司、中国黄金集团公司为新股东，并由此转变为山东国大黄金股份有限公司。

山东国大黄金股份有限公司（以下简称"国大公司"）牢固树立"安全责任重于泰山"的思想，把培育安全文化、提高全员素质、规范安全行为作为企业安全文化建设的根本任务，以"炼安全之金、陶安全之情、冶安全之身、开拓金色安全路"为企业目标，不断强化安全教育，创新管理模式，提升软硬件设施水平，在安全生产管理上筑起了一道坚固的防线。安全文化建设措施主要有：

1. 强化安全教育，提升安全素质

为了增强全体员工的安全意识，国大公司从抓干部职工的安全教育入手，将全员安全教育作为重点工作分层次、分重点进行落实，提高了员工的安全素质。

针对新入厂职工较多的情况，国大公司突出加强了新职工三级安全教育，由安全管理人员现场讲解工艺流程及危险危害因素，组织观看《安全生产知识》《法佑平安》《危险化学品管理知识》等专题片，分析安全事故案例，同时抬高了安全准入门槛，凡是未通过安全资格面试、考试的新入厂职工和复工职工，二次补考不及格者，取消其入厂资格。

在日常安全教育中，国大公司重点加强了岗位安全操作规程、工艺规程、设备规程、应急预案方面的培训考试，每年厂级培训达 50 多课时，二、三级安全培训、班组安全活动几乎每天进行。在特殊工种、特种作业人员的知识和操作技能培训、培养方面，国大公司与培训中心联合，采取进厂培训的方式，加强员工学习考核，保证了特殊工种职工能够掌握专业的安全知识和安全技术后持证上岗。

在安全管理教育方面，国大公司通过举办安全学习班、开办夜校的形式，对全体干部及班组长进行安全基础知识及安全责任培训，提高全体管理人员的安全管理水平和安全责任意识，并将干部、班组长的学习及培训结果与绩效考核相结合，培训不达标的人员取消其管理人员资格，这些措施增强了管理人员的安全责任意识和紧迫感，提高了管理人员的综合素质和管理水平。

2. 创新管理模式，提高管理水平

在抓好安全教育的同时，国大公司不断创新安全管理模式，积极开展形式多样、丰富多彩的安全宣教活动，以亲情、友情、热情和爱心教育感化职工，用心与心的沟通、情与情的交融架起了与职工真诚交流的桥梁，为安全生产构筑了一道坚固的防线。

　　针对化工企业安全事故多发生在检修过程中这一特点，国大公司在实施标准化作业达标过程中，先后推出了"危险预先分析""风险评价"和"安全作业证"等人性化管理方法，组织职工提前分析、识别作业环节存在的危险因素，采取针对性的防范措施，落实防护、监护，实现了"人员、现场、防护设施"的"三保险"，做到了超前预防，消除和避免了安全事故的发生。

　　为了增强安全文化的吸引力，国大公司还组织开展了"安全星级考核""安全金点子征集""四面镜子促安全""五访四情教育""寓工于乐有奖问答""安全文艺进班组"等形式多样的安全活动，充分发挥职工的想象力和创造力，调动了职工参与安全工作的积极性和主动性。

　　3. 加强防范治理，消除事故隐患

　　为了最大限度地预防和减少各类事故的发生，国大公司针对作业环节中潜在的危险及危害因素，通过经常性地组织开展全员"反三违、查隐患"安全专项整治活动，并将整个活动贯穿全年的安全生产管理，促进了现场安全管理水平的提高。

　　一是成立了专门的安全风险评价组织机构，对各单位识别的危险进行有效评价，明确重大风险和重大危险源清单，制定相应的岗位安全操作规程、防范控制措施和应急预案，组织职工进行风险辨识及防范学习、演练，提高全员的安全风险意识和防范能力。

　　二是围绕车间、岗位、现场、人员等各环节，在全公司范围内深入查找人员意识、工作环节以及安全管理工作中的"短木板"，通过作业人员相互监督、相互管理，提高岗位员工的危机意识及责任意识，实现安全管理工作由"要我安全"到"我要安全"的彻底转变。

　　三是实施安全隐患检查制度，制定详细的安全检查表，通过公司安委会和专业小组检查、安全管理人员现场巡查以及各单位安全小组隐患自查等形式，分专业、季节及重点部位进行隐患检查，消除事故隐患。

　　四是突出重点部位管理，针对易发生中毒、泄漏、污染事故的重点岗位、重点部位和重要环节，落实专人负责制，明确了各级管理人员的责任和义务，并对其进行岗位负责制考核，将管理人员到岗位进行安全活动的内容、时间进行记录，使重点部位全部受控。

　　此外，国大公司还不断加大科技投入和安全投入，先后投资20多万元在灌酸岗位引进安装了可移动式加酸鹤管，投资300多万元对氰化钠贮罐、收砷岗位、置换岗位、浓密机等接触剧毒品岗位安装了闭路监控设施，投资100多万元购买了洗眼器、二氧化硫检测仪、砷化氢气体测试仪、二氧化碳报警器及氧气呼吸器，规范了工艺设备的安全色、安全标志和现场防护栏杆，并在重点岗位设置了安全联锁装置和自动报警仪，制作了岗位危害告知牌，在全厂路灯上安装了安全灯箱，重点部位设置了有毒有害化学物质信息卡、岗位安全警示牌和安全幽默专栏，为安全生产提供了有力的硬件保障。

国大公司在抓安全文化建设中，始终坚持全员、全过程、全方位抓安全的工作理念，经过多形式、多层次、全方位的群众安全文化创建活动，干部职工的安全思想意识、防护能力都得到进一步增强，有效促进了企业的和谐健康发展。

三、上湾煤矿——创建本质安全矿井[①]

上湾煤矿是神华集团神东煤炭集团主力生产矿井之一，位于内蒙古自治区鄂尔多斯市伊金霍洛旗境内，2000年建成投产，核定生产能力为1400万吨/年，服务年限65年，定员近500人。2008年生产煤炭1330万吨，矿井原煤生产效率158吨/工，回采工作面原煤生产效率859吨/工，创造了井工矿单井单面原煤生产效率世界最高水平。

上湾煤矿本质安全文化建立在"以人为本"这一最高宗旨上，以风险预控为核心，体现人—机—环境的系统安全，并为广大员工所接受的安全生产价值观、安全生产信念、安全生产行为准则及安全生产行为方式与安全生产物质表现的总称。上湾煤矿本质安全文化贯穿于矿井安全生产和管理的全过程，体现在矿井"软硬件"建设有机结合，形成长效安全机制的各个方面。

1. 上湾煤矿在生产设计方面追求本质安全

上湾煤矿是典型的薄基岩、厚松沙、富潜水矿井，针对这种特殊地质条件及高度集中的开采系统，上湾煤矿要传统煤矿设计模式，充分发挥浅埋深煤层赋存优势，创新斜硐开拓方式，井田划分推行大分区、条带布置方式，矿井主要巷道推行全煤巷布置技术，从而最大限度地实现开拓系统的简单化，为建设本质安全型矿井奠定基础。

---

① 案例根据煤矿安全生产网《上湾煤矿本质安全文化建设》改编，https：//www. mkaq. org/。

2. 依靠新技术新装备加快通防本质安全的进程

（1）从体制上保证矿井通防安全。为进一步完善矿井"一通三防"管理体系，全面落实通防管理责任制，上湾煤矿逐步建立起全以矿长为第一责任人，以总工程师为技术总负责的通防管理体系；根据矿井生产布局配备"一通三防"人员，保证合理定编，确保通防管理各项工作的落实。

（2）实行通风管理，保证矿井通风安全。上湾煤矿属低瓦斯矿井，通风方式采用中央分列式，通风方法为抽出式。煤层有自然发火倾向性，属易自燃煤层，煤尘有爆炸危险。采用通风监测监控系统技术，有效监控井下作业地点的瓦斯、一氧化碳、温度、风速、烟雾、风机开停、风门开关以及主通风机开停和风机负压等，依靠新技术新装备加快通防本质安全的进程。其具体安全措施如下：①取消多盘区布置方式，减少井巷工程量和矿井生产环节，优化生产系统，降低矿井通风系统的阻力，提高矿井的安全性。②依据千万吨矿井"大风量、低负压"的风网特点，采用新型高效节能对旋主要通风机，满足矿井高效安全生产需要。③强化通风技术管理。定期对矿井通风系统进行测试分析，利用科学手段调整系统，合理配风。对多巷道之间的联巷进行快速封闭，保证了通风系统的完整性。及时调整通风系统，优化通风网络，尽量减少角联风路，杜绝微风区，保证通风系统的稳定性。依靠自动化控制系统，实现集中监控，提高通风系统的可靠性。④高度重视局部通风管理，落实"无计划停风就是事故"的先进管理理念，建立健全瓦斯管理体系，强化通风监测监控系统的安全保证作用和矿井综合防尘管理，落实矿井火灾防治措施，建立井下逃生救灾系统，实现矿井通防本质安全。

（3）主运输系统追求人机互补的本质安全。上湾煤矿主提升系统采用钢绳芯带式输送机。地面运输系统由上仓胶带机和主井胶带机搭接组成，井底设有中央煤仓。大巷运输系统由南翼煤集中胶带机、煤一区集中胶带机和煤二区集中胶带机三部胶带机组成。完善皮带保护系统，利用自动化控制技术，科学配置人员，做到井上远控井下、调度集中控制，人机互补，实现主运系统的本质安全。

（4）辅助运输系统实现本质安全。辅助运输实现无轨胶轮化。根据车辆的不断更新换代，从本质安全型矿井建设需要，使用低污染防爆车，确保辅运系统本质安全。

（5）供电系统的本质安全。各供电线路均采用双电源、双回路供电，保证供电的安全和持续性。实施调度监控网络，对全矿供电等相关环节进行"遥测、遥信和遥控"，实现矿井供电系统的本质安全。

（6）供排水系统的本质安全。全矿供水系统实现自动化控制与监测，调度可直接调整水压或开启阀门。主要加压泵使用变频控制系统，在供水仓上设置水位监测系统，自动控制泵的运行与停止，避免人为事故。

（7）建立本质安全文化警示体系。根据《神东煤炭分公司视觉识别系统手册》，统一安全宣传标牌、广告牌的装置规格和设置区位，并及时更换内容；进一步抓好报纸、电视、网站、图书活动室、广场等文化载体和阵地建设，扩大本质安全文化建设的有效覆盖面，营造健康浓郁的企业文化氛围；注重工作环境、生产环境和生活环境的美化、净化和现代化，为广大员工创造良好的生活和工作环境，营造浓郁的文化氛围，改善员工的业余文化生活，从而有效促进安全生产管理，为安全生产奠定良好的基础。

（8）落实员工劳动保护措施，规范个体防护装备。要提高员工劳保待遇，落实日常劳动保护措施。矿里每年要为员工做矿服，为井下员工配备特制工作服、特制头盔、防尘防冲击面具和护目镜、防噪音耳塞等。

3. 确立巩固措施，推进安全文件建设与实施

（1）班组及职工的安全文化建设。加强班组安全文化建设，规范班组岗位操作。利用班前会、班前岗位风险辨识评估、每日一题安全知识学习活动等有效形式，根据各自岗位责任情况，发掘危险因素，制定预防措施，控制人为失误，提高员工安全意识和安全技术素质，增强员工保安全的荣誉感、紧迫感和责任感，形成人人联保、自主保安、互助保安的现场安全保障格局。

（2）管理层及决策者的安全文化实施。矿领导要站在持续发展的战略高度重视本质安全文化建设，将本质安全文化建设与煤矿生产经营统一规划和部署，与党建、思想政治工作和精神文明建设等工作有机结合。在安全文化建设过程中，矿领导要身先士卒，身体力行，带头实践，既要成为本质安全文化的倡导者和培育者，又要成为本质安全文化的设计者和执行者。矿生产、经营等职能部门与党群部门要紧密协作，根据各自的特点，发挥自己优势，创新工作思路，充分运用各种有效载体，创造性并富有成效地开展文化建设。

（3）生产现场的安全文化实施。上湾煤矿生产过程中的安全物态文化主要体现在本质安全管理的"硬件"建设中，包括合理简单的矿井的开拓、盘区系统、运输系统、通风系统、供电系统、给排水系统、可靠的采掘技术和

装备、先进的管理手段等。通过安全物态文化建设，加强"硬件"建设，最终建立一个本质安全的生产工作环境。

体现在工作、生产和生活环境建设中。通过工作环境、生产环境和生活环境的美化、净化和现代化，陶冶员工情操，改善员工心智模式，为广大员工创造良好的生活环境，营造浓郁的安全文化建设氛围。

体现在员工个体防护装备中。个体防护装备的完善，可以有效保护员工的人身安全，最大限度地避免和减轻员工在劳动过程中可能受到的事故伤害和职业危害，从而调动员工积极性，促进安全生产。

（4）企业人文环境的安全文化实施。上湾煤矿企业人文环境的安全文化实施主要是通过以下几项活动来体现：辨识不安全行为，规范安全行为标准，制定控制措施，监督检查和纠正不安全行为；加强员工的安全教育和安全培训，推进风险预知训练，提高员工的安全技能和安全责任意识，形成自我约束机制，使安全行为从他律走向自律；总结安全生产模范人物事迹，大力弘扬先进，营造健康向上的氛围，培育良好的员工精神风貌；加强班组安全文化建设，规范班组岗位操作，形成人人联保、自主保安、互助保安的现场安全保障格局；定期开展安全文化活动。例如，开展安全生产周（月）活动、安全电视节目、安全表彰会，事故防范活动、安全技能演习活动、安全宣传活动、安全教育活动、安全管理活动、安全科技建设活动、安全检查活动等，使员工在活动中受到安全教育。

4. 检查反馈，持续改进

科学化、制度化的考核评价，是本质安全文化建设良性发展过程中，承前启后、承上启下、必不可少的重要环节。考核评价的过程，也是对本质安全文化建设认识、实践、再认识、再实践的过程，既是认识不断提高的过程，也是实践不断成功的过程。通过领导文化述职与现场考察相结合的考核评价，总结经验，发现问题，实现本质安全文化的良性循环与持续升华。

上湾煤矿本质安全文化建设的考核评估方法分定性和定量两种。考核评价主要围绕组织领导、文化理念体系、组织实施与改进几个方面进行。对全矿的本质安全文化建设情况，由矿本质安全文化建设领导小组办公室和安监职能部门组成工作小组，采取领导文化述职、现场实地考察、文化问卷和民主评议等形式，就矿领导班子成员、员工对安全理念、安全目标的认知和认同度、自保意识和能力及安全管理、领导干部作风、区队安全生产状况等进行测评。分析测评结果，对员工的意见和建议及时给予解决和落实。

5. 上湾煤矿本质安全文化建设保障体系

（1）组织保障。与煤矿本质安全管理制度相吻合的领导体制、强有力的组织机构可为上湾煤矿本质安全文化建设的系统性运作提供组织保障。为了全面推进本质安全型矿井的建设工作，上湾煤矿在公司企业文化建设委员会的指导下，特成立本质安全文化建设领导小组，负责本质安全文化建设的具体工作。

（2）制度保障。本质安全文化建设要与矿井管理创新、制度创新紧密结合起来，把安全文化建设内容融入煤矿管理工作之中，融于危险源辨识、风险预警、本质安全管理的各项标准和措施中，建立行之有效的考核评价和激励机制，确保安全管理工作的体系化、程序化、规范化和制度化，最终实现长效安全。

（3）舆论保障。紧密围绕上湾煤矿本质安全管理体系的发展目标，利用矿广播、信息网、宣传栏等各种媒体和载体，通过举办培训班、组织"安全生产月""家属协管抓安全""党员安全岗"等主题活动，大力宣传安全理念和安全价值观，使员工在活动中受到教育，在参与中得到提高。开展全员安全知识竞赛活动，提高员工对生命健康价值的认识，形成"生命第一"的潜意识观念。用矿工身边发生的通俗易懂、具体生动的故事，激发员工爱矿如家的真情实感，调动员工自觉遵章守纪、自主安全管理的积极性。在厂区道路两侧及井口悬挂、张贴安全文化标语，设置统一的宣传标识牌，营造浓厚的企业文化建设氛围，使员工在潜移默化中受到教育。

（4）经费保障。资金投入是本质安全文化建设工作顺利开展的必要条件。资金来源一是宣传费用，二是安全技术措施费。

第三章

企业安全行为文化建设

在公开的新闻媒体报道中，国内外安全事故频频发生，从管理制度层面也产生了追责的相关规定。制度的首要约束对象就应该是导致安全事件的行为，行为因素在安全文化体系中，属于前端的可视性因素，也应当是安全管理的起点因素。

企业安全行为文化的建设与塑造是企业安全文化建设的起点与重要抓手。首先，理解事物的本质总是从外部因素开始的，看到了行为才能追溯其产生的根源，从而把握隐患的来源与本质，便于企业安全理念文化的建设，形成完整的安全文化布局。其次，人的管理也存在双向性，有些行为的改变需要先改变内在，即先内后外，但也有些内在的改变需要从改变外在开始，即行为的约束促进理念的变化，就是先外后内。这两种管理方式都是有理论和事实依据的，在企业安全文化建设中应结合使用。

迄今为止，系统性的安全文化建设体系理论远未成熟，究其原因，还是"知"与"行"的"合一"问题。偏向"知"的研究，往往从安全理论、理念出发，将理念、精神层面的要素向行为方面推进，力图用理念要素"产生出"应有的行为因素，缺乏经验的实证；偏向"行"的研究，则是从现实工作中出发，研究安全行为与现状，总结安全管理经验，将经验进行总结，力图"上升为"理论，缺乏心理学、社会学等理论的支撑，因此造成安全文化建设建设中的明显缺陷。依据文化建设理论，弥补这种缺陷的有效方式应该是安全制度文化建设。制度的诞生，是指向管理行为的，使行为得到有效的管理，也是验证制度有效性的标志。因此，从整体上说，研究安全文化建设，很大程度上应当从行为开始思考。

　　本书以安全行为为研究逻辑起点，研究行为的影响因素，思考在企业倡导何种行为、氛围，在思考行为文化的前提下，引出制度层面的设计以及在企业内需要建构什么样的制度文化，然后指向为了形成这样的安全制度文化，需要建构什么样的安全理念文化，更重要的是，还要验证这样的制度文化与理念文化是否真的对安全行为文化的建设起到了有效的作用，反复验证与修正，最终形成安全文化建设的闭环。

第一节　企业安全行为文化概述

　　企业安全行为文化是指在安全观念文化的指导下，人们在生活或生产过程中的安全行为准则、思维方式、行为模式的表现。① 我们在理解这个概念时可以有两个辩证的方向：一个方向是，人的安全行为是受理念影响的，一般而言，有什么样的理念、观念，就倾向于产生什么样的安全行为；另一个方向是，行为反过来也会对理念产生影响，一项行为坚持久了，反复执行，就会对行为人的理念、精神层面产生影响，甚至大幅度改变理念，更何况人是有社会性的，一个人的行为会影响、引起其他人的行为，从而引发群体性的改变。

　　企业安全行为文化概念的建立，应当是建立在行为学、社会学、安全管理等理论因素之上的，因此，对企业安全行为文化的研究应当也必须从行为学、社会学的研究借鉴思路，更要从实际的企业安全管理中汲取营养，多方面的要素的融合更具实际意义。

　　作为企业安全文化建设的重要内容，企业安全行为文化建设的主要内容包括：规范企业内相关人员的工作行为、管理行为；建立安全事故的识别方式及处理能力；塑造企业全员的安全意识与安全思维模式；建立经常性安全经验补充机制，使企业全员安全工作、安全管理经验得到持续性补充；建立内部安全沟通机制，就安全问题、安全信息能够实现快速、有效沟通与传递。

一、行为安全管理与安全文化建设

　　和前述研究思路相似，当前常见的企业安全管理模式有两种：一种是"行为安全管理模式"，把安全管理的重点放在行为上，企业通过识别、矫正不安全行为，达到安全管理的目的；另一种是"安全文化建设

---

　　① 史有刚 . 企业安全文化建设读本［M］. 北京：化学工业出版社，2011.

管理模式"，把安全管理的重点放在安全文化建设上，希望通过企业内形成安全工作、管理的氛围、文化，以文化影响行为，从而提升安全管理的效果。

1. 行为安全管理理论

行为安全管理理论的观点大致如下：企业安全事故大多是由企业人员的不安全行为导致的，因此，安全管理的重点在于对不安全行为进行观察、识别、干预、沟通，使不安全行为人意识到不安全行为的性质与危害，并最终消除不安全行为发生的可能性。在多家世界知名公司如美国杜邦公司、英国BP 石油公司是行为安全管理理论的践行者。

在此理论的指导下，安全管理需要对行为做出管理，通过各种技术手段收集行为数据，分析鉴别行为中的不安全因素，采用介入与干扰的方式，来消除不安全行为的发生。同时，管理过程中，"对事不对人"，客观地看待工作中的不安全行为，深入探测不安全行为产生的深层原因，对这些原因逐个分析，直至找到遏制不安全行为的方法。行为安全管理理论"对症下药"的思路往往在短期效果上是比较明显的，尤其是配以强制措施遏制某些不安全行为的情形下，但是由于这种管理方式针对的主要是外显行为，并未着力改变行为人的思想认识，所以一旦强制措施撤销，不安全行为可能存在反弹现象，造成长期效果不佳。

2. 企业安全文化建设模式

相较于行为安全管理理论的外显性管理，企业安全文化建设模式则是着眼于内在管理、由内而外的思路，属于管理模式的高级阶段。早期组织的管理方式曾是俱乐部式管理，后为提高组织绩效，进化为制度管理。近年来，一些优秀组织对于组织成员的管理不再限于行为的管理，而是倾向于文化管理，不再单纯地以制度管人，而是以文化来影响人。这种管理思想贯彻到安全管理领域，就是企业安全文化建设的范畴。

以上两种管理理论，并没有矛盾，只是强调各自的管理重点，拥有不同的管理思路，都能在特定的情况下产生工作绩效（见图3-1）。在多数情况下，自下而上的管理和自上而下的管理方式是并存的，这启示我们，在安全管理实践中，不能拘泥于某一种管理模式，而应当根据实际对多种管理手段进行科学融合并加以运用。

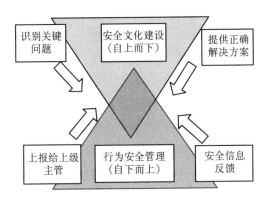

来源：安全文化网

图 3 - 1　行为安全管理模式和安全文化建设模式

二、安全行为文化与安全制度文化

1. 安全行为文化

安全行为文化是安全文化的有机组成部分，是安全文化的外层因素。安全行为文化的建设与安全文化的其他层面有所不同，往往带有一定的规范性、标准性要素。从安全管理的目的出发，安全行为管理要求的结果是不出现不安全行为，其等价命题是所有行为必须是安全行为，因此在安全行为文化的塑造中，管理者就会倾向于规定一整套安全行为，要求相关人员不折不扣地去执行。这里的假设就是，按照这套规定的安全行为来行事，就是安全的，不会导致事故，不按照这套规定来做，就可能是危险的，可能导致事故发生，所以安全行为文化的塑造对象聚焦于行为。

安全行为文化具体如何塑造，如何使行为有效得到管理？这涉及两个管理领域：一个是安全管理制度体系，另一个是安全行为机制。

安全管理制度体系是指所有与安全行为管理相关的规章、规定、制度、流程等内容，制度中有些内容是宏观的，具有一定的原则性、指导意义，有些是具体的，对行为具有约束、引导性。如大部分企业的安全管理规章、规定、行为规范的条款，是属于"告知行为人做什么是对的（或错的）"的内容，这样做就是对的，相应行为就得到肯定、赞成、提倡甚至奖励（或者，不这样做就是错的，相应的行为就会得到否定、批评甚至惩罚），这样的内容对安全行为文化的塑造起到了"模子"的作用，简单有效，但行为人未必认同。还有一部分制度性内容属于"告知行为人如何做"的内容，其实是流程性的文件，告知行为人某任务的操作步骤，这类制度性内容其实比上一类更具指导性，它规定了几乎唯一的行为执行模式，使安全行为管理的控制性更强，更容易达到安全管理的目的。

安全行为机制是为安全管理制度体系的实施提供保障的，制度体系实施中难免存在阻力，在制度体系推行过程中，安全组织的建立、安全责任的分配、安全培训的形式、安全要求的表达都属于安全行为机制的内容。

2. 安全制度文化

在安全文化的几个层面中，安全制度文化是承上启下层，一方面，它是安全行为文化建设的保证，没有安全制度文化，行为的塑造就难以实现，安全制度的制定及内容也需要从各种安全行为出发来思考；另一方面，安全制度文化又是安全理念文化的实现的途径，从管理的角度讲，安全制度文化是安全理念文化的一种外现。

因此，理解安全制度文化就需要从安全行为、安全理念两个方向来理解。安全行为的存在与持续是安全管理的目标之一，为了使安全行为长存，或不安全行为减少与消失，需要有行为规范来约束，有流程来指导，有规定来惩罚或激励；同时为了使安全行为长存，需要行为人对规范、流程、规定的内容有一定程度的了解、认知、认同、执行，而这些要素是属于心理层面的，单靠单纯的制度的宣布、宣讲、学习、培训、考试，有些情形下是不能取得良好效果的，这时就需要采用一定的理念转变手段，引导、感化、体验、激励就成为安全管理中的必要措施。从以上分析来看，安全管理制度文化的建设绝不仅仅是简单的安全制度体系的构建，它需要安全管理者在充分了解安全行为、被管理者的安全认知、安全心态的前提下，有针对性地进行安全制度体系建设，对每个组织而言，都是具体化的制度内容，而不是外部借鉴甚至生搬硬套的安全制度。

3. 行为规范文化

行为规范文化是安全行为文化的组成部分。安全行为文化是组织成员在安全行为上长期以来表现出的习惯、氛围、态度，组织希望成员有哪种行为，就应塑造哪种行为文化；而行为规范文化指的是组织成员在遵守安全规范方面所形成的习惯、氛围、态度，组织希望成员在遵守安全规范方面有什么样的行为，就应塑造什么样的行为规范文化，因此，它比安全行为文化的建设更具体、更有指向性。

相较于安全行为文化着力于塑造泛化的安全行为习惯，行为规范文化则是专门致力于塑造组织成员遵守行为规范的习惯。行为规范文化是组织成熟度的集中体现，一般而言，成熟度高的组织都有优秀的行为规范文化，组织成员对安全规范认同度高、执行力强、持续性久。成熟度高的组织在教育组织成员遵守安全规范方面会有一套行之有效的方案，不仅能确保现有成员遵守现有制度，还能做到以下两点：每当有新成员加入组织后，新成员能够被原有的健康的行为规范文化所影响，能尽快地具有遵守安全柜的特性；每当组织颁布了新的规范之后，组织成员也能较快地、主动地了解规范、执行规范，较少需要外部的强制。

安全行为文化塑造的内容除了行为规范文化之外还存在非规范性的行为文化，如原有规范之外那些约定俗成的、习惯性的甚至信仰性的行为约束，对组织成员也有较大的限制作用，这部分文化的塑造也应被安全管理者所重视。

第二节　企业安全行为文化建设的指导思想

一、企业安全行为文化建设的基本原则

文化的建设不同于物理工程建设，它特别需要一定的土壤，文化在适合的土壤中才能生存与发展。而组织在构建安全行为文化之前，是必定存在某种土壤的，这就要求在建构安全行为文化前认真、客观地研究这种土壤，建立起相应的安全行为文化。建设企业安全行为文化需要遵循以下原则：

1. 目标原则

即为企业安全行为文化建设设定目标，此目标的设定满足以下三点：第一，与企业安全文化建设目标相呼应，能够支撑企业安全文化建设总目标，或者说是企业安全文化建设总目标的分解目标；第二，足够清晰，不模棱两

可，所有人都能看得懂、理解得对；第三，能分解，能够分解成更细的目标乃至指标，直至能够被执行的任务包。满足以上三点后，企业安全行为文化建设的目标就可以具有指导性、引领性、激励性。

2. 安全价值观原则

企业安全行为文化的建设核心是安全行为价值观建设，就是要在组织内部推行一种明确的安全价值观，使组织成员知道哪些行为、做法、态度、习惯是安全的、是企业提倡的、值得表扬的，哪些是不安全的、不提倡的、值得批评的，即形成安全价值判断。

3. 参与原则

上述两个原则更多地反映了组织决策层的意志，参与原则是要在安全行为文化建设中加入所有组织成员的意志，即让所有人都加入到安全行为文化建设的过程中来。心理学研究认为，一个人对经过自己努力完成的事情较为珍惜，组织成员加入安全行为文化建设过程后，对文化成果会产生最大程度的认同。文化的塑造非一朝一夕、一人一事之功，需要众人参与、日积月累方可凝结成为文化成果。

4. 权、责、利匹配原则

这属于管理范畴，这个安全行为文化建设过程中，需要对多种任务指标进行分解完成，各部门、岗位、个人分别完成对应任务，为了使任务保质保量地完成，首先是要明确责任、验收标准，作为保障，同时必须赋予相对应的权力、权限以及承诺任务完成后的利益，权、责、利三者的匹配与平衡是顺利实施安全行为文化建设的保证。

5. 坚持"四个结合"原则

企业安全行为文化的建设尽管是企业安全文化建设的一个维度，但也是涉及企业发展的全局性、长远性问题，因此需要辩证地看待和实施，建设过程中务必做到"四个结合"：一是新与旧的结合，安全行为文化建设绝不是要革除、否定以前的所有行为来创建一套全新的行为体系，而是在原有行为习惯基础上进行改进，原有合理的行为习惯要保留，不合规范的才要革除，有时候为了稳定大局还要循序渐进地改进，避免"急弯翻车"；二是内外结合，安全行为文化建设既要运用内部的经验与智慧，还要借鉴外部的、行业的优秀经验，内外经验必须结合起来，否则容易走弯路；三是将传统的文化建设手法与现代的科技手段相结合，文化建设中最重要的是组织沟通，线下的沟通在传统管理手段中已经颇具经验，当前，线上的沟通值得管理决策层深入研究，新旧手段的融合能够有效地提高安全行为文化建设的效率及效果；四是当前和未来相结合，文化建设最终是需要面向未来、面向长远的，这就需要安全行为文化建设中必须用前瞻性的眼光来看待、判断工作过程中的所有问题，避免僵化。

二、企业安全行为文化建设的基础

与各种类型的文化建设相似，企业安全行为文化建设的主要思路也是由上而下，组织决策层是文化建设的主要驱动力及初始驱动力。这就要求文化建设之初，务必做好组织保障，即构建负责企业安全行为文化建设的机构，确定机构名称，明确机构职责，协调机构成员名单，计划好行为文化建设的目标、原则、任务书、流程表、时间表，确定好行为文化建设的验收标准，从宏观上对企业安全行为文化建设做出妥善布局。

1. 明确企业安全行为文化建设的基本内容

如果将企业安全行为文化建设机构的成立也纳入文化建设范围，企业安全行为文化建设的主要内容将包括以下五个方面：第一，成立企业安全行为文化建设机构，负责推动、组织安全行为文化建设的整体工作，此机构一般采用委员会的组织形式，其成员往往来自不同部门与岗位，这有利于文化建设活动的开展，一般来讲企业安全文化建设机构与企业安全行为文化建设机构是重合的；第二，根据安全行为文化建设的目标及企业实际确定安全行为文化建设与管理模式，这需要根据国内外优秀的安全管理典范进行借鉴确定；第三，根据目标及已经确定的安全管理模式细化安全行为文化建设的目标体系，将所要达成的目标分解为各级（按照企业内部组织架构、岗位）、各类目标（按照企业内部技术门类），直至分解为相对独立的任务包；第四，根据管理模式编写安全行为制度体系，包含规范、标准、流程等文件，这些文本性资料是整个安全行为文化建设的基础性资料；第五，制定安全行为文化督核标准，用以对整个安全行为文化建设的效果进行评估考核。

2. 标准化体系建设

对安全行为文化建设而言，是要在行为上塑造一种氛围、习惯性做法及规范，所以其核心离不开标准化。标准化建设的任务主要包括：第一，确立标准体系，具体内容因企业类型各有不同，如安全操作标准、安全生产工艺标准、安全决策标准、安全管理标准、事故处理标准、安全教育培训标准等，标准的制定，需要安全行为文化建设机构组织特定的人员（相应岗位的熟练操作人员、熟悉相应岗位的人员、相应岗位的管理人员等）进行编写，切忌外包给外部机构编写标准，或者抄袭同行业其他企业的标准；第二，将标准以适当的形式进行培训、宣贯，标准的落地是一件较为困难的事情，宜将标准编成书册、刻成光盘、做成动画片，或者组织有特色的活动，对标准进行学习、培训，总之是以成员容易接受的形式进行标准的宣贯、落地，有时还需要对标准进行某种形式的改编以增强标准的针对性、可实施性，如将编写《店长一日安全流程》，把店长这个岗位从早晨上班那一刻起，一直到下班离店，中间所有涉及安全的动作行为流程列出清单，就使针对这个岗位的安全标准清晰、明确，易于落地；第三，对标准执行的督核，仅仅是把标准发下去、培训完还不够，还需要安全行为文化建设机构对标准学习和执行的结果进行监督与考核，监督过程中，观察组织成员对标准的学习、执行情况与目标及实现的要求有无偏差，如有偏差，就需要及时做出指导并帮助修正，考核过程中，要对不符合标准的行为进行批评与惩罚，借此实现标准体系的落地。

3. 企业安全行为文化建设的理论参考

（1）企业生命周期理论。从理论上讲，企业的安全文化建设与许多因素都有关系，诸如企业所处的生命周期阶段、组织成熟度、企业的外部竞争状况、国家的政策及法规等。美国最有影响力的管理学家之一爱迪思是当代著名的组织健康学的创始人，他提出了"企业生命周期理论"，此理论的观点是，所有组织的决策都要从它所处的生命周期阶段出发。依据这个观点，我们可以认为，企业安全行为文化建设的方式方法也应参考组织生命周期阶段，生命周期的初期与成熟期的安全行为文化建设难度、建设重点必定有重大不同。

（2）行为安全管理模式。与安全行为文化建设关联性较强的是前面提到过的安全行为管理模式理论，在国外简称 BBS，此理论以行为为管理对象，认为安全管理的管理重点是不安全行为，组织应当研究注重观察、分析不安全行为、扭转安全意识、修正不安全行为，从而达到安全管理的目的。其管理过程如下（见图 3-2）：

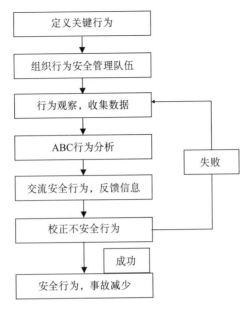

来源: 赵淑梅, 贾明涛. 基于行为安全模式的施工安全管理研究 [J]. 建筑安全, 2008 (2)

图 3 - 2 行为安全管理模式运作过程

（3）ABC 行为分析方法。ABC 行为分析法是一种常见的企业管理工具，近年来被广泛运用到安装管理过程中。其中：A 即 Activator，是指前因；B 即 Behavior，是指行为；C 即 Consequence，是指结果。传统管理中，管理者习惯于出了问题找原因，而此理论告诉我们，出了问题，可以先看结果，因为结果是造成后续行为的强化性因素。

三、企业安全行为文化建设的步骤

综上，我们可以梳理出安全行为文化建设的整体步骤：

1. 外部因素研究

包括国家、政府层面与安全有关的法律法规、政策以及行业约束，这些内容是企业安全行为文化建设的边界。另外，还需对行业内其他企业等组织的安全文化建设状况进行了解与借鉴。

2. 内部因素研究

内部组织成熟度、原有文化存量因素研究，包括组织原有文化理念体系、行为体系、制度体系、成员对原有文化的认同度、成员对新建文化的态度等。

3. 成立企业行为文化建设机构

此机构在实践中与企业安全文化建设机构是重合的，往往按照委员会、矩阵制结构建成，其成员来自与安全行为相关的各部门，且为对安全文化建设有一定了解的人员。

4. 制定企业安全行为文化建设总目标、总战略

这部分内容由企业行为文化建设机构牵头完成，且企业安全行为文化建设总目标、总战略是企业安全文化建设总目标、总战略的组成部分。

5. 确定企业安全行为文化管理模式

企业需要借鉴国内外成功的安全文化建设范例、模式制定符合自身情况的安全行为管理模式，一般需要进行先期调研。

6. 进行目标分解

由企业行为文化建设机构根据企业内部业务分配、管理架构等因素对安全行为文化建设总目标进行分解。一种是按照岗位来分解，以职责链的思维进行；另一种是从业务的角度来分解，以技术链的思维来进行。

目标分解的最终状态是可以作为任务包被执行，分解后，所有责任人均被分配了一定的安全行为文化建设任务。

7. 制定安全行为制度体系

进行第6步的同时，应当制定安全制度行为体系。安全文化建设目标体系是管理范畴，安全行为制度体系是上述管理范畴下成员行为的标准体系。如前所述，本步骤又包含制定标准体系、培训标准体系和督核标准体系。

8. 安全行为文化建设评估

以上步骤完成后，在新的安全行为文化运行一段时间后，需要对建设工作的成效进行全方位评估，包含对总目标的评估、对管理过程的评估和对制度体系执行的评估等。

9. 安全行为文化建设控制

评估后对安全行为文化建设总目标、管理行为、执行行为进行调整优化，最终形成管理闭环。

整个安全行为文化建设流程如图3-3所示：

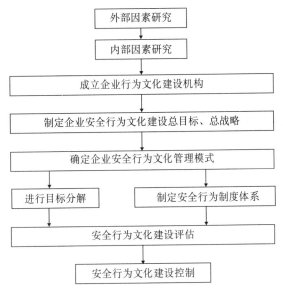

图 3-3 安全行为文化建设流程

第三节 企业安全行为文化体系建设

一、安全权责的确认

一般而言，权责就是相匹配的权力（及权利）与责任，安全权责是指在安全管理过程中管理人员所拥有的权力（及权利）与责任。权力（及权利）越大，所担负的责任就应当越大，反之，所担负的责任大，为了承担得起这份责任，也理应赋予管理人员相应的权力（及权利）。

组织成员所拥有的安全权利包括：①知情权，是指组织成员有获知组织安全管理政策与规定、安全管理信息、工作环境中安全因素的权利，如果不能获知这些要素，组织成员就不能有效地从事安全管理或安全作业。②建议权，是指组织成员有对组织安全管理政策、制度、标准提出建议的权利。③批评、检举、控告权，是指组织成员有权对组织内安全管理方面的不当行为、事件乃至违规操作进行批评、检举和控告。④拒绝权，是指组织成员有权根据安全管理原则、安全管理政策及规定拒绝某些不利于企业安全的任务及指令。⑤紧急避险权，是指组织成员在工作过程中遭遇危险，且此危险可能会造成自身的极大安全威胁时，有权采取紧急避险措施。规定此权限时，不同企业应依据工作岗位性质斟酌尺度，以避免组织成员形成自身利益大于集体利益的意识。⑥索偿权，是指组织成员有享受保险服务、对工作中的事故造成的自身损失索要赔偿的权利。⑦安全学习权，是指组织成员有接受安全管理、安全生产教育培训的权利。

1. 企业负责人的安全职责

以上说明了组织成员享有的安全权利，企业负责人也是组织成员，当然也享有以上权利。同时，在安全管理中我们应更加强调负责任的安全管理义务，即安全职责。企业负责人的安全职责包括：

（1）积极学习国家有关安全管理的重大决定、政策、法律，及时关注国内外相关行业的安全管理动态，把握安全管理局势，根据企业实际情况，牵头制定企业安全管理的总原则、总目标、总战略，具备极强的安全意识，同时，教育、影响管理人员形成较强的安全理念。

（2）在安全文化建设过程中起带头作用，领导、监督安全管理体系的建构，监督、指导安全管理总目标的分解、执行，尤其是对事故应急处理方案及流程进行日常关注与监督。

（3）负责安全管理组织建设，指导安全文化建设机构完善组织建设，合理分配安全文化建设任务，梳理安全管理制度体系，落实安全管理责任，确保所有组织成员对安全管理、安全生产的具体要求、规范。

（4）积极组织企业内安全管理、安全生产学习与培训，好的企业负责人首先是教育者，负责人要以身作则，时时刻刻影响全体组织成员的安全理念。

（5）合理安排安全资源调度。为安全管理的落地提供组织、资金、物资保障。

（6）监督、指导建立起对重大安全事故的处理规定，完善事故追溯、追责流程及事故处理规定。

（7）建立健全企业内部安全沟通机制。确保安全管理的信息沟通和安全管理的效率。同时，及时向上级主管部门如实报告生产安全事故。

2. 企业副职的安全职责

企业副职在安全管理工作中处于承上启下的地位，向上需要汇报安全管理的各项安排、现状、效果，向下需要落实各项政策、规定。国内当前把安全管理、安全生产作为重大项目来抓，企业需要设置专门的副职来负责安全管理工作，这是安全管理最有力的组织保障。具体而言，企业副职的职责包括：

（1）协助正职做好安全管理的全面工作，协助正职组织安全行为文化建设机构制定安全管理的总原则、总目标、总战略，并监督指导相应部门及机构对总目标进行分解。

（2）组织安全行为文化建设机构进行安全行为标准体系的制定、培训，并制定有针对性的督核方法，落实督核人选。

（3）积极组织形式多样的安全培训学习，使企业全员在意识上能重视，在行为上有改观，在结果上有改进，形成长期的安全行为习惯。

（4）组织安全行为文化建设机构对安全事故进行分类、分级，明确事故发生时的应对流程、责任人、处理效果评估。

（5）积极梳理组织内安全管理事项、事迹，编制单位安全管理年鉴。

（6）组织安全行为文化建设机构建立安全巡视制度，要求、监督各级各类专兼职安全人员定期与不定期的安全巡查，明确在安全管理、安全作业中最易出现安全事故的领域作为日常巡视的重点。

（7）组织安全行为文化建设机构评估安全管理、安全作业中可能的"例外"事件，确认其风险指数，制定"例外"事件管理的具体流程、责任人。

（8）负责企业内各项安全管理、安全作业中政策、规定、规范的落地、实施，定期组织落实效果评估。

（9）落实安全沟通机制，利用好企业安全运营例会，对各部门、各工作领域的安全运营状况做到常了解、常防备、常检查。在例会上对已有安全管理规定根据工作的进展状况及时进行动态调整。

（10）对重大安全事故要专项专办，一旦有重大安全事故发生，应立即向正职汇报，并第一时间抵达现场，组织、监督相应部门按照应急预案的流程操作，并关注时间的发展，做好汇报、总结工作。

（11）协助正职做好安全物资、资源的调配工作。

3. 企业基层管理人员的安全职责

企业基层管理人员是企业安全管理落实中的重要环节，相对于高层管理人员，由于岗位的关系使基层管理人员对于安全行为的现实执行情况更为了解，其管理行为也更具针对性，因此由基层管理人员承担一定的安全职责是非常必要的。其主要职责如下：

（1）落实企业安全管理总目标分解下来的子目标，将子目标分解为具体任务，然后分配给所属部门、岗位的相应人员。

（2）做好安全管理规定、安全行为规范讲解工作，结合本部门、岗位，将相关安全管理规定、安全行为规范做深入解读，确保本部门、岗位所有人员熟悉、认同并执行安全行为规范、安全管理规定。

（3）协助安全人员做好安全行为规范、安全管理规定的执行指导，对于工作过程中安全行为规范、安全管理规定执行不力、不到位的状况，做到及时发现，及时指导，及时纠正。

（4）协助安全人员做好安全行为规范、安全管理规定的执行总结工作，对本部门往期安全管理的经验教训进行总结，警示后续行为，对其他组织、部门的成功经验积极汲取，借鉴到本部门、本岗位。

（5）积极组织本部门、本岗位进行安全学习，鼓励本部门、本岗位管理人员、普通员工分享安全管理、安全操作经验。经常性组织安全操作大比武，在本部门、本岗位营造安全管理、安全操作的氛围。

（6）坚持定期对本部门、本岗位的安全管理、安全操作进行评比，树立榜样、鼓励先进。

（7）定期组织人员对管理现场、操作现场的人员、设备、环境进行安全评估，并做好存档工作，建立安全台账。

（8）做好本部门、本岗位的安全事故追责工作，一旦本部门、本岗位发生安全事故，要及时向上级负责领导汇报，配合企业应急安全管理流程的执行，做好本部门、本岗位安全事故线索调查、涉事人员处理等工作。

（9）做好本部门、本岗位安全动向检测工作，注意发现日常管理、日常操作中的事故苗头，一旦发现，及时做出处理。

4. 专兼职安全人员的安全职责

为了更好地将安全管理目标落地，企业还可以设置专职安全岗，此岗位分布在企业各部门、岗位，专门负责本部门、本岗位的安全事务。一般而言，在此岗位上的工作人员既应具备一定的管理能力，又应具备一定水平的业务能力，这样的能力背景使他们有能力发现管理、作业中的安全隐患，并施以相应的管理行为。安全人员有明确且相对固定的安全岗位职责，主要职责包括：

（1）对所属岗位职责范围内的具体安全事务、安全技术、安全设备、安全环境负责，有向部门主管领导和上一级安全管理领导汇报的职责。

（2）参与制定企业的安全管理制度体系、行为规范体系、流程体系、监督考核体系、评估体系。制定所属部门的上述体系时担任第一建议人角色。

（3）关注、监督本部门的安全技术、设备运行、执行情况，并提出完善建议。

（4）对职责范围内的安全环境存在的隐患进行定期评估、挖掘，向部门主管及上级安全管理领导汇报，并提出完善建议。

（5）与部门主管一同做好安全管理规定、安全行为规范讲解工作，结合本部门、岗位，将相关安全管理规定、安全行为规范做深入解读，确保本部门、岗位所有人员熟悉、认同并执行安全行为规范、安全管理规定。

（6）与部门主管一同做好安全行为规范、安全管理规定的执行指导，对于工作过程中安全行为规范、安全管理规定执行不力、不到位的状况，做到及时发现，及时指导，及时纠正。

（7）与部门主管一同做好安全行为规范、安全管理规定的执行总结工作，对本部门往期安全管理的经验教训进行总结，警示后续行为，对其他组织、部门的成功经验积极汲取，借鉴到本部门、本岗位。

（8）协助部门主管组织本部门、本岗位进行安全学习，鼓励本部门、本岗位管理人员、普通员工分享安全管理、安全操作经验。经常性组织安全操作大比武，在本部门、本岗位营造安全管理、安全操作的氛围。

（9）协助部门主管定期对本部门、本岗位的安全管理、安全操作进行评比，树立榜样、鼓励先进。

（10）协助部门主管定期组织人员对管理现场、操作现场的人员、设备、环境进行安全评估，并做好存档工作，建立安全台账。

（11）协助部门主管做好本部门、本岗位的安全事故追责工作，一旦本部门、本岗位发生安全事故，要及时向上级负责领导汇报，配合企业应急安全管理流程的执行，做好本部门、本岗位安全事故线索调查、涉事人员处理等工作。

（12）协助部门主管做好本部门、本岗位安全动向检测工作，注意发现日常管理、日常操作中的事故苗头，一旦发现，及时做出处理。

（13）代表本部门参加企业相关安全会议、讨论活动，代表本部门参与企业相关的技术工作，使技术性行为都能在安全范围内得到执行。

（14）负责本部门的安全调研工作，对涉及安全的事件进行客观记录，做好统计分析并及时上报，为企业安全管理改进提供素材和依据。

5. 员工的安全职责

员工是安全作业行为、安全操作行为的基础实践群体，没有员工的参与，安全行为文化建设就是一场空。安全管理中员工的职责如下：

（1）对安全文化建设目标制定、制度制定、标准制定、行为规范制定及其内容，基于自身工作及感受，提出合理化建议。

（2）认真学习、领会企业各项安全管理制度、行为规范、作业标准，积极参加企业举办的安全学习、演练等活动。

（3）严格遵守企业各项安全管理制度、行为规范、作业标准，养成良好的安全行为习惯，树立安全意识。

（4）认真领会所在岗位的安全管理、安全作业目标，积极进行自我审视，确保完成安全管理目标、安全作业目标。

（5）日常工作中，时时关注安全，坚决摈弃不当行为，坚决杜绝不安全行为的发生。

（6）日常工作中，留意观察工作环境，及时发现可能引起事故的各种因素，一旦发现安全隐患，及时上报。

（7）工作中，爱护设备，严格按照操作流程进行作业，一旦设备出现异常，积极进行上报。

（8）工作中，协助同事处理安全事务，发现同事的不当行为后应第一时间进行制止，制止无效者，应及时上报。

（9）工作中，做好安全操作记录工作，形成安全日志。

二、企业安全管理组织机构设立

1. 建立强有力的安全管理组织机构

进行安全行为文化建设，首先要有组织保障，成立有推动力的安全管理机构，前述安全文化建设机构即由安全管理机构担任。

安全管理机构对机构的人员组建、企业安全文化建设（企业安全行为文化建设）所有事务负有整体责任。安全理念文化、安全制度文化、安全行为文化都由安全管理机构建设并实施。因此，企业的安全管理机构是一个统筹安排企业安全管理各项事务的专门组织。

2. 完善安全管理组织机构职能

与所有类型的组织建设类似，安全管理机构的建设也包括结构、责权、流程等建设内容，这些内容主要针对安全管理机构的内部管理。

首先是结构，企业需要决定安全管理机构的组织架构。一个组织的架构需要采用什么形式，与其业务息息相关，安全管理机构的职责就是安全管理，所以工作性质决定了其组织成员对职责的高度认同、反应快速、勇于担当、统一行动等组织特征，因此，其结构宜采用直线职能制，便于主管对整个组织的协调与控制。

其次是责权，如果说结构就像一个人的骨骼，责权就相当于是人体的肌肉，有了肌肉才能带动骨骼的运动。安全管理机构对于组织内权责的安排务必客观、到位，安全问题容不得一丝丝马虎，权责的覆盖务必滴水不漏，否则就会留下安全漏洞。

再次是流程。安全作业需要流程，安全管理更需要流程。在安全管理机构内部，应当形成一种按流程做事的习惯，不折不扣地执行流程，形成流程是至高无上的意识，这本身就是安全文化建设的内容之一。

另外，需要说明的是，安全管理机构的人员未必都是专职人员，部分管理人员可以是其他部门、岗位的在职人员，比如车间管理人员、业务管理人员等，这样安排既有利于节省人力成本，也能够使安全管理保持一定的专业性。因此，如果将安全管理机构放到整个企业中来看待，组织架构又有矩阵制的成分。

三、企业安全制度体系建设

企业管理常常遵从"权、谋、法"的管理格局。"权"是指决策层需要根据外部环境变化对企业的发展、经营、管理及时做出调整，"谋"是指管理层面要善于将决策层的意志转变为具体的谋划、规划，"法"是指管理、执行、作业层面要有标准的约束。企业安全制度体系就是"法"的范畴。在企业文化体系中，制度文化是其中的一个层面，连接着理念文化和物质文化，具有承上启下的作用，没有制度文化，就难以形成行为文化、物质文化，就贯彻不了理念文化。从管理理论的发展历程看，制度管理是企业管理发展中的一个阶段，但所有组织的发展都绕不开这个发展阶段，从开始的"人管人"到"制度管人"到"文化"影响塑造人，是一个必然的发展方向。因此，企业安全制度体系建设是进行安全文化建设的必要内容、重点内容。

企业安全管理制度体系建设的任务由企业安全文化建设机构负责完成，需要由制度体系建设机构经外部调研（政策因素、社会因素、行业因素）、内部调研（原有习惯、原有制度、成员意愿、组织成熟度）后结合企业实际进行建构。

企业安全制度建立后，其作用主要是限制两类行为：管理行为、操作或作业行为，通过明晰的制度、标准对行为做出限制，经过时间的积累，形成习惯、氛围、意识，并能传承，进而沉淀为文化。

企业构建安全管理制度体系要点如下：

1. 以安全管理理念为原则

企业安全制度是企业安全文化的中观层面，上承企业安全文化理念，下接企业安全物质文化。因此，构建安全管理制度，要以安全理念为出发点，不能凭空制定。

2. 以岗位为依据

构建企业安全管理制度，需要考虑组织内各岗位的职责内容来制定，制度依附于岗位。具体而言，制度分为全组织层面的制度和微观层面的制度，前者适用于整个组织，后者适用于岗位，前者是原则性、方向性的，后者是指导性、具体限制性的。安全管理制度的主体存在于后者之中。

3. 以例外为补充

依据岗位构建安全制度后，安全制度的制定并未完全完成，还需根据岗位、流程间的衔接，制定例外领域的安全管理制度，这部分安全管理制度是指部门间、与需要协作的任务相关的安全管理领域。在传统组织管理中，这些领域常被忽略，需要引起特别的关注，杜绝在安全管理中出现"三不管"的地带。

4. 以修订为常态

安全管理制度体系构建后，不意味着一劳永逸，随着企业的发展、外部环境的变化，制度永远是有缺陷的。安全管理机构要随时关注那些与实际安全管理需要不相符、落后、错误的制度条款，随时做好记录，征求相关岗位工作人员的建议后，借助职工代表大会等时机对相应制度条款加以替换。

四、管理效果监督检查

安全管理制度体系构建之后，其执行需要一定的推动力，尤其是制度制定之初。最初的制度执行推动力来自高层，自上而下。当安全管理制度的执行步入稳定期后，推动力主要来自安全管理制度体系本身所包含的督核体制，即监督、指导、考核。

安全管理制度体系中，存在各层面的监督制度，监督主体也各不相同，这些监督职能负责发现、指出管理、作业中的不当行为或潜在的不安全行为，交由考核部门进行处理；同时对这些行为进行警告，并予以指导。督核职能及反馈完成了整个安全管理的管理闭环。

案例链接：山东滨州交运集团有限责任公司安全生产案例

山东滨州交运集团始建于 1952 年，至今已有 70 年的发展历史。现已形成集班线客运、全域公共交通、校车经营、现代物流、仓储配送、汽车销售与服务、驾驶培训、出租旅游、康养及互联网业务等多领域经营项目为一体的大型综合企业集团。集团公司下属 64 个子公司和分公司，其中子公司规模以上企业 12 家；现有员工 3000 余人，各种营运车辆 3000 余部；资产总值 22 亿元。在当前严峻的经济形势下，主要经济指标均实现了同比增长，保持了健康持续发展态势，高居山东省同行业第一方阵。曾荣获中国道路运输百强诚信企业、全国汽车维修行业诚信企业、全国新能源公交创新突破企业、交通运输部重点联系道路运输企业、山东省交通运输系统先进集体、全省交通运输系统本质安全建设先进企业金奖、山东省最具幸福感企业、山东省城市交通客运行业"优秀城市交通客运企业"、滨州市特级明星企业等多项荣誉称号。

作为滨州市最大的专业道路交通运输企业，滨州交运集团全体干部职工认真学习贯彻习近平总书记关于安全生产的重要论述，终坚持"安全第一，预防为主，综合治理"的安全工作方针，始终坚持"没有安全，就没有一切"的企业安全生产理念，以《安全生产法》《道路交通安全法》等法律法规作为管理指南,积极营造"安全生产一起抓,安全生产靠大家"的浓厚安全文化氛围。

一、夯实安全基础,不断完善各项安全管理制度

2013年集团公司积极推行安全生产标准化,采用"策划、实施、检查、改进"的动态循环模式,建立健全安全生产长效机制;2016年开始大力开展安全生产双重预防体系建设工作,落实安全风险分级管控和隐患排查治理,实现企业安全风险自辨自控、安全隐患自查自治,全面提升安全生产整体预控能力;2017年发布实施集团公司安全管理制度汇编《安全管理标准》,建立健全了安全生产责任制,理顺了安全生产管理关系,规范了安全生产管理行为,统一了安全管理标准;2022年依据新《安全生产法》等对2017年版《安全管理标准》进行修订、补充和完善,并重新颁布、印刷《安全管理标准》(修订版)。集团公司通过不断对各项安全管理制度规范和标准进行修订、补充和完善,使各项安全生产经营活动更加科学化、制度化、规范化、标准化;使其管理有依据、执行有标准,进而不断提高、指导和约束全体干部职工的安全行为,达到提升集团公司整体安全管理水平的目的,最终实现安全生产的持续稳定。

二、强化源头管控,积极推行驾驶员家访制度

为保障安全生产、控制源头管理、强化事故隐患预防措施,2018年集团公司制定出台了《驾驶员家访制度》,并积极推行和落实。进一步加强单位与驾驶员家属之间的沟通与交流,及时了解并掌握驾驶员居家时的身体状况、休息情况、心理动态以及家庭状况等影响安全行车的因素,以便对症下药,制定具有针对性的安全管控措施;同时也让家人充分了解到驾驶员在单位的工作情况及其表现,从而全面掌握驾驶员的工作状态,使其家人给予关注和谅解,同时以便家人在驾驶员下班后更好地监督其避免出现饮酒、熬夜、沉溺游戏等影响安全驾驶的不良行为,保障驾驶员有充足良好的作息时间和氛围,为驾驶员全面做好后勤服务工作;形成了驾驶人员"上班由单位负责管理,下班后由家属进行监督"的24小时闭环式安全管控体系。实现单位、家庭齐抓共管,达到集团公司对所有驾驶员全覆盖模式的安全双级管控,有效纠正了驾驶员的不安全行为,做到从源头上消除安全隐患,真正实现事故预防的目的。

　　三、强化督导检查，实现现场管控和动态监控工作的高度融合

　　安全工作，现场管理至关重要。狠抓驾驶员的违法、违规等不安全操作行为，切实做到现场督导检查和车辆动态监控双管齐下，实现车辆运行的全过程管控；两者相辅相成，形成全方位、无死角、常态化的安全管理模式。现场督导检查采用道路稽查、现场叮嘱、随车督查等有效方式，进一步加大对重点时间、重点路段、重点车辆和重点人员的稽查力度、排查密度和督导频次，加强现场管控；同时充分利用车辆视频动态监控平台，强化对车辆运行过程和驾驶员驾驶操作行为的实时监控，坚决纠正车辆运行过程中驾驶员存在的超速、疲劳驾驶、不按规定路线行驶、接打电话、吸烟、吃零食、与他人交谈等违法违规行为，并做到及时处理和统计上报；不断提高对车辆运行关键环节的安全管控，消除事故隐患，筑牢安全防线，真正起到事故预防的目的，确保滨州交运安全生产信用"A"级资质，全面保障集团公司安全生产持续稳定，为滨州市积极创造一个和谐、安全和稳定的交通运输环境。

　　（撰稿人：山东滨州交运集团有限责任公司郭法强）

第四节　企业安全行为文化建设的具体内容

一、企业安全管理制度制定

　　1. 安全资金保障制度

　　企业安全管理需要一定的资金预算保障。这些资金的用途主要包括：安全物资方面的资金；安全设备方面的资金；安全培训、演练活动方面的资金；安全损失准备金等。安全资金专款专用，也必须制定专门制度进行管理，确保安全资金发挥应有的作用。

　　2. 安全宣传教育和培训制度

　　企业安全管理机构应与人力资源部门共同制定安全教育和培训制度。制

度内容包括：

（1）安全教育培训的内容选择。根据受训人员的岗位、层级，制定教育培训的具体内容。

（2）安全教育培训的时机选择。如新员工入职时；设备更新换代时；企业发生安全事故时；国家、行业颁布新的安全政策时等。

（3）安全教育培训的形式选择。如会议式培训；拓展活动式培训；教育基地式培训；演练式培训、技术比武式培训等。

（4）安全教育培训的导师选择。主要分内部导师和外部导师两种：内部导师的优势是了解企业具体情况，教育培训针对性强；外部导师的优势是知识系统性、专业性强。具体选择要根据每一次的培训内容、对象进行选定。

（5）安全培训的效果评价。每一次安全教育培训都必须事先确定效果评价方式，使安全教育培训活动的效果落到实处。常见的效果评价方式有：问卷式评价（向受训人员发放问卷，通过受训人员的感受评价教育培训成效）；考试式评价（通过书面或口头知识问答，检验安全教育培训的效果）；事后行为评价（通过教育培训后的受训人员行为改变程度，评判教育培训效果）。

3. 安全责任分配制度

企业安全管理制度的落实离不开安全责任的分配。如前所述，在企业安全管理中，需明确各级各类岗位的安全管理职责，这些职责内容是根据目标管理的原则层层分解安全管理目标而得到的。但在安全管理实践中，仍然常常会出现职责覆盖不到的领域，这些情况的出现往往是由于部门间、个体间的工作衔接之处，因此，在安全责任分配中对这些环节需要重点设计。相应地，对于集团公司，就需要将各分公司之间的安全管理衔接做好设计。

4. 安全标准化制度

在安全管理过程中，为了实现管理的便捷性，需要实行管理的标准化，标准化是管理走向制度化的标志，有了标准，才有具体的管理的尺度，也才有衡量管理效果的尺度。安全标准化的实施，首先要盘点企业内所有与安全相关的管理、作业行为，经安全专业委员会鉴定后，确认哪些管理、作业行为需要进行标准化；其次，组织专业人员及相关管理人员制定标准体系；再次，进行标准体系的学习、培训、实施；最后，进行安全标准化的督核与改进，形成标准化管理的闭环。需要说明的是，并非所有管理、作业行为都适合标准化，不能标准化的尽量流程化处理，以提高管理的力度。

5. 安全考核及奖惩制度

为了保证安全管理制度的实施及效果，安全考核与奖惩是必不可少的环节。与各领域的管理相似，安全管理中考核与奖惩也发挥着指挥棒的作用，在安全管理中，我们希望组织成员有什么样的行为，就考核相应的方面，配以相应的奖励与惩罚。

安全考核及奖惩制度也应纳入安全标准化体系，有了管理与作业的标准，考核才变得可操作、可量化，才能进行有针对性地指导与改善，同时，也能使奖惩有章可循。同时，为了突出安全的重要性，安全考核与奖惩还应和成员总的薪酬结构、晋升相挂钩，加大安全管理的力度、执行度。

6. 安全检查、监督及控制制度

控制是管理的一项基本职能，安全管理控制更是安全管理中特别需要关注的一个环节。安全管理控制是以安全检查、监督为依据的，企业需要制定安全检查、监督及控制制度，根据此制度，企业安全管理人员应定期或不定期地对安全管理范围内的行为进行检查、监督，获得安全管理制度的效果数据，将这些数据与安全管理的目标、标准相比对，发现安全管理的偏差，接下来进行纠偏。纠偏的方式有两种：一是纠正执行行为，使行为走到正确的轨道上来，符合安全管理目标与标准；另一种是，若经过考查发现，执行行为有一定合理性，是当初安全目标设置不当或已不符合当下的情况，这时就要纠正目标与标准。企业检查、监督及控制制度就是要使行为与安全目标一致。

7. 安全生产事故处理制度

有一类制度在企业安全管理制度体系中一直被广泛采纳，这就是企业安全生产事故处理制度。对于生产型企业尤其如此。安全生产事故处理制度，即当安全生产事故开始发生后（包括事故正在进行、事故结束两种状况）的处理制度。安全生产事故处理制度主要包括：

（1）根据已经制定好的安全生产事故预案对事故进行应急处理，对于已开始、正在进行的事故采取使事故能够终止的措施，尽可能保护生产人员人身安全和企业财产损失，对于已经造成损失的事故，做好人员救治、财产处置，现场调研、勘察，事故原因整理、分析、汇报工作。

（2）对安全生产事故进行全面总结、反思，召开安全教育大会，让全员深刻感受事故带来的损失与危害，公布造成事故的主要原因及后续生产作业应关注的问题，将事故处理经验制度化后补充到原有安全管理制度体系之中。

安全管理制度体系的内容是多方面的，以上只列举了几种，除此之外还有安全举报制度、安全信息沟通制度、车间安全制度等，不同企业需根据自身实际情况，结合自身业务特点进行构建。

二、安全行为规范

为了能够更好地落实企业安全管理制度，增强制度的可执行性，往往还要将某些制度条款中对于各类管理行为、作业行为、服务行为提取出来，编制成针对各类岗位或某些群体的行为规范。因此，安全行为规范是安全管理制度的一部分。常见的安全行为规范包括：

（1）安全管理行为规范。需要按清晰的条目列出涉及安全的管理行为应当遵守哪些规范，不应当触碰哪些底线等。

（2）安全作业行为规范。说明在作业过程中作业人员应当遵守哪些规范、章程、流程。

（3）安全服务规范。说明服务人员在服务过程中应当遵守哪些规范、章程、流程。

这些安全行为规范本身是从安全管理制度体系中抽取出来编制的，目的是使行为人实施起来方便，因此，常常将它们印制成小册子，方便携带，能够随时查阅、参考。这些小册子也常被称为安全行为手册。

1. 管理层安全行为准则

企业管理层需要遵守的安全管理行为规范一般包括：

（1）做好安全细则制定工作。对涉及本部门、自身管辖范围内的安全管理工作负总责，负责制定管辖范围内各类安全细则，保证安全管理的制度严密性、合理性、可执行性。

（2）做好所辖部门的安全检查工作。安全管理层工作人员之间应合理分工，定期检查部门内所有涉及安全问题的事、物、行为，一旦发现隐患，及时做出处理及报告。

（3）做好所辖部门安全指导工作。与相关岗位安全专职人员做好本部门安全指导工作，确保本部门人员在安全管理、作业中遇到疑难时能够及时化解。

（4）做好本部门人员的安全教育培训工作。使本部门人员时刻拉紧安全这根弦，在思想上始终高度重视，并形成安全管理、作业的习惯。

（5）做好本部门安全管理、作业状况汇报工作。及时向上级汇报、向部门内通报安全现状及潜在的安全威胁。

（6）做好本部门安全物质定期核查工作。定期盘点本部门相关安全物质、资金、设备等的使用情况，并做好台账。

2. 员工安全行为准则

员工安全行为是企业安全管理的关键一环，大量的安全工作都与员工行为相关联，员工安全行为准则主要包含以下几个方面：

（1）认真学习好与自身岗位相关的安全知识、常识、制度、流程、规则等。确保在日常工作中自己的所有行为都是符合以上规定的，即按章行事。

（2）及时了解学习新的安全技术、安全技能。科技发展日新月异，安全技术新产品也层出不穷，员工应积极接纳新事物，在公司、部门的建议、要求下，主动学习安全新知识，更换旧知识，提高安全作业效率。

（3）积极参加企业、部门组织的安全教育、培训活动，主动传播安全理念、安全法规，为安全氛围的形成做出贡献。

（4）留意工作中的安全细节，谨慎、仔细观察、分析作业中可能的安全隐患，如有隐患或疑似隐患，应及时上报，同时做好安全处理及自身防护。

案例链接：胜利油田临盘采油厂安全行为规范

中国石化胜利油田临盘采油厂组建于1972年，所辖油区面积1425平方千米，是胜利油田位于鲁西北的重要原油开发基地。这个厂因培育了"铁人式的好工人"——王为民而闻名，"敬业、创造、爱民、奉献"的为民文化成为胜利文化重要组成部分。多年来，这个厂不仅履行了为国产油的责任使命，也因独具"为民"基因的安全文化享誉油田内外，先后荣获全国五一奖状、全国文明单位，蝉联七届中国石化"红旗采油厂"。

作为能源采掘企业，临盘采油厂学习贯彻习近平总书记关于安全生产重要论述，奉行安全生产"先于一切，高于一切，重于一切""安全源于设计、源于质量、源于责任、源于能力""发展决不以牺牲人的生命为代价"等理念，以理念推动实践、指导工作、引领行为，营造了"敬畏生命、敬畏规章、敬畏职责"的安全文化氛围。

一、强化体系思维，制订行为规范。以理念、目标、方针为入口，对各要素管理内容进行梳理，各主管部门修订要素控制责任和工作责任清单，优化流程节点，实现岗责匹配，推进管理体系与企业生产深度融合。经过从上到下论证修订，发布《胜利油田临盘采油厂 HSE 管理体系手册》，规定了各级管理者和全体员工在生产经营活动中必须遵守的行为准则。成立体系运行专班，分层组织培训，推进体系运行，为 HSE 管理规范化、科学化提供了制度支撑。

二、强化问题导向，开展回归溯源。践行"所有事故都可以预防，所有事故都可以追溯"的理念，在体系运行过程中，实行月总结，季分析，定期纠偏，及时校准。对于查出的问题，开展"五个回归"溯源分析，从"谁来做""怎么做""会不会做""能不能做""做得如何"五个维度进行追根溯源，全面排查管理职责是否具体明确、规章制度是否规范完整、人员能力是否满足要求、资源配备是否充分到位、检查考核是否及时有效，找准管理薄弱点，提出合理建议，制定整改措施。运用互联网技术，实施大数据分析，针对高风险施工作业环节，实施现场督查，对基层单位进行考核排名，开展"穿刺式"解剖，帮扶直属单位各级管理人员发现思想、管理和技术上的漏洞、盲区、弱项，总结存在问题，从个性到共性，从现象到本质，追溯深层次、根本性管理缺陷，以整改促提升。

三、强化过程管控，推进责任落地。开展"安全生产专项整治三年行动""安全生产隐患大排查大整治集中行动""百日安全无事故专项行动"，运用清单管理，落实隐患整改，边查边改、立查立改；持续开展"全员隐患排查"，每月消除一类隐患，打通风险识别"最后一公里"。强化重点环节管理。严格执行《加强直接作业环节安全管理十条措施》，融入管理制度，规范工作流程，从源头消除施工安全隐患，提升工程建设本质安全水平。加强承包商管理。推行"一人一码一证"监管模式，建立了"施工人员信息档案管理系统"，设置二维码，手机扫码可查相关人员资格证件，提高了监管效率，承包商全员报备、培训、持证上岗率达到100%。强化监督考核。坚持一级关键装置要害部位每月必查、重大工程重点施工每点必查、高风险直接作业环节每环必查、现场管理每项必查，实现了基层督查全覆盖。扩大信息化、智能化技术应用，推进《油田站库作业过程安全风险智能管控与预警系统研发》项目运行，逐步完善安全生产标准化场景数据库，对生产施工现场违章行为进行算法识别，项目成果具有较好实用性及推广价值。在采油管理区筹建采油工信息化实操训练场地，编制了《采油工信息化操作规程》，是胜利油田首家具有教程的采油信息化场地单位。研发生产动态智能管理系统，对生产异常及时报警，原油生产危机管理发现及时率、处置率均达百分之百。

三、安全操作规程的编写

1. 总体编写要求

（1）权威性。企业安全管理机构需组织各操作岗位熟练操作工、车间负责人、业内专家及相关管理人员形成安全操作规程编写团队，安全操作规程严禁无操作经验或相关管理经验的人参与。

（2）可行性。安全操作规程应全面、细致，可执行性强。

（3）可读性。安全操作规程的表述要易于理解，文字通顺、无异议。

（4）合规性。安全操作规程不能与国家、企业相关规定相冲突；不同岗位的操作规程之间在技术参数用语、措辞方面具备统一性，原理上不矛盾。

2. 编写要点

（1）一般情况岗位安全操作规程编写要点如下：①明确对岗位人员培训的要求（三级安全教育、新工艺培训等）。②明确对操作人员的要求（上岗前准备工作、严禁脱岗、串岗、睡岗和做与生产无关的事等）。③明确生产开车操作程序，注意事项及安全措施。④明确阐述生产原理及工艺流程。⑤明确标出带有控制点的生产工艺流程图。⑥明确原料、辅料、中间产品和产品的管理要求（检验、存放、使用等）。⑦明确岗位或工序的原料、辅料、中间产品和产品的物化性质、质量规格、指标要求，特别是安全指标的要求。⑧明确岗位工艺技术指标及操作参数，如物料配比、成分、温度、压力、流量等指标。明确装置运行中跑、冒、滴、漏的安全、环保处置的要求。⑨明确生产运行操作（含设备、设施）、维护和巡回检查方法。⑩明确停车、紧急停车、异常情况应急处理的操作程序和处置方法。

（2）紧急停车情况岗位安全操作规程编写要点如下：①明确发生各种紧急情况（包括工艺或设备的异常情况、公用工程系统的异常情况、停水、停电、停气、发生火灾、爆炸、物料大量泄露及水灾、大地震等自然灾害情况）的处理要求。②明确职业卫生、劳动防护和劳动环境的安全规定。③明确操作记录要求（记录的内容包括记录时间、记录人、产品批次、本班本岗情况等）。④明确岗位操作应急预案的要求（应急救治、消防器材的正确使用，人身伤害事故的现场急救等）。⑤检修情况岗位安全操作规程。编写要点如下：明确检修项目，做到"五定"（定检修方案、定检修人员及职责、定安全措施、定检修质量、定检修进度）。明确检修动火前周边环境的要求（易燃物的清除、灭火器材的准备、必备的标识等）。明确储存、输送、可燃气体及易燃液体的管道、容器及设备检修动火前浓度及容器设备内氧含量的检测（分析内容、分析取样地点、分析的时间间隔等）要求。明确检修动火作业的要求（作业场所、作业人员、防护措施、监护人员等）。⑥明确《动火证》申请与审批程序。⑦明确《动火证》使用时间与范围。⑧明确消防器材及救治用品的配置要求。⑨明确检修操作人员的培训要求。⑩明确装置检修完毕的交接程序。

第五节　企业安全行为文化建设实施保障

一、安全信息传播与沟通

沟通存在于企业管理与运营的各领域，安全信息沟通是指企业安全信息的传递、认同、理解乃至执行。安全信息沟通是有目的性的沟通，其目的最终在于安全规范的执行。

1. 安全沟通的四个层次

按照安全沟通达成目的的程度强弱，安全沟通可分为四个层次：一是安全信息的发布，将信息顺畅地传达给受众，这个层次还属于较低层面，基本是单向的沟通；二是安全信息的交流，相关个体之间可以就安全问题进行信息传递与互动，表达不同观点，这个层次是双向的，沟通效果优于第一种；三是建立关系，通过安全信息沟通，个体之间结成安全管理、安全行为间的某种关系，如契约关系，企业与管理人员、作业人员签订安全承诺书、责任书即属此类；四是进行说服，安全信息只是传递出去还不够，必须让信息接收者收到、理解、认同并保证能够实施，如果说服不成功，以上这些是无法做到的，即思想上认同、行为上实现。

2. 安全信息传播与沟通的措施

为了保证信息传播、沟通的效果，企业必须建立、利用一些传播、沟通渠道或者相应措施。

（1）信息的发布平台。对应于安全沟通的第一个层次，企业要有专门的信息发布平台（安全信息发布平台可与企业重要信息发布平台共用），为此，企业要有全员都能接触到且使用频率高的权威信息发布设施，如企业网站的相关功能、厂区内广播、公众号、重要位置的电子显示屏等。

（2）安全信息沟通交流平台。对应于安全沟通的第二个层次，企业需要建设安全信息交流平台，在安全交流平台上，不同部门之间可以就安全信息进行交换、交流，个人之间也可以发表意见、建议，企业IT部门可以对这些交流内容使用大数据技术进行语义分析以获取员工的具体想法，为安全管理措施的制定提供依据。

（3）安全合同、协议。为了让组织成员将安全行为执行到位，可以采取签订责任书、军令状等各种形式的安全协议来约束成员行为。安全协议的效果远强于口头承诺。

（4）专职安全管理人员的说服职能。专职安全管理人员对业务较为熟悉，在安全管理中应当担负起教育作业人员的职责，只是让作业人员签订责任状是一种外在的约束行为，要想取得安全管理的长期效果，还需要作业人员对安全指令的内心认同，在这方面，专职安全管理人员的说服能起到关键作用。

（5）上行沟通渠道。企业应通过特定的上行沟通渠道向上级主管部门定期汇报安全管理工作，请示安全管理指令，就重大安全问题向外部请求安全资源等。

（6）其他沟通渠道。除了以上安全信息沟通、交流平台，企业还需建立健全安全管理、安全作业培训机制，定期传达国家、行业、企业等各层级安全政策，外部的一些安全事故信息也能够让组织内人员引以为戒。

安全生产信息沟通要求见表 3 – 1。

表 3 – 1　　　　　　　　　　安全生产信息沟通要求一览表

序号	安全生产信息	沟通渠道	沟通对象	沟通时限与要求
1	安全生产方针	会议、文件、办公自动化系统	矿属各级管理人员及员工	每年至少进行一次，可在各类安全生产会议中强化
		培训	新员工	入职前进行
		会议、网站	外部相关方	汇报、报告或与相关方召开会议时进行
2	安全生产法律法规与标准	会议、文件、简报、办公自动化系统、内部网站	内部所有员工	法律法规和上级制度、标准新颁布或更新时进行
3	安全生产管理标准	培训、文件、办公自动化系统、内部网站	内部所有员工	结合管理标准的宣贯和年度安全培训进行
4	安全生产目标与指标	会议、文件、简报、办公自动化系统、内部网站	矿属各部门、各基层单位	年度、年中工作会议以及安全生产委员会议时和每月的安全生产分析会中进行
5	安全生产工作计划	会议、文件、函件、报表、办公自动化系统、内部网站	矿属各生产部门、各级生产人员	月度办公例会、安全生产例会及安全生产委员会召开时
6	安全生产教育培训计划	会议、文件、函件、报表、办公自动化系统、内部网站	教育培训涉及的培训对象	年初、培训计划执行时
7	安全生产会议纪要	文件、函件、办公自动化系统、内部网站	矿属各部门、各基层单位、各级生产人员	会议召开后 2～3 日
8	事故/事件调查报告与通报	文件、函件、简报、简讯、报表、办公自动化系统、内部网站	矿属各部门、各基层单位、各级生产人员	事故/事件发生后一周内，月度安全简报中、办公、安全例会以及安全生产委员会召开时
			安环部	按照《事故/事件调查管理工作标准》规定的时间执行
			政府及相关部门	根据《生产安全事故报告和调查处理条例》规定执行

续表

序号	安全生产信息	沟通渠道	沟通对象	沟通时限与要求
9	安全生产工作总结	会议、文件、函件、简报、简讯、报表、办公自动化系统、内部网站、口头交谈	矿属各部门、各基层单位、各级生产人员	对应的安全生产工作完成后
10	政府部门安全生产文件	会议、文件、函件、简报、办公自动化系统、内部网站	矿属各部门、各基层单位、各级生产人员	根据矿领导的批示和文件要求进行
11	安全生产检查情况通报	会议、文件、函件、简报、简讯、办公自动化系统、内部网站	矿属各部门，各基层单位、各级生产人员	检查完毕一周内
			上级部门	按照上级部门文件要求的时间报送
12	员工代表巡查记录及整改清单	简报、简讯、报表、联络单、办公自动化系统	安环部及相关管理人员	按照规定时间执行
13	员工建议	会议、记录表、联络单、办公自动化系统、内部网站、口头表达	各级领导和员工代表、安全管理人员	按照《合理化建议管理工作标准》中规定的时间执行
14	标准化系统评定报告	会议、文件、报表、办公自动化系统、内部网站	矿属各部门及各基层单位	内部评定和外部评定结束后两周内
15	风险评估结果	会议、文件、函件、报表、联络单、办公自动化系统、安全技术交底单、作业指导书	矿领导及相关部门负责人	评估发现重大风险时，风险控制措施执行批准时，办公、安全生产例会以及安全生产委员会召开时
			各级生产人员	各项管理、作业活动开始前
			承包商和进入现场的外来工作人员	承包商和外来人员进入现场前
16	应急预案	会议、文件、办公自动化系统、内部网站	应急指挥、响应人员	应急预案发布后
			政府相关管理部门	按照上级文件和预案规定的时间
			外部应急协助单位	应急预案发布后

二、安全行为激励

激励是一种管理行为，安全行为激励是一种有效的安全管理手段，通过激励措施，可以引导组织成员做出企业希望他做出的行为，从而达到组织的安全管理目标。

1. 安全行为激励的方法

常见的安全行为激励方法有目标激励法、奖惩激励法、荣誉激励法等。

（1）目标激励法。目标激励法就是用目标来激励组织成员。这里有两种应用途径，如前所述，每个部门、岗位、个体的安全目标都是由企业的整体安全目标逐层分解得到的，每个岗位、个体目标的实现，在理论上就意味着企业安全总体目标的实现。这是目标管理理论的思想，但目标管理理论不仅强调目标的分解，而且强调目标是如何分解的，如果是在行政强制力框架下分解目标，那么各岗位、个体的目标就是被动形成的，并不一定得到执行者的认可，这样的目标就难以实现（除非辅以大力度的绩效考核，但那又影响员工满意度）。人总是倾向于认可自己参与过的事情，因此如果设计得当，让组织成员参与目标的分解，将会增强他们对目标的认可度、执行力。目标激励的另一种途径是，在具体的某项任务上，通过设定合适的任务难度来调动员工的积极性，所谓"跳一跳，摘桃子"。

（2）奖惩激励法。奖惩，即奖励和惩罚，胡萝卜加大棒，是安全管理中最常使用的激励手法。奖励，主要是奖金、物品等物质性的激励因素，属于正向激励，奖励可以让员工感到自己的行为得到了组织的认可，并在物质的刺激下继续坚持组织要求的行为；惩罚，则是负向激励，在员工有不当行为时遭受一定的损失，使他摈弃不当的安全行为。奖励和惩罚往往结合使用。

（3）荣誉激励法。荣誉激励法即用荣誉称号进行激励。企业一般可以设立一些与安全有关的荣誉称号，诸如"安全生产标兵""安全大使""年度安全冠军"等，将这些荣誉称号颁发给那些遵守安全行为规范的人。当然，对于在安全执行方面有创新的组织成员，也可以专门设立"安全创新奖""安全创新明星"类的称号，以激励这种企业想要看到的行为。

2. 影响激励效果的因素

安全行为激励要取得一定的效果，还需要考虑影响激励效果的各种因素。

一般而言，影响安全行为激励效果的因素有激励对象、激励时机、激励频率、激励强度等。

（1）激励对象。面对不同的管理对象，应考虑使用不同的激励方法。如，看重物质性奖励的员工和看重精神激励的员工，应当分别使用物质性奖励和荣誉激励的方法。

（2）激励时机。心理学认为，对行为的反馈越及时越有效。当组织成员做出了有隐患的不当行为，如果能及时被发现、被警告乃至惩罚，就是最有效的，同样，对于做出恰当安全行为的组织成员，进行及时的嘉奖也是最有效的。

（3）激励频率。安全激励的频率应当根据不同工种、工作内容维持在合理的水平，不宜过高。过于频繁的惩罚，会失去威力，使员工麻木；过于频繁的奖励，也会使员工司空见惯，从而失去激励的价值。

（4）激励强度。激励强度是指奖励和惩罚的力度或量的大小，这也要企业根据安全行为的影响程度及实际情况来确定，对于事关企业生存的重大安全事项，需要加大激励力度，以引起全员的重视。

三、安全行为文化建设实施控制

1. 前馈、同期、反馈控制

控制是管理的一项重要职能，可分为前馈控制、同期控制、反馈控制（见图 3 - 4）。

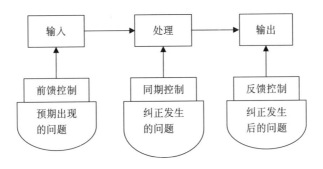

来源：斯蒂芬·P. 罗宾斯，玛丽·库尔特. 管理学. 北京：中国人民大学出版社，2008

图 3 - 4　控制的类型

安全管理中的前馈控制是指对可能发生的安全问题进行事前预防，从而降低事故产生的可能性，避免企业损失。前馈控制往往根据安全问题的周期性、安全管理的薄弱环节以及行业经验制定措施。安全管理中的各类预案即属于事前控制。

同期控制是指在管理过程中、任务执行过程中、作业过程中对安全行为进行控制，以防当前的行为造成更大的安全事故。安全管理过程当中的巡查、检查、督查即属于同期控制。

反馈控制是指安全问题发生后对安全管理进行的纠偏。主要有两种方式：一是对相应的行为进行纠正，以符合安全管理目标；二是根据具体情况对原有目标与计划进行调整，使目标与计划更符合实际情况。安全管理中的反馈控制往往是指事故发生后的反思、总结以及对今后的警示等。

2. 信息控制

安全管理中的信息控制的目的是使信息在安全管理中发挥正向作用。信息是决策者做出决策的依据，没有可利用的信息就做出决策一定是盲目的决策。

首先，安全管理机构应设计权威的信息发布渠道，使所有组织成员都能在安全问题发生时第一时间接收到可信的信息；其次，安全管理机构应设计上下、水平信息沟通渠道，使安全政令、安全信息得以及时汇报、下达以及就安全问题进行部门间协商；再次，安全管理机构应当关注到企业内部的非正式群体的小道消息途径，严格控制小道消息的传播，必要时采取严厉措施进行惩罚。

在 IT 技术较为发达的今天，企业可建设内部安全信息平台，实现安全事项的流程管理。

第六节　当前安全行为文化建设存在的问题

一、安全行为文化建设理论研究方面存在的问题

近年来，国内有关安全行为文化建设的研究逐年增多。根据万方数据服

务平台和中国知网平台的搜索数据来看，国内有关安全行为文化建设的研究主要集中在以下几类：

1. 行业经验类研究

多数研究成果是基于某一行业、职业的，这些行业、职业多是比较容易出现安全事故的（如高危行业）。

2. 对已有安全理论模型的应用

部分安全文化研究成果，并不是理论研究，而是对国内外某理论、模型在某一行业领域内的应用，创新性并不高。

3. 对已有安全文化建设的优化

部分研究成果是在已有安全文化建设的基础上，针对具体环节提出的优化方案。

以上研究尚存在的问题是：第一，没有形成宏观的企业安全行为建设体系，事实上，安全行为文化应当存在于所有行业、所有领域，这些不同行业、不同领域的安全行为文化都应具备共同的理论体系、价值观念，不同的只是行业特点、执行细节，但背后的文化之根是相同的，有关这方面的研究即共性的研究还较少；第二，理论与时间的结合研究不够，当前研究中，理论层面的只偏向于理论，经验方面的只注重经验，将两者结合到一起的又稍有牵强；第三，权威的研究成果太少，全国范围内有影响力的、普遍使用的、行之有效的理论或做法少之又少。以上是安全行为文化研究者们应关注的问题。

二、安全行为文化建设实施过程中存在的问题

当前我国安全行为文化建设实施存在的问题主要有以下几个方面：

1. 安全行为文化建设实施的出发点有偏差

我们进行安全行为文化建设的根本目的是实现安全运营、安全生产，保障企业和个人的根本利益、长期利益，这是文化建设的出发点，而不是实现某些短期目标，更不是为了保住某些人的"乌纱帽"。出发点有偏差就会引起文化建设的不认同。

2. 安全行为文化建设仍然只是集中在某些行业、领域

如前所述，所有领域都需要建设安全文化，而不是只有那些高危行业才需要，只有整个社会都充满了安全行为文化的气息，真正的安全目标才会

落地。

3. 组织内的安全行为文化只是集中在某些环节

多数组织以经验行事，什么环节容易出现危险就关注什么环节，缺乏整体意识，不习惯从作业链条、价值链条的角度、整体的角度思考问题，头疼医头、脚疼医脚，造成安全文化建设的漏洞。

4. 惩罚、追责机制不完善

对于一些重大安全事故，目前只是简单地对组织负责人作免职处理，造成一些组织负责人习惯于转嫁责任，没有把安全问题当成首要的大事来抓。

三、当前企业运营过程中常见的安全行为问题

当前国内企业运营过程中存在的安全行为问题主要包括：

1. 规章制度细化不到位

从企业层面来说，安全管理、作业规章制度体系较为全面，真正细化到位的不多。许多规章制度的内容难以执行，在制定制度的时候对其可行性缺乏必要的设计。

2. 管理上缺乏一致性

安全制度实施伊始，制度的执行较为有效，随着工作的推进，在长期未发生安全事故的情形下，管理人员往往开始懈怠，一些安全制度的执行逐渐走样，以至于最终导致安全事故。或者，对于危险行为的惩罚力度衰减，使制度渐渐起不到震慑的效果，以至于造成隐患。

3. 安全意识不强

当前国内企业普遍处于工作节奏较快的状态，各部门、岗位满负荷工作的状况较为常见，在这种氛围中，安全问题常常被放到不重要的位置，一旦安全意识薄弱，行为随之懈怠，安全隐患便极易产生。

4. 安全教育、培训的效果不好

许多企业的安全教育、培训走过场、装样子，接受培训的人员也较为敷衍，没有把安全内容真正理解透，当然也就难以执行到位。

5. 没有将安全执行与绩效考核挂钩

有些企业为维持业务增长、企业效益，在绩效考核中仍然只注重业务绩效，考核内容没有真正体现安全执行状况，造成安全问题长期孤立于企业管

理体系之外，安全管理效果大打折扣。

　　企业应依据存在的上述问题，结合企业实际，确立企业安全行为文化建设的指导思想，明确企业安全行为文化建设的基本内容，梳理出安全行为文化建设的整体步骤，并设计有效的企业安全行为文化建设评估方案。

第四章

企业安全理念文化建设

有什么样的理念，就倾向于产生什么样的行为，从精神层面来讲，理念还决定了我们对外界事物的看法、观点、态度，因此从外部的行为到内在的认知，理念都起着决定性的作用。具体到安全管理领域，安全理念是企业进行安全文化建设的核心，不研究企业安全理念文化，就会使企业安全文化流于表面，无法深入行为的根源。

本章我们将围绕企业安全理念文化的构建展开论述，主要从企业安全理念文化的含义、企业安全生产观念、企业安全理念文化的体系架构、当前企业安全理念文化建设存在的问题等几个方面进行研究。

第一节　企业安全理念文化概述

在整个企业安全文化体系中，企业安全理念文化居于中心地位，是企业安全文化的基础和灵魂。有了企业安全理念文化，才能衍生出企业制度文化与行为文化，在此基础上结合企业自身资源状况、战略目标形成企业安全物质文化，因此在企业安全文化建设体系中，企业安全理念文化处于核心和引领的地位。只有有了完善的企业安全理念文化，另外两个层面的文化才不会成为无源之水、无本之木，才能保持运行的稳定性。

一、企业安全理念文化的内涵

从古至今，人类都在与大自然抗争、相处的过程中总结出有利于自身生存的安全理念，这些理念代代相传、演变，形成了今天我们赖以安全生产、生活的思想指南，在此基础上，社会各行各业也逐渐形成了适合于各领域的安全理念，这是全人类最为宝贵的精神财产，而企业的安全理念便是这宝贵财富的重要组成部分。

1. 企业安全理念含义

所谓企业安全理念，就是指企业在长期发展过程中所形成的、为全体组成成员所认同与遵守的、对安全的看法、观点、态度，它体现了企业全体成员对安全的认知模式、思维方式，往往具体表现为企业的安全目标、安全指导思想、安全使命、安全价值观等一系列关于安全的逻辑思维体系，它是形成企业安全制度与行为体系、企业安全物质文化的基石，是企业整个安全文化的内核。

需要说明的是，企业安全理念尽管常常是企业长期发展沉淀下来的、自然形成的认知模式、思维方式，但是，企业借鉴优秀的外部经验，树立自身的安全目标，从而有意识地塑造具备自身特色的安全理念文化，只要能够适合自身发展，为组成成员所认同，也是可行的。

2. 企业安全理念本质及研究目标

理念源于观念，观念源于意念。人的意念是人面对客观世界的所思所想，是人脑对客观世界的直接反映，这种所思所想较为清晰之后升级为观念，但观念不能摆脱主观的意识，有时观念非常有局限性，如我们常说某人观念落后、迂腐等，当观念经过修正，较多地加入了理性的成分后，观念就变成了理念。

《辞海》（1989）对"理念"一词的解释有两条，一是"看法、思想、思维活动的结果"，二是"理论，观念"。简而言之，理念是人对客观世界的理性认知。人们在生产生活中已经形成了许多种理念，如人生理念、哲学理念、成功理念，安全理念就是众多理念中的一种理念。

安全理念就是人们对安全的认知。既然是认知，就不一定是客观现实。有些安全理念是消极的，认为安全问题会永远存在，无论如何防范，隐患都在那里，事故总会发生，我们应当与隐患共存，这是一种消极的安全理念，其结果就是对安全问题完全放之任之，最终会造成意识混乱及严重事故。科学的安全观念应当是：世界上一切事物的发展都是有一定客观规律的，都是可以被认知的，尽管风险在一定程度上有一定的不确定性、不可预知性，但我们对于风险的认识会越来越逼近其真实状况，对风险的管控也会越来越有效，当新的安全问题、风险产生之后，我们又会对其展开新的研究，逐渐逼近其本质，正是由于人类对于客观世界的不懈研究，才使得我们获得了各领域的科研成果、科学技术，以此改善我们的生产、生活，使人类生活得更幸福。

企业安全理念的研究目标是建立在科学的世界观基础之上的目标，其要义是：以马克思主义辩证唯物论为基础，对人的安全意识领域进行研究，发现人们在安全问题上的认知规律（包括对安全问题的看法、态度，安全与生产的关系，安全与生活的关系，安全与发展的关系，安全与竞争的关系，安全与政策的关系，安全与法律的关系，安全的伦理问题等），探索人们能够接受、认可的安全理念的内容，进一步找到有成效地向人们灌输科学安全理念的方式方法，最终根据安全理念接收、执行状况进行合理调整，形成一整套企业安全理念的产生、传输、运行、完善机制。

在企业安全理念研究中，将人放到一个至高无上的地位是一项一以贯之的原则，安全管理最终是为了人，安全理念必须以此为出发点。

二、企业安全理念文化之安全原理

1. 安全原理

已经存在且广受认可的安全理念，是企业塑造自身的安全理念的重要参考，这些成熟的安全理念，往往是经历了长期的实践考验，逐渐形成了自己的知识体系、模型及相关技术，我们常常称其为安全原理。如图 4 - 1 所示。

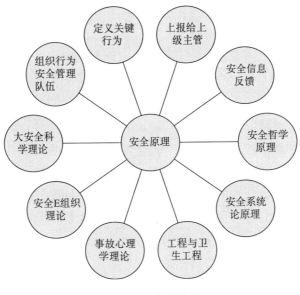

图 4 - 1　安全原理

（1）安全哲学原理。安全哲学原理是使用哲学的思维方式，解释与解决安全问题，其指导思想是马克思主义。安全哲学世界观认为，人类需要认识世界，利用规律，与自然、环境和谐相处，才能维持安全状态，实现安全目的，体现了"天人合一"的理念。安全哲学的方法论包括科学方法论和技术方法论，前者主要是从科学的角度解释、认识安全规律的方法，后者主要是研究安全对策中所采用的安全技术、规则、模式等。后面的几类安全原理都是以安全哲学原理为思维基础的。

（2）安全系统原理。系统是由各个相互关联、相互影响、相互依赖的部分构成的具有某种功能的整体。安全系统也由不同部分所构成，小的安全系统可能就只包括一台机器和一个人，大的安全系统可能包含组织、车间、厂房、设备、环境等众多要素。安全系统工程是采用系统工程的理论与方法，事先分析识别系统存在的风险，对系统风险进行评价、控制，以达到安全目的的工程技术，常见的安全系统工程方法包括本质安全化方法（是基于设备本身安全设计的安全管理原理）、人机匹配法（把人和机看成是系统的关键组成部分，只有把人和机合理设计、合理匹配，才能最大程度上实现安全目的）、安全经济方法（是一种从安全管理的角度出发的、衡量安全投入经济性的方法）、系统安全管理方法（安全管理是企业管理的一种职能，与其他的管理职能相互影响、相互支持，进行安全管理决策时需要同时考虑其他的企业管理决策现状）等。

（3）安全经济学原理。安全经济学研究的是安全投入与企业效益之间的关系。与许多管理目标一样，安全也是企业管理需要实现的目标之一，为了实现这个目标，企业也需要投入一定的资源，但这个资源的投入不是盲目的，需要有一定的手段进行衡量其合理性。一方面，安全资源的投入会占用一定的生产、发展资源，从短期来看会影响企业利润，尤其是滥用安全资源或安全投入无节制时；另一方面，缺乏必要的安全投入甚至取消安全投入时，企业会面临安全风险，一旦事故发生，企业又会遭受巨大的财产损失，严重影响企业利润。因此，使用合理、科学的经济方法衡量安全投入就成为必要。

（4）安全管理学原理。安全管理学原理是将安全管理作为普遍意义上的管理行为，研究其规律性及方法体系。管理学理论认为，管理有计划、组织、领导、控制等基本职能，管理过程中需要根据实际情况进行决策以选择最优方案。同样的道理，安全管理也需要具备安全计划、安全组织、安全领导与激励、安全控制等职能与内容，也需要在各类情形下进行安全决策，获取最优的安全对策。

（5）安全工程原理。安全工程原理是利用工程技术的原理与方法达到系统安全目标，在此过程中，安全工程理论是基础，同时使用系统工程、人机工程、环境工程、技术设备等理论。因此，安全工程原理是一个多领域理论相互交叉的理论体系。

（6）卫生工程原理。卫生工程原理是研究与身体安全、职业病相关的安全领域的理论体系，其涉及内容包括防尘、防毒、防辐射、防噪音、防过度疲劳等。

上述安全原理之外，还有其他一些安全原理及理论体系也在安全管理实践中得到普遍使用，如事故致因理论、事故心理学理论、风险控制理论、安全 E 组织理论、大安全科学理论等。在企业安全理念塑造过程中，综合利用这些安全原理，可以使安全理念更加科学合理，并具备可执行性。

2. 企业安全事故致因理论

安全事故致因理论是人们在研究安全事故发生的原因中产生的一系列的理论，这些理论随着时代的发展、技术的进步也在不断被充实着新的内容，主要的事故致因理论有事故频发倾向理论、事故因果连锁论、轨迹交叉论、能量意外释放理论等。

1939 年，法默等人在 1919 年格林伍德、伍兹进行的工厂伤亡数据调查分布基础上，提出事故频发倾向理论，该理论的主要观点是，安全事故发生的主要原因在于人的因素，组织中有少数人属于事故频发倾向者，这些人比其他人更容易导致事故的发生，在安全事故预防方面，如果企业将这些人调离相关岗位，甚至是辞退，事故就可以避免。第二次世界大战后，科学技术有了较大进步，研究者对于事故频发倾向理论有了新的认知，认为事故的发生之所以被认为是由事故频发倾向者引起，可能是因为他们本身被安排在比较容易产生事故的岗位上。另外，事故的产生还与机械等物质因素有关，事故预防应强调生产条件、设备安全等。

1931 年，海因里希在《企业事故预防》一书中提出事故因果连锁理论。最初的事故因果连锁论的观点是：事故的发生是由一系列有因果关系的连锁事件逐次发生引起的。从追溯的角度看，事故产生的直接原因是人的不安全行为和物的不安全状态，例如：人在作业时分心、擅离工作岗位，机器已经长时间超负荷运转、电压不符合要求等；还有都是由于人的缺点引起的，例如：习惯性地大意、马虎、专业知识不足、安全常识不够，甚至有心理疾病、精神有问题等。人的缺点既与遗传因素有关，又与其后天生活环境有关，例如：先天有性情暴躁、精神抑郁的基因，后天成长环境压抑、闭塞造成习惯上的心理障碍等。以上这些因素像多米诺骨牌一样顺次倒下，造成了事故发生，给企业和个人带来了伤害。如果这些环节中有一个环节被剔除，也会遏制事故的发生。

博德在海因里希的事故因果连锁理论基础上进行了理论完善。他认为，还应将管理作为一项安全要素进行重点考虑，通过专门的安全管理来进行事故预防；在事故原因追溯上，不应停留在寻找表面原因上，应当注意寻找导致事故发生的原因的征兆；另外，在事故预防中，还应研究人与事故的接触、人的防护问题。

日本的北川撒三也对事故因果连锁理论进行了完善。他认为造成事故的人和物的原因可以最终追溯到学校教育、社会、历史等方面的原因。很显然，在这种理论对安全的研究已经超出了企业的范围，成为了社会研究中的课题。

轨迹交叉理论是对事故因果连锁理论的进一步推进。此理论的观点是，造成事故的人的因素有一定的运动轨迹，即人的遗传因素、成长环境造成了人的缺点，这种缺点导致了其不安全的行为，造成事故的物的状态也有其运动轨迹，先天的设计的缺陷，造成物在使用过程中的潜在故障，潜在故障又导致了物的不安全状态。这两条轨迹交叉的地方就是容易产生事故的地方。[①]

能量意外释放理论是从能量的角度对安全事故进行解读的。此理论认为，人们通过能量（机械能、电能、热能、化学能等）做功以完成生产过程，在人们利用能量的过程中，能量一旦突破人的设定、限制、约束，就会产生外溢、释放，事故便会发生。防止能力意外释放、防止人体与能量的接触是这种观点下的安全防护措施。

三、企业通用安全理念文化

安全问题在不同行业、领域是有其共性的，我们可用以上安全原理为指导追溯问题产生的具体原因，进行有效预防。同样，不同行业、领域的安全理念也是有共性的，我们应当将其加以提炼、总结，充分利用其在安全管理中的价值，在此基础上生发出适合企业自身的安全理念。以下为通用的企业安全理念。

1. 企业事故的可预防性

对于"事故能否预防"的认知，是我们树立科学的安全理念首先要面对的问题。从其本质上讲，事故是现实世界中的一种客观现象，因此，对于事故的认识，与我们对客观世界的认识过程是相同的。马克思主义的观点是，

---

① 陈宝智，吴敏. 事故致因理论与安全理念［J］. 中国安全生产科学技术，2008，（01）：42 - 46.

客观世界是复杂的，但是客观世界也是可以被认识的，同时客观世界也是可以被人类改造的，人类在客观世界中是有主观能动性的。同样的道理，事故也是可以被认识、并可以被改造、被预防的。

党的十八大以来，党中央对安全生产工作极其重视。习近平总书记曾深刻指出："平安是老百姓解决温饱后的第一需求，是极重要的民生，也是最基本的发展环境。""不要强调在目前阶段安全事故'不可避免论'，必须整合一切条件、尽最大努力、以极大的责任感来做好安全生产工作。"

在某些情况下，事故确实难以预测，再加上事故诱发因素众多，因此在一些安全理论产生之前，有些人产生了事故不可预测的观点，导致了安全管理中的消极心理与行为。但事实上，事故难以预测并不等于不能预测。在事故致因理论的指导下，如果我们能够针对具体的行业、企业的已经发生过的事故进行推理、探究，对事故的原因、诱因进行分类、分析，那么，对于事故的认知是可以逼近其客观本质的，在实践中，我们规避、限制那些导致事故的诱因，改变使诱因存在的环境，树立起科学的安全理念，那么，越来越多的事故是可以避免的。当然，事物是发展变化的，由于环境的改变，事故本身也会发展变化，我们对事故的预防手段也要随之而变，因此，从这个意义上讲，与事故的斗争又是长期的。

在安全管理实践中，企业应做好全员的教育培训工作，使全员树立科学、坚定的安全理念；成立专门的安全管理机构，构建起积极、谨慎、负责的企业安全文化；合理投入安全预算，使安全生产在企业发展中发挥基础性保障作用；构建起企业内部的安全物质环境、生产环境、人文环境；强化责任，在企业内部划出安全红线，编织出一张严密的安全网，最终，形成自己的安全体系，为企业稳定发展保驾护航。

2. 企业决策层与管理层安全责任理念

企业的决策层、管理层不仅是企业发展的决策者、管理者，也是企业安全决策的制定者、执行者，决策层、管理层的安全理念对整个组织的安全观念起着引领、辐射、示范作用，决定了组织安全观念的大方向。

（1）决策层、管理层应树立"安全是企业管理第一要务"的观念，从内心里认同安全问题高于一切的观点。当前企业的管理架构、管理体制决定了"由上而下"的任务推动思路。企业内几乎所有的任务，都需要上层推动，基层执行，只有决策层、管理层认可安全任务，把安全当成第一要务来抓，企业内部才会将安全摆到台面上来。近年来为数众多的安全事故究其原因，还是决策层、管理层的思想出现了麻痹大意造成的。因此，决策层、管理层一定要摈弃业务第一的决策倾向、管理倾向，那种认为业务是企业至高无上的饭碗的想法是要不得的。业务诚然重要，但是缺少了安全这个前提，业务层面的努力可能就会打水漂。

（2）决策层、管理层应树立教育、培训理念。企业内部只是决策层、管理层提高了安全认识还远远不够，企业必须全员树立起安全意识，每有一个人丧失安全意识，企业生产就会增加一份安全威胁。因此，从管理的角度讲，企业内部应建立健全安全教育、培训机制，编制体系全面的安全教育、培训内容，设计丰富多样的安全教育、培训形式，寻找合适的安全教育、培训机会，安排有专业水平的安全教育、培训导师，采取严格、科学的安全教育、培训效果评估方法。而在安全教育、培训方面，决策层、管理层要走到前面，亲自抓，因为这是提升全员安全素质的主要阵地。另外，决策层、管理层的领导、管理人员本人就是安全教育者，需要处处、时时以身作则、率先垂范，在安全方面为全员做好表率。

（3）决策层、管理层应有强烈的责任意识。和本职岗位工作不同，企业内部所有人都有安全责任，每个人都要对相应领域的安全负责，决策层、管理层的安全责任更大，他们需要时时、处处铭记安全职责，毫不放松，盯住企业管理、作业层面的每一个细节，不放过任何一处可能造成事故的因素，这是他们的安全使命。决策层、管理层需要将安全责任当成自己最重要的职责来对待，不容一点点松懈、马虎，时刻拉紧安全这根弦。另外，决策层、管理层还应善于运用管理的手段分解责任，使执行层、操作层共同承担安全责任，当然，这需要避免推卸责任的现象，企业制度体系中也应当具备完善的安全责任分摊标准，规定好事故一旦发生每个责任人需要承担的后果，决策层、管理层应当比执行层、操作层承担更大比例的责任。

（4）决策层、管理层需要站在更高层面上来理解安全责任。在安全方面，企业的执行层、操作层主要任务是遵守安全政策、规定、标准、流程，但决策层、管理层不同，他们不仅需要关注执行层面、操作层面的细节、安全规定的科学性、合理性，还要站到整个企业发展战略的角度来看待安全问题，他们应当思考安全对企业长远发展到底意味着什么，如何处理发展与安全、效益与效率的矛盾，这是他们应当担负的责任。

3. 企业员工安全理念

决策层、管理层的安全理念诚然重要，但一个企业的安全文化是否起到了影响全员行为的作用，还要看基层员工的理念和行为是否符合组织需要，否则只能说明企业的安全文化是浮在表面的一层"伪文化"，没有落地生根。

首先，企业员工的安全理念首先在于他能否认同企业的安全文化理念。员工发自内心地认同企业安全文化，才会接受这种文化对他的约束、引导、影响。当一个企业的多数员工都能认同企业安全文化，他们的所思、所想、所做同时也就成为企业安全行为文化的一部分，这种文化就会进一步影响更多的人，尤其是刚刚入职的新员工，这样，企业安全文化就能实现传承，安全文化就会越来越厚重，在对员工的管理、教育、影响中就能发挥较大的作用。因此，员工对于企业安全文化的认同是构建企业安全文化的重要基础。

其次，作为员工本人应具备自我约束意识。企业管理中，总有政策、制度管理不到位之处，这时就需要文化的影响，而员工本人的习惯性思维、做法对企业的安全运行也能起到关键性作用。根据事故致因理论的研究，事故发生主要有两类原因，其中就包括员工个人因素，如员工本人的心理、生理、精神状态、惯性行为等，员工在日常工作中必须要有意识地约束自身行为。有监督时，按要求作业，无监督时，也能"慎独"谨行。

最后，员工应当学会自我教育。企业的安全文化、安全政策、制度、标准、规范虽然主要是为保护企业的财产安全和企业正常运行而制定的，但同时也客观地保护了员工本人。在安全方面，企业利益和个人利益完全可以统一，没有企业的安全，就没有个人的安全。因此，员工必须正确看待个人和组织安全利益的统一性，避免将二者对立起来，导致错误的思想倾向。

四、构建企业安全理念文化的意义和作用

构建企业安全理念文化意义重大，主要体现在以下三个方面：

1. 企业安全理念文化是企业安全文化的重要组成部分

在企业的安全文化构成中，企业安全理念文化处于核心层面，企业的安全制度文化、安全行为文化、安全物质文化都是由企业安全理念文化延伸出来的，如果说企业安全文化是一棵树，那么企业安全理念文化就是树根，它

提供了整棵文化大树的营养与能量。没有安全理念文化，企业的安全文化建设就不完整。

2. 企业安全理念文化决定了企业安全文化建设的质量

理念文化的建设是针对内心思想的建设，改变人的思想、价值观是其核心功能。在安全文化建设中，最为重要的就是重塑人的内心，重塑组织成员对企业安全的观念、看法、态度。安全理念文化如果缺失，安全制度文化、安全行为文化就会成为无源之水、无本之木，如果理念文化的根基不牢固，即便短期内的安全行为是符合要求的，也不能保证能长久地运行，一旦管理力度减弱，旧的、习惯性的不安全行为就会卷土重来。因此，企业安全理念文化建设事关企业安全文化建设的质量，它保证了企业安全行为存在的持久性。

3. 企业安全理念文化是形成企业安全管理能力的重要因素

在企业安全管理过程中，有一种普遍的观点：安全管理就是管理组织成员的行为，因此需要出台各类安全政策、规范、标准、流程，辅以各类考核、奖惩措施。这种观点被管理者普遍认同并采纳，是当前企业安全管理的主流手段，也收到了明显的管理效果。但是我们也必须认识到这种管理手段的缺陷，对于行为的管理其实质在于约束，俗话说，大禹治水，在疏不在堵，对于人的管理也是如此。行为上的"堵"，远不如理念上的"疏"，因此，我们在安全管理工作中，务必加强对人的安全理念的引导、塑造，发挥安全理念文化的最大效用。

第二节　企业安全理念文化之企业生产理念

安全生产是企业安全管理中的主要内容，企业的安全主要体现为生产安全。安全生产不仅保证了企业的正常运营，同时保证了企业和职工的资产、财产不受损害，是企业进一步发展的基础。安全生产观念的建立是企业安全理念文化建设的主要组成部分，企业应当从当前国情出发，树立正确的安全生产观念，切实保证企业安全平稳发展，切实保障劳动者的生命安全和职业健康。

一、企业安全生产与安全生产理念

1. 安全生产含义

安全生产是企业在生产经营过程中，为了预防劳动者和设备发生事故，形成良好的工作环境和生产秩序，以保证企业利益、劳动者生命安全和职业健康，而采取的一系列手段和措施。

对此概念，有以下几点需要关注：第一，概念中的"生产"是个大概念，安全生产的领域不仅是在生产活动中，也在经营活动中、管理活动中。第二，安全生产的目的，既包括预防人和设备发生事故，包括构建有利于企业正常发展的良好环境、工作秩序，最终目标是保障企业利益和劳动者的生命安全、职业健康。第三，安全生产不仅关注生产，更关注人，不仅关注人的安全，也关注人的职业健康，即保护劳动者的长远福利。

2. 企业安全生产方针

2022年3月21日，我国东方航空公司的MU5735航空器发生事故，机上乘客和机组人员全部丧生。事故发生后，习近平总书记作出重要指示并强调，安全生产要坚持党政同责、一岗双责、齐抓共管、失职追责，管行业必须管安全，管业务必须管安全，管生产经营必须管安全。这为我们制定安全生产方针指明了方向。

（1）抓安全生产必须党政同责、齐抓共管。企业中尽管党政分工不同，但是安全生产是第一要务，党政必须联手抓，不能让安全生产的任何一个环节处于管理空白地带。

（2）抓安全生产必须强调责任意识。安全生产是企业的头等大事，和所有工作相比较，安全生产的职责最重，生产出了安全问题就必须要追责，要有人为此接受惩罚。

（3）抓安全生产必须强调"安全第一"的理念。在企业的生产经营过程中，当遇到生产和安全的矛盾时，应当毫不犹豫地优先考虑安全，在所有问题中，安全是前提，没有安全，生产、效率、效益都是空谈。

（4）抓安全生产必须将人的因素放到前面。对企业而言，经济利益、物质利益固然重要，但人的安全、健康更重要，保护劳动者的生产安全、职业健康是所有企业的必须承担的法律责任。这需要企业切实改善劳动者的工作环境，尤其是高危作业环境、有毒环境等。

（5）抓安全生产要尊重客观规律。从长期来看，任何一种事故的发生都有一定的规律性（比如设备使用年限与故障发生的可能性之间的关联），在安全管理过程中，必须把握这种规律性，进行不同阶段的差别性管理，既保证安全管理的有效性，又兼顾安全成本因素。

（6）抓安全生产要重视事故预防、前馈管理。治病的最高境界是治未病，安全管理的最高境界是将事故消灭在还未发生或还未造成损害之时。这就需要安全管理责任人有前瞻意识，管理体系中具备预防机制，能够对可能发生的安全威胁进行提前识别、预估，以便提前或及时采取措施，防止事故的发生。

3. 企业安全生产目标

企业的目标是多维度的，从职能的角度可分为生产目标、销售目标、研发目标、人力目标等，但有一种目标是凌驾于所有目标之上的，这就是企业安全生产目标。企业安全生产目标是指在企业经营宗旨指导下，在以人为本的理念指导下，在一定时期内，企业的安全生产、安全管理活动所要达成的具体成果。简而言之，企业安全生产目标就是指企业在生产中所要达成的人员保护、财产保护、环境保护方面的目标。

4. 企业安全生产理念

安全生产是一项多种因素协调作用的结果，是一项复杂的系统工程，是人与人、人与物、物与物、工艺流程与操作环节等要素组合的结果，只有将这些组合调节到科学、协调、顺畅的状态，生产组织才能在安全有序的轨道上运行。因此，提高企业生产组织水平，科学合理配置各种生产要素，是确保安全生产的关键因素。

由于生产在企业运营中的核心位置，在众多的安全理念中，安全生产理念是至关重要的。在生产实践中，企业必须对全员进行安全生产教育，使所有职工树立科学的安全生产理念，让职工认识到安全生产是企业正常运营、取得一定效益的保证，是企业进一步发展的基础，也是保障员工生命安全、职业健康、家庭幸福的前提，要求职工在工作、生产中不仅关注效率问题，更重要的是关注安全问题，养成严格按照安全规范进行生产的好习惯，自觉遵守安全管理规定，将安全这根弦时刻绷紧。

站在企业整体管理的高度，安全管理机构应从全局对安全生产进行部署。

安全生产不仅仅是某一个部门、某一个车间、班组内部的事情，更是整个企业的任务。应当强化管理、监管责任，使安全生产的具体目标落实到位，及时纠正生产中的不当行为；积极协调企业内部各种安全资源，调配各种因素，实现安全资源在整个企业内部的合理分配，保证安全生产目标的顺利实现。

当然，安全生产目标的实现最终靠的是人，只有在安全生产过程中充分尊重人的需求、把职工的核心利益放在第一位，将人的发展与企业的发展高度融合起来，才能真正实现安全生产理念的落地。

在安全理念文化建设方面，不只是一些大型能源型、生产型、建筑类、交通类企业在不断强化，其他许多行业的中小型企业也都开始提升自己在安全文化方面的着力点。比如，济南融致园林有限公司在生产施工方面除了严格按照生产安全施工标准作业，更是强化了作业前必须培训、作业中必须监督以及作业后必须总结三步骤，不断总结完善相关安全生产管理经验。他们更是提出了"必须让一草一木都要展示安全文明"的理念，强调必须要通过自己的施工提升合作方的工程价值。山东真得利连锁经营管理有限公司规定旗下所有的连锁超市必须把顾客安全购物放在第一位，对商品货架的摆放、通道的设计、商品的展示以及橱窗展示材料、货架品质等都做了精心的设计和严格的规定。有些餐饮公司，比如山东头一锅餐饮管理有限公司突出强调食品加工质量，对每一道菜都专门请专家进行测评论证，绝不让任何一种妨害顾客健康的原材物料进入加工环节。除此之外，他们对顾客就餐的区域，从地板防滑、客流疏导、上菜通道、桌椅布置、餐具选用等细节方面反复论证，将任何有可能给顾客造成伤害的因素剔除掉，关注细节、强化流程、强化安全培训成了这家餐饮公司在安全方面的特色。

二、企业安全理念对安全生产的作用

有什么样的理念，就倾向于产生什么样的行为。和纯粹的安全制度、安全规范相比，企业安全理念对行为的影响更大、更全面、更持久。企业安全理念对企业的安全生产有以下作用：

1. 导向作用

企业安全理念包含了企业全员对安全的认知，反映了他们的安全价值观念。科学的企业安全理念塑造了正确的安全认知模式、思维模式，对安全的正确、科学认知会引导出科学的、安全的工作行为。

2. 激励作用

企业安全理念是建立在对安全的科学认知基础上的，它可以有效帮助人们进行事故的原因分析、安全体系的形成机制，让人们坚信事故的可控可防性，激励人们构建科学的安全工作环境。

3. 协调作用

科学的企业安全理念告诉我们，安全不是支离破碎的细节，而是由相互影响的各类因素构成的体系。企业的安全体系打造是企业内各个部门、安全管理机构、各岗位上的员工协同完成的，这些协调的安全行为得益于大家共同拥有的企业安全理念。

4. 约束作用

企业安全理念文化是企业全员长期形成的具有共同特征的习惯、氛围、认知模式、价值观念，科学的企业安全理念只认同科学的、合理的安全的行为，排斥其他行为，整个文化氛围引导、约束着全员的行为模式。

5. 保障作用

企业安全理念文化塑造了企业全员的思维模式，长期影响着全员的工作、生活行为，保证了管理行为、作业行为的科学合理性，降低了事故发生的可能性，保障了生产活动的顺利进行。

三、企业安全生产理念的意义

企业安全理念文化是构建企业安全文化的核心内容，也是保障企业安全生产的思想基础，其意义表现在以下几个方面：

1. 从企业管理层面来看，企业安全是最大的政治任务

企业生产安全不仅仅是生产领域的要求，也是企业发展全局的任务。安全一旦出现问题，轻则企业财产遭受损失，重则使企业发展停滞、甚至倒闭，安全对于企业而言是生死存亡之大事，不可不察，对于人员而讲轻则身体受到伤害，重则危及生命。安全一旦出现问题，当下的损失可以计测，长远的影响则是无法估量的，可能会使企业一蹶不振，也可能会使某些职工家庭永远失去幸福。同时，重大的安全事故不仅给企业带来经济上的损失，

也会带来社会效益的损失，严重损害企业形象、品牌影响力。

2020 年 9 月 27 日，重庆能投渝新能源有限公司松藻煤矿因胶带严重磨损，产生高温，并摩擦出火星，造成胶带引燃，火灾烧毁了设备，产生的有害有毒气体导致采煤工作面 16 人死亡，42 人受伤，造成了恶劣的社会影响。

所以，安全不仅仅是生产岗位的任务，更是企业发展全局的任务，决策层需要将企业安全生产当成最大的政治任务来抓。

2. 从企业运营层面来看，企业安全也是效益

企业的正常、健康运营，离不开安全有序的生产活动和保障有力的安全环境，安全生产是企业发展中的必要因素。但是在生产实践中，由于企业一味追求效率、追求眼前经济利益，安全问题常常被轻视甚至忽略，最终出现安全事故，经济利益也随之化为泡影，这类现象常常重演。究其原因，一是没有认清安全生产与运营、安全生产与效益的本质关系；二是在一个相对稳定、持续的生产环境中，容易丧失对安全问题最基本的警觉；三是不安全因素上升到一定水平时，事故自然就发生了。

2020 年 12 月，重庆市胜杰再生资源回收有限公司发生火灾事故。事故造成 23 人死亡，1 人重伤，直接经济损失 2600 多万元，后果极其严重。追究事故的成因，都是一些日常生产中的基本安全因素：未按照原定方案进行作业、公司不具备井下作业资质、没有落实入井检身制度、入井人员未随身携带自救器等。做好这些环节，可能会对作业效率、效益有短期影响，但事故一旦发生，对企业而言就是致命性打击，忽视安全带来的蝇头小利最终造成了巨大的经济损失。

3. 从员工个人层面来看，安全是千家万户幸福的基础

企业职工是最基本的生产单元，承担着最基础的生产责任，同时也担负着最基本的安全职责，一个企业对安全生产的落实效果的最佳衡量方式就是看是不是每个员工是否都重视安全。

员工能做到安全生产不仅仅是对工作的负责，更是对自身的负责。每一个员工是工作单元的同时，也是家庭的成员，事故造成的损失不仅在企业内部，也在家庭内部，事故往往是社会性的，一次事故可能会造成企业的倒闭，也可能足以摧毁一个家庭。所以，企业的安全生产也是一种社会责任，是企业履行社会职责的一种表现。

第三节　构建企业安全理念文化体系架构

一、企业安全理念文化的内容结构

　　企业安全理念的内容包括企业的安全愿景、安全使命、安全价值观、安全哲学等，其中安全价值观又包括安全责任观、安全道德观、安全生产观、安全伦理观、安全效益观、安全人才观等。

　　企业安全愿景是指企业在安全在发展过程中在安全生产、安全管理、安全环境方面所要达到的安全状态，是企业对未来安全的一幅设计蓝图，这幅蓝图描绘了自身在安全方面的理想状态。企业安全愿景是外部环境和企业最高决策者（经常是创始人）意志的反映，同时，企业安全愿景又对企业安全使命和企业安全哲学的形成有决定性影响。

　　企业安全使命是指企业在宏观层面上对安全管理的总目标，安全使命比安全愿景更具体，更具可执行性，使命可以分解为具体的安全目标，从而可以作为安全管理目标分解的原点。在企业经营过程中，安全愿景常被拿来作面向外部的宣传，提升企业的良好形象，而安全使命往往是灌输给企业内部人员，使全员认同并执行，以达成安全愿景。企业安全使命是在安全愿景和经营者的安全价值观及环境共同作用下生成的。

　　企业安全价值观是指企业在安全领域的决策中的价值判断，例如，在安全决策中，什么行为是对的，什么行为是错的，提倡什么，反对什么，表扬什么，批评什么，奖励什么，惩罚什么，等等。企业安全价值观是在经营者的价值观和外部环境的共同影响下产生的，是企业进行安全决策的尺度，是形成企业安全哲学乃至安全制度的源头。

　　企业安全价值观又派生出企业安全责任观、安全道德观、安全生产观、安全伦理观、安全效益观等，反映了企业分别在安全责任、安全道德、安全生产、安全伦理、安全效益、安全人才等方面的价值判断，这些理念几乎涵盖了企业安全的各个领域，成为各领域安全制度、规范的统领。

　　企业安全哲学是指企业在安全文化建设中形成的一整套安全认知逻辑体系，是企业对所有安全问题及相关问题的看法、态度、思维方式、决策逻辑等，是企业对安全的认知达到一定成熟度后所形成的理念，所以，并非所有企业都有自己的安全哲学。企业安全哲学是在企业的安全愿景、安全使命、安全价值观共同作用下产生的。

　　企业有了安全愿景、安全使命、安全价值观、安全哲学，就具备了基本的安全理念体系，在安全理念体系的影响下，就能够制定出企业安全制度、规范，进一步培养出安全行为，这反映了企业安全理念文化在整个安全文化建设中逻辑意义上的核心地位。如图4－2所示。

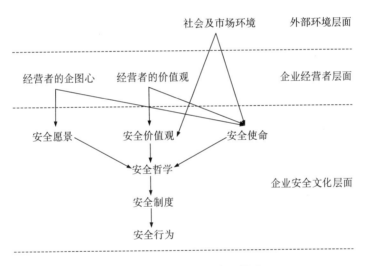

图4－2　企业安全理念逻辑图

二、构建企业安全理念文化原则

　　企业的安全理念义化决定了安全义化建设的方向，也决定了整个安全工作的方向，因此，构建企业安全理念文化务必抛弃随意、跟风的做法，而是要遵循一定的原则。

　　1. 突出重点原则

　　事物的发生过程中，既有主要矛盾，又有次要矛盾，我们要抓住主要矛盾，才能解决问题。企业安全理念构建过程中的主要矛盾在于安全生产，这是安全理念产生作用的主阵地，主阵地的仗打赢了，才能取得全面胜利。

安全理念中的理念要素应主要站在安全生产的角度进行提炼，提炼过程中注重生产领域人员的建议，提炼后的理念因素也要重点考虑在生产领域的适用性、可分解性、可实施性，充分保证安全理念能在生产领域落到实处、发挥总用。

2. "以人为本"的原则

事故致因理论告诉我们，事故的发生往往有三种原因：人，设备，环境。人的因素是最关键的，设备、环境因素也因人的因素而发挥作用。因此，安全理念构建时需要充分考虑人的因素，以人为本。

安全理念体系构建中的"以人为本"主要体现在以下两点：第一，始终把对人的尊重、对生命安全的保护放在第一位，安全愿景最终是为了保护人而创建的安全状态，安全使命是为了实现对人的保护而制定的总目标，安全价值观中首先需要体现人的重要性，和人的保护、人的发展比起来，企业的财产安全、发展是第二位的。第二，安全管理过程中，尽管设备、环境起着较大的作用，但人的因素、管理人员的主观能动性仍然是决定着安全工作的最终质量、效果，因此，安全理念构建中，务必考虑将人为的创造性、积极性融合进去，在安全管理中充分发挥人的价值。

3. 预防为主的原则

事故后的原因调查中往往会发现，一些导致事故发生的因素原本可以被发现、被重视，事故原本可以避免，但是由于轻视、忽略等不良的思维惯性导致我们放过了对那些因素的关注，最终导致事故发生。所以，安全理念务必能够体现预防的前馈管理思想，渗透"防患于未然""治未病""防微杜渐"甚至是"居安思危"的思想意识。同时，重视利用现有的先进技术，做好安全工作的调查分析、预测工作，形成企业全员都重视前期预防的良好氛围。

4. 可行性原则

安全理念是精神层面的要素，但不是无源之水、无本之木，它来源于环境和具体的生产、管理工作，是用来指导我们的安全工作的，所以，科学的安全理念应当是容易被认同、被分解、被执行的，是对安全工作产生效果的，这就是安全理念的可行性。这就需要企业在构建安全理念时，要脚踏实地、从实际出发，结合企业自身具体情况，提炼具有自身特色的安全理念体系，形成自己的安全哲学，最终总结出一套适合自身发展的安全管理经验。①

5. 动态改进原则

企业在不停的发展过程中，环境与人也在不断地发展变化，所以企业的安全理念内容及其形式也应与时俱进，顺应发展。企业的安全文化建设机构应定期梳理、审视安全文化与内外部环境的适应性，对文化建设内容尤其是安全理念文化做出动态调整与更新，以应对新情况、新问题。

6. 全面渗透原则

企业安全不仅与生产相关，而且与各部门、各岗位、各类人群相关，因此，企业安全文化建设需要关注所有人，所构建的安全理念需要充分发挥文化本身的特点，渗透到所有人的头脑当中，融化在思想当中，最终表现在行为当中。

三、企业安全理念提炼的准则

企业安全理念文化建设需要经过前期准备（建立安全事故信息系统、进行企业安全事故致因研究、研究企业安全事故规律）、安全理念的提炼、安全理念的传播等步骤，其中安全理念的提炼是最为核心的部分，需要遵循以下要求：

1. 安全理念应能反映时代的需求

安全理念的内容是在企业决策者的思想与环境相互作用下产生的，体现一定的时代性，应与当代的社会需求、国家需求、人民需求相符合，不可脱离于时代。

2. 安全理念的提炼要符合实际

企业安全理念并非凭空塑造，而是要在实际的工作中提取、拔高、凝练，它是来源于实际的，最终也要回归到实际工作中去发挥作用。在安全理念提炼中必须抛弃脱离实际、拿来主义和凭空想象的做法。

3. 安全理念的提炼要有高度的概括性

理念提炼后是用来塑造思想行为的，理念越凝练，越容易入脑入心。因

① 李飞龙. 安全文化建设与实施——从"安"到"全"［M］. 北京：中国劳动社会保障出版社，2011.

此理念的提炼要能在涵盖面广的基础上言简意赅、简洁明快，这样在进行理念落地过程中才能易于传播。

4. 安全理念的提炼要保持科学性

安全理念不同于激人奋进的口号，它是需要指导安全管理与安全行为的，与实实在在的安全需求相关，最终需要转化为各种安全政策、制度、规范，因此，安全理念的提炼来不得半点马虎，必须建立在客观、理性、科学的基础之上。

5. 安全理念的提炼要辅以合理诠释

首先，对安全理念的诠释是全员理解理念的需要，安全理念的表达高度概括、含义丰富，诠释之后企业成员才能更容易地理解其内容，合理的解释能给人以茅塞顿开之感，既给人一种带来文采上的美感与享受，又能引导人去认同和践行。其次，由于安全理念最终是要发挥实践作用的，合理的诠释应能将其分解为可以执行的目标，将安全理念与安全制度、规范衔接起来。

6. 安全理念的提炼要结合企业自身的特点

企业安全理念的内容是企业领导者意愿的反映，同时受到外部环境（社会环境、政策环境、法律环境、自然环境、科技环境）和内部环境（企业文化、管理模式、员工成熟度、工作性质、工作环境）等因素的影响，企业提炼安全理念时需充分考虑企业自身情况，结合企业管理需求。否则，提炼的安全理念会水土不服。

7. 安全理念的提炼要富有个性特色

一方面，安全理念要为企业自身的安全管理提供思想基础，另一方面，当前企业的文化建设也承载了企业宣传、塑造品牌形象的任务，因此企业的安全理念提炼要有特色，具备差异性，起到对外塑造形象、对内激励全员的作用。

四、构建企业安全理念文化途径

理念的形成路径是多种多样的。为了兼顾企业安全目标与原有文化土壤，一般通过以下路径来构建企业安全理念文化：

1. 建立企业安全信息系统

系统的功能为：建立安全信息指标体系；统计安全信息数据；实现安全信息管理；进行安全信息共享与传递。如，对企业内已经发生的安全事故，进行事故原因分析，记录事故处理方案及处理效果，建立事故档案。

2. 进行企业安全事故致因研究

依据安全信息系统对内部已经发生的安全事故，进行事故原因梳理，发现导致事故产生的因素的运动规律性、关联性，制定出防止同类事故再次发生的预防及应对措施；对外部发生的事故进行研究，确定此类事故在企业内发生的可能性及可能的预防措施；将预防措施放在设定的模拟场景中进行测试，验证措施的有效性，并根据测试结果对预防及应对措施进行改进。

3. 研究导致事故产生的思想根源

根据以上步骤，探讨导致事故产生的思想因素及为避免事故产生应当具备的理念及意识，并对这些理念及意识的重要性进行排序，作为后续理念文化建设的基础。

4. 进行企业安全理念调研

对企业全员展开安全理念调研，调研目的是获取现有的安全理念、能接受的安全理念、对某些安全措施的看法、态度、对未来安全措施的建议等信息。调研可通过问卷、访谈、会议、建议报告等形式展开。

5. 提炼企业安全理念并征集建议

根据安全理念调研结果，运用内部会议研讨及外脑，进行企业安全愿景、安全使命、安全价值观、安全哲学的提炼及语言表述。表述明确后，向企业全员公布，征集对安全理念体系的看法与建议。

6. 确定企业安全理念

结合内部建议，借助外部文化研究专家的协助，经探讨后确定本企业安全理念表述，并形成确定文本的理念文化诠释。

7. 企业安全理念文化的实施及推广

安全理念体系确定后，要通过多种途径进行落实及推广，以发挥其指导作用，一般包括以下几种方式：第一，全员培训，通过培训，使企业全员知悉新的安全理念体系及其诠释内容；第二，考试与测试，在安全理念构建之初，为了让全员快速了解、记忆理念内容，定期进行测试，辅以一定的奖惩措施来保证记忆的效果，测试可以采用提问、书面等多种形式；第三，比赛或比武，组织不同部门间的安全理念知识大赛、知识比武，在企业内部掀起一股学习安全理念知识的热潮；第四，各类趣味活动，将安全理念知识设计成一些闯关类的趣味活动，鼓励员工参与，增强理念学习的趣味性、积极性。当然，以上形式只是安全理念落地的初级阶段，促使理念的真正落地需要企业全员对安全理念内容的内心认同与深刻理解，这需要安全管理人员、基层管理人员在实际工作中渗透安全理念，引导员工深入体会安全理念。理念层面的知识只有在实际工作中才能深刻地被感知，企业需要时时、处处遵照安全理念开展工作，使全员在日常工作中、设备操作中、安全作业中受到"润物细无声"式的安全理念渗透。

第四节　企业安全理念文化建设存在的问题及解决对策

　　近年来，在科学技术的推动下，在国家大政方针的指引下，我国安全管理技术获得了长足的进步，一些安全设备的生产、使用已经比较普及；安全理念、安全理论研究也有了飞速的提升，由原来的只注重事故的预防与处理发展为事故预防、事故处理、人身安全、职业健康、安全伦理、安全卫生等多领域并举的阶段。但是，整体上讲，国内企业安全管理水平还很不统一，部分企业的理念还很落后，只追求效益、对安全不管不顾、铤而走险的企业还存在一定比例。

一、企业安全理念文化建设存在的问题

　　目前国内企业安全理念文化建设尚存在以下问题：
　　1. 企业安全理念的确定随意、不切实际
　　有些企业进行安全文化建设不是由于认识到了安全的重要性，而是跟风，看到其他企业大搞安全文化建设，于是照猫画虎。提炼安全理念时，全然不顾企业实际，口号痕迹严重，忽略理念的实用价值，或者干脆实行"拿来主

义"，找到其他企业的安全理念表述，进行简单的改头换面后形成自己的安全理念。这样"造"出的安全理念不符合企业生产实际，不具备群众基础，完全无法让全员认同，更谈不上落地与实施。

2. 理念的提炼与维护缺乏严肃性

安全理念的提炼是结合内外部环境、经历了内外部论证后提出的，具有严肃性，一经确定，就成为纲领性的文件与精神，就不能轻易进行改动。但有些企业仍然无视这一点，提炼理念时随意，改动时也随意，尤其是企业领导更换时这种现象更为严重，造成了换一届领导就换一次理念口号的现象，使得安全理念完全沦为企业领导个人意志的东西，使得安全理念既失去了实用性，又失去了严肃性。

3. 科学的安全理念不占主导地位

在一些企业的内部文化氛围中，科学的安全理念不占主导地位。一些企业在安全文化建设过程中，未能肃清以往的不良理念，未能及时纠正、转变部分人对于安全问题的不当认知，使得旧的、不科学的安全理念成为企业内部的主流文化，导致新的安全理念确定后，得不到多数人的认同与理解，以至于新的、科学的安全理念被抛弃、被忘记，企业安全文化建设的效果由此大打折扣。这种情形基本上是在安全文化建设中对新的安全理念推行力度不够造成的。

4. 一些企业仍存在理念与行为脱钩的现象

在一些企业中，新的安全理念已经确定、培训、宣贯，但在实际工作中，并未得到真正的贯彻、实施，工作行为依然是老一套，新的安全理念并没有对工作行为起到实际意义上的指导作用。造成这种现象的原因在于安全理念的推行限于表面，未能深入，没有按照理念推行的规律进行安全理念文化构建。

5. 多种安全价值观并存的现象普遍存在

企业的安全理念确定后，宣贯过程中，员工也能认同，但实际工作中，新的安全理念与旧的固有认知相互交织，使得一些员工的工作行为不能与新的安全要求保持一致，究其原因，是环境在某种程度上对安全理念的落地产生了负面作用。能够对员工的行为产生作用的环境包括内部环境和外部环境，就内部而言，如果某员工的同事、工友有某种不当的安全理念，由于日常接触频繁，就可能会影响到他，同事的不安全行为如果没有受到及时的制止或惩罚，也可能会诱导、激发起他的不当行为。企业外部环境中的不当安全理念、不当行为也会影响到员工，日常生活中的一些居家行为习惯（如电器使用）可能会迁移到工作中，给生产安全带来隐患。这表明，安全问题最终是社会问题，在安全理念方面，尤其是这样。

二、企业安全理念文化建设的解决对策

为解决以上问题，企业内外部的努力都必不可少。

1. 就内部而言，要加强安全理念的推行

一般来讲，要改变人们原有的理念还是有一定挑战性的，尤其是原有理念与现有理念具有较大差别的时候。要达到理念真正落地的目标，企业可以将理念推行分为四个时期：

（1）培训期。不仅告知、宣贯新理念，同时明确原有理念的不当性以及警示其危险性。这种说法需要常表达，信息的传播次数要足够多，减少旧的理念在员工认知空间中的分量。

（2）奖励期。对于积极学习新理念，执行新理念的员工，要旗帜鲜明地进行表扬，必要时进行物质奖励，而且这样的做法要让全员都看得到，目的是树立榜样、建立标杆，使全员知道这种行为是企业提倡、鼓励的行为。

（3）奖罚期。在安全理念学习、传播、应用方面做得优秀的继续表彰、奖励，同时对表现不合要求的进行惩罚，让员工进一步清楚，执行新理念不仅是企业提倡的，而且是必须的，做不到就要受到惩罚，由于前面有奖励期，所以这个阶段的惩罚不会引起过大的抵触。

（4）考核期。将新的安全理念的学习、运用、执行细化为考核指标进行定期考核，并将结果与薪酬挂钩。以上过程符合认知规律、行为塑造规律，能够在一定程度上降低管理难度，改善安全理念推进效果。

2. 就外部而言，要发挥各级政府不可替代的作用

（1）各级政府可以通过制定安全、环保、质量类政策对企业行为进行约束与规范，以《安全生产法》为蓝本，根据生产行为特点对辖区内企业进行分类，针对各类别企业分别制定相关的安全政策、安全规定、安全指导意见等，使国家的安全精神落到实处。

（2）各级政府可以定期召开辖区内企业安全生产会议，与企业就安全生产管理等安全问题进行探讨，了解企业在安全管理方面的难处、需求，政府根据政策有针对性地予以帮扶。

（3）各级政府及职能部门可以利用组织优势，组织安全专家、学者进企业，就企业的安全管理进行针对性研究，既对企业的现实安全管理的不足进行指导，也能了解辖区内企业的整体安全管理水平。

（4）政府还可以定期组织辖区内企业的安全教育学习活动，促进企业间在安全管理方面的交流。另外，行业协会作为政府与企业、民间联系的桥梁，在企业安全管理方面发挥的作用也不容小觑，行业协会可以利用与企业联系紧密的优势，不定期进企业调研、指导安全工作，将行业内优秀的安全生产、安全管理案例、经验向其他企业分享，促使整个行业的安全管理水平的提升。

3. 在社会层面，构筑和谐、健康的社会文化环境

社会文化环境对企业安全理念的形成、员工行为的养成也是有着十分显著的影响的。在所有因素当中，社会文化环境对人的影响最全面、最深刻，同时也最不易察觉。企业安全理念、安全管理行为、安全作业行为都是在社会文化环境的影响下形成的，企业安全理念的塑造如果与社会文化相抵触，就难以发挥作用。因此，反向思考，与当前企业建立先进的、科学的安全理念需求相适应，就需要外部有一种和谐、健康向上的、倡导科学精神的社会文化环境。与微观文化的建设不同，宏观意义上的社会文化环境的建设主体是复合性主体，我们无法靠某一个主体来承担建设社会文化环境的任务，事实上，倡导、建成一种社会文化环境既需要国家层面、政府层面的约束、倡导，也需要民间团体的响应与呼吁，更需要社会大众积极共同参与。大家在共同的传统文化影响下团结一致，对当代科学理念进行接收、挖掘、创新，一定能形成有利于企业安全理念诞生的社会文化环境。

安全理念文化是企业安全文化建设的核心内容，是安全行为文化、安全物质文化建设的依据。企业安全理念包括安全愿景、安全使命、安全价值观、安全哲学等多个精神层面的因素，这些要素都是在内外部环境、企业领导者的意志影响下确定的。企业安全原理是从科学的角度将长期的安全生产实践经验进行总结形成的理论、技术及知识体系，是形成科学的安全理念的基石，是企业开展安全生产以及事故管理的直接依据。安全理念的塑造需要遵循一

定的步骤，它是在内外部调研的基础上，在原有文化的影响下，结合企业目标、安全文化建设总目标确定下来的，是需要企业内部反复论证形成的理念系统。安全理念的推行与应用是安全理念文化建设的最终目的，在当前，企业安全理念的实施效果不仅与内部环境相关，还与社会文化环境、政府政策环境等因素息息相关，社会层面、政府层面的助力也会改善企业的安全理念建设与应用的效果。

第五章

企业安全文化建设的途径与方法

21 世纪是知识经济发展的时代。随着经济的迅速增长,科技水平的不断提高,安全管理已成为企业管理的不可或缺的组成部分。如果把安全比作企业发展的生命线,那么安全文化就是生命线中给养的血液,是实现安全的灵魂。

2017 年,习近平总书记在党的十九大报告中也提出,要树立安全发展理念,弘扬生命至上、安全第一的思想,健全公共安全体系,完善安全生产责任制,坚决遏制重特大安全事故。

但有不少企业却存在这样的怪象:一方面,有严格的安全管理制度;另一方面,员工对制度却熟视无睹,违章作业屡见不鲜。究其根本,是标准化、规范化的企业安全文化建设体系的缺失。如果说制度的约束对安全工作的影响是外在的、冰冷的、强制执行的、被动意义上的,那么安全文化的作用则是内在的、温和的、潜移默化的、主动意义上的。

良好的安全文化会使企业的安全环境长期处于相对稳定状态,提升安全文化建设的氛围。企业安全文化所具有的凝聚、规范、辐射等功能不仅对企业安全生产,甚至对提升整个企业管理水平会产生巨大的推动作用。通过企业安全文化建设,不仅能使决策层从思想上重视安全建设,做出安全决策,而且促使管理层强化安全管理,更重要的是使员工的思想素质、敬业精神、专业技能等方面得到不同程度的提高,同时也会带动与安全管理相适应的经营管理、科技创新、结构调整等中心工作的平衡发展,这对树立企业的品牌形象和增强企业的综合实力等都将大有裨益。

第一节　企业安全文化与安全管理

2019 年 11 月 29 日，中共中央政治局就我国应急管理体系和能力建设进行第十九次集体学习，中共中央总书记习近平在主持学习时强调了"普及安全知识，培育安全文化"重要性，正式将安全文化的范畴从安全生产领域扩展到了整个公共安全领域。

一、安全文化与安全管理的协同

安全管理和安全文化是确保企业安全运转的两大驱动力。安全管理大都是以制度、法规、标准、要求和考核等各种形式存在，是针对安全项目的硬性限制。而安全文化则主要是以诱导、提示、教育、沟通等相对较柔性的形式存在，以潜移默化的手段影响到企业成员的意识、理念、行为与习惯。两者之间的区别见表 5 - 1。

表 5 - 1　　　　　　　　安全文化与安全管理的区别

属性	安全文化	安全管理
适用范围	解决安全生产系统性问题	解决安全生产方面具体问题
内涵	理念、行动、制度与物质四个层面	包括制度、规定、标准、要求与措施等要素
目标指向性	针对企业整体，目标抽象	针对某项具体工作、目标明确
作用对象	企业全体成员	特定人员或群体
作用时效	长期积累、作用时间长	见效快、持续时间短
作用感受	具有感染感化特征，刚柔并济	具有强制性，以硬性约束为主
群体态度	乐于接受、主动参与、自我规范	被动性、受迫接受，易产生抵触情绪
风险防控效果	管控效果好	管控成效具有局限性

虽然二者的表现形态与其作用机制各不相同，但由于工作目标一致且内容具有交错性，二者也是相互协同、彼此促进的。在实际工作中，企业要统

筹好安全文化建设与安全生产管理工作，通过两大驱动力的共同作用，引导和改变人们的生活观念、行为习惯以及行为模式，全面培养和提升整个企业的员工安全生产素质，从而实现企业的安全长治久安。

二、企业安全文化建设的原则

企业安全文化建设是一项艰巨的任务，建设一个优秀的、先进的企业安全文化体系，需要严格遵守其基本原则。见表 5 - 2。

表 5 - 2 　　　　　　　　　　企业安全文化建设的原则

依法依规原则	开展安全文化建设，要严格遵守国家法律法规、严格执行企业规章制度
实事求是原则	开展安全文化建设，一定要结合企业安全工作实际或企业本身特点进行
创新发展原则	企业要将安全管理实践中的成功经验进行总结、提炼，使之升华为企业集体安全价值观，不断丰富和发展企业安全文化的内涵
持之以恒原则	安全文化建设具有长期性和艰巨性，只有通过长期持续不断地积累，才能产生效果

第二节　营造良好的安全文化氛围

安全文化氛围的形成是企业实现安全生产的基础性工程和根本性保障，对促进和保障安全生产具有战略性意义。现代安全管理理论认为，生产事故的发生虽然有其突发性和偶然性，但如果坚持"安全第一，预防为主"的宗旨，事故是可以预防和控制的。

国内外多次安全事故的经验说明，努力营造浓厚的安全文化氛围，创造安全环境，培养和增强安全文化意识，对提高企业从业人员的安全防范意识，减少安全生产事故，实现安全生产，提升企业形象和综合实力都具有重要意义。只有依靠安全文化的培训教育，营造一种良好的安全氛围，形成"人人抓安全，人人讲安全，人人管安全"的局面，才能使企业成为有共同价值观、有共同目标、有凝聚力和战斗力的集体，从而提高企业的整体安全素质。

因此，建立系统、科学、细致的安全文化，努力营造浓厚的安全文化氛围，是企业预防事故发生的长久有效的做法。

一、安全文化的宣传教育

1. 普及安全知识

（1）职业健康安全常识。包括：职业健康安全管理体系；职业危害；职业禁忌；职业危害防治操作规程；职业危害因素日常监测；职业危害化学品说明书；从业人员的健康检查；重大危险源辨识；可容许风险等。

（2）安全名词概念。包括：安全色；安全标志；安全生产方针；指挥性违章；管理性违章；作业性违章；重大危险源；三级安全教育等。

（3）专业安全知识。包括：施工用电安全；高处作业规程；小型机具、便携式动力工具的安全操作与使用等。

（4）安全抢救知识。包括：人工呼吸抢救伤员方法；意外伤害的处理办法；烧伤的处理；火灾逃生；高温环境防中暑等。

2. 深入安全理念

安全文化建设要以宣传理念为着力点，形成浓厚的安全氛围。企业可通过召开安全讨论会、制作"安评"宣传展板、组织安全事件剖析和开展安全征文有奖活动等形式，让职工认清"安全来自长期警惕，事故源于瞬间麻痹"的现实，真正懂得发生事故对个人、家庭、企业和国家的伤害，进一步强化"珍惜生命，心系安全"的理念，从主观能动性上实现"要我安全"到"我要安全"的转变，从而使安全管理的层次得到提升。

（1）树立以人为本的安全理念。安全工作的外部因素很多，但内因只有一个，那就是起决定作用的"人"。安全生产的核心是人，是为了人能更好地生存和发展，是提高人的素质、生活水平、生命质量和生存价值的前提和保证。安全既是为了自身的一切，也是为了他人的一切。企业所做的一切安全工作，都是以职工的安全需要、人民的安全需要，社会的安全需要为出发点和落脚点，只有把安全防范意识和技术素质统一到人的主观能动性上来，才能发挥人的核心作用，实现员工和人民群众的根本利益。

（2）树立安全第一，预防为主的安全理念。安全是实现企业改革和发展的前提，是实现社会稳定和谐的重要保证，必须始终毫不动摇地坚持"安全第一，预防为主"的理念。在生产过程中把安全放在第一重要的位置上，切实保障劳动者的生命健康，是我党长期以来一直贯彻的安全生产工作方针。企业也要牢固树立"责任重于泰山"的安全意识，重视安全工作前移，以预防为主，做到防患于未然，才能做到安全生产的标本兼治。

（3）树立安全就是和谐的安全理念。实践证明：安全与和谐是各行各业永恒的话题。中国经济高速发展，人民生活水平不断提高，中央提出社会主义和谐社会的目标，首先要实现人与自然、人与社会的和谐相处。如果人的生存环境存在安全隐患，和谐便成为一纸空文。因此，安全是和谐的基石。和谐联系着安全，安全也维系着和谐，只有国泰民安才能实现社会和谐。人民安居乐业，国家繁荣昌盛，也是安全发展的目标。只有安全才能和谐，才能有我们幸福的家园。

（4）树立违章就是违法的安全理念。遵章守纪是安全的保证，违章违纪是事故的根源。日常生产和工作中，有的职工无视安全生产规章制度和操作技术规程，不按制度和流程规范自己的行为，结果导致安全事故，造成人员伤亡，企业、家庭与社会的损失。因此要抓好反违章工作，需要提高安全思想认识，加强安全生产规程培训与学习，杜绝习惯性违章，彻底纠正"侥幸心理、安全是小题大做、操作规程是浪费时间"等坏习惯，强制规范员工的安全行为，逐步达到习惯性安全行为。

（5）树立齐抓共建的安全理念。安全文化建设是一项长期艰苦细致的工作。安全理念的形成、安全行为的养成、团队精神的塑成，同样需要一个较长的过程。安全文化又是企业家的文化，是决策层意志和愿望的反映，要成为一种企业文化长期传承、发展下去，使个体思想转化为一种组织文化的过程，形成上下共同的目标，共同的追求，共同的愿景，共同的行动，必须做到决策层、管理层、执行层三者的良性互动、和谐运作，避免决策层热闹，管理层互推，执行层冷清的现象。树立齐抓共建的协作理念，贵在体现民意，要逐步形成"基层拥护，突出关键，效果明显，上下互动，齐抓共建"的安全新局面。

3. 开展人性化教育

（1）坚持工作之前先问安全，工作过程先抓安全，工作结束先查安全。同时，在班前会、工作现场强调安全，目的是让安全成为习惯、成为风气、成为文化，使大家在自觉不自觉中潜移默化地接受安全文化的熏陶。处在安全监督之下、身在安全保护之内，真正从思想上做到安全发展。

（2）经常组织习惯性违章人员以及亲历事故现场的人员通过模拟现场、安全活动、安全演讲等形式进行现身说法，以增强员工的安全意识、端正安全态度、强化安全行为。

（3）充分利用各种媒体、报刊等宣传工具，把安全生产方面的好做法、好经验进行及时的宣传、推广，违章行为、教训经验进行总结、勉励。使安全教育做到有声、有影、有形、有效果。

4. 开展人情化帮助

建立对违章人员的帮教制度，充分发挥班组长及成员的作用，消除或尽可能降低员工在接受安全处罚和教育过程中的逆反心理，更好地做好员工的心理辅导，解决员工的思想隐患，以人情感染其自觉的安全行为。

5. 开展亲情化感染

（1）把员工个人的身心健康与家庭、父母、妻子、儿女的生活联系起来，使其懂得"一人安全，全家幸福"的道理，使员工发自内心重视人身安全，重视安全生产，从而使员工实现从"要我安全"到"我要安全"的观念转变，实现习惯性违章到习惯性遵章的行为转变。

（2）定期召开职工家属座谈会，让职工家属深刻认识到职工安全的重要性，将职工家属融入企业安全文化的主体当中，使得企业的安全文化有质的扩展与变化。

（3）给每位员工照"全家福"照片，把"全家福"做成安全温馨提示卡发给每位员工，让他们工作时挂在胸前，随时提醒自己注意安全。还可以在办公区或员工餐厅设立"全家福"展板，在"全家福"亲情展板前对职工进行习惯性违章行为警示教育，让违章者在安全学习培训时面对家人，重温安全寄语，讲述违章经过，剖析思想认识，做出保证，让大家共同监督。

（4）组织职工家属观看安全教育警示片。通过警示片，让所有家属都能直观真切地看到安全作业的全过程，了解工作现场的真实情况，进一步加深家庭成员之间的相互理解，以"情"字筑牢安全"防火墙"。

案例链接：菏泽公共交通集团有限公司安全文化建设

菏泽公共交通集团有限公司成立于 1977 年，多年来，在市委、市政府和市各级领导的关心支持下，菏泽公交事业取得长足发展。经过多年的努力，菏泽公交集团成立从最初的 1 条线路、两辆公交，发展到目前的公交车 1095 辆，运营常规公交线路 48 条，顺风公交 187 条，夜间公交两条，定制公交 290 多条，线路总长 2400 多公里，公交站点 1480 多个，站亭 430 余座。年运营总里程 4400 万公里，客运量 5800 万人次。

关口前移强化入职培训。设置路考、军训、理论培训、轮岗培训、实操培训、线路实习六大关口，共 40 个理论课时、时长为半年的培训，严把驾驶员入职关口。开展精品讲师、精品课程、精品教案 3 个"精品工程"建设，积极征集意见建议，不断充实培训项目和内容，丰富培训方式，提高培训质量。完善两级培训机制，总公司一级培训，负责入职培训和年度脱产轮训，聘请专家、学者、同行先进企业专业讲师授课，每年开展 2—3 天的带薪脱岗轮训；各分公司二级培训，坚持"贴近实际、贴近生产、贴近一线"的原则，在强化基础、基层培训的基础上，突出重点，强化驾驶员实际操作能力和安全文明服务意识的提升。利用 ERP 智能管理系统，打造集学习、交流、教育等功能为一体的综合平台，拓展职工教育培训新渠道。定期开展消防应急专项、综合演练活动，有效提高了干部职工的安全意识和应急处置能力。

加大安全生产设备投入。在各场站配备酒精检测一体机，将检测数据与调度中心后台互联，实现了岗前酒精检测全覆盖。升级公交车故障自动检测系统，通过 ERP 智能管理系统自动报修，确保车辆机务状况良好，为公交安全运营提供科技保障。

"一岗双责"形成闭环管理。层层签订安全生产责任书，落实"双重预防"体系建设，推行网格化管理模式，组建安全班组，实现全员参与安全管理。深入开展"安全生产月"活动，突出重点人群、重点时段、重点部位开展专项检查，强化安全管控。落实隐患排查治理，建立隐患排查治理档案，形成了领导带班查、职能科室查、部门内部查三级隐患排查治理机制。

多措并举提升安全自觉。建立安全统筹互助金制度，设立"安全公里奖"，真金白银奖励驾驶员，营造了"我要安全"的良好氛围，自 2016 年设立"安全里程奖"以来，共颁发安全公里奖 73 批 7997 人次，奖金总额 882.74 万元；推行个性化岗前语音安全叮嘱和重点路段斑马线安全语音提醒；实行区域性限速管理，在事故高发路段和斑马线处增加了安全语音提醒，编制并持续更新线路"安全指导书"，大大降低了事故风险；深入开展"克服驾驶陋习，筑牢安全防线""我是公交带头人"和"安全车厢微课堂"等活动，多种形式多角度引导一线驾驶员自主参与安全管理，面对面沟通交流、相互促进、相互提高，实现安全、运营、服务全面提升。建立公交驾驶员"家属联络群"，把家庭温暖引入安全管理工作中，让职工家属参与安全管理，共同营造安全生产氛围。重视驾驶员身心健康，建立职工健康档案，组织职工进行职业健康体检，安排健康巡诊员每天到各场站巡诊。与菏泽学院联合成立"心理健康教育基地"，设立"心理咨询"开放日，对驾驶员有针对性地开展心理疏导。

据统计，2021 年度责任事故率为 1.49 次/百万公里，同比下降 24.7%；责任伤人率为 0.46 人/百万公里，同比下降 19.64%；事故经济损失率 1.47 万/百万公里，同比下降 40.06%。

（撰稿人：菏泽公共交通集团有限公司李德全）

二、创造良好的安全环境

1. 加强生产环境的文化建设，发挥生产环境改造人的作用

安全生产是在一定的作业环境中进行的，倡导生产环境的文化建设，丰富生产环境的文化内涵，提升生产环境的文化品位，对职工生产行为习惯、心理情绪、文明作业有着良好的潜移默化作用。

2. 加强生活环境的文化建设，发挥生活环境吸引人的作用

提高企业、车间、班组职工的生活场所的文化品位，建设优美的生活环境、间休场所、文化活动场所，增强职工的自豪感和安全责任感，提升企业的凝聚力。

3. 加强宣传环境的文化建设，发挥宣传环境教育人的作用

从安全环境宣传内容上，要提高质量，创新内容，营造催人奋进的安全文化环境；从安全环境宣传形式上，要方法灵活，形式优美，职工爱看，有吸引力，有感召力。

4. 加强学习环境的文化建设，发挥学习环境塑造人的作用

创建学习型组织，开展学习活动，塑造学习型人才，大力加强学习环境的文化建设，为干部职工提供良好的学习条件和学习平台，突出专业学习为主，个人兴趣学习为辅，重视干部职工的文化需要，融合个人价值追求与企业的发展目标。

三、树立大安全观

"大安全观"是由政府部门统一领导，社会各组织机构参与，合理整合可用的社会资源，对造成人、家庭、社会公共秩序、生产秩序和国家的各种危害或威胁给予全面、系统的预防和控制的观念。大安全观突出的是一种人生存发展的内在和环境的良好状态，它包括自身的躯体和心理方面，也包括身体以外的环境，如政治、经济、文化、制度、社会秩序、国家、自然、生态、国际等。见图 5－1。

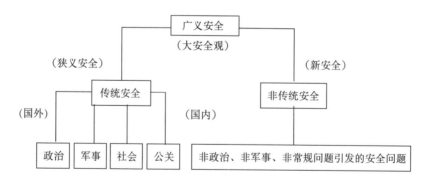

来源：滨州学院安全文化研究中心

图 5－1　安全观与文化观

文化并不是单一、孤立、形式意义上的理念，而是一个整体的、系统的概念，与人、社会、价值是统一的。这种系统的"大文化观"就应该把文化融入政治、经济、社会、制度等各个方面，在整体意义上进行探讨和建设。

这既彰显了文化的独特性，也强调了文化的系统性。

由此可见，我们应该在"大安全观"和"大文化观"的概念基础上，从事安全文化建设和安全文化教育。在安全观方面包括企业安全文化、全民安全文化、家庭安全文化、校园安全文化等；在文化观方面既包含精神、观念等意识形态的内容，也包括行为、环境、物态等实践和物质的内容。

以往的安全文化建设多指生产领域里的安全文化，但仅仅研究生产领域的安全是不完整的，必须不断扩展、深化和研究生活、生存领域的安全问题，才能全面地认识安全、事故、灾害的本质及规律。因此，树立"保护人所从事的一切活动"的大安全观是必要的，要利用一切宣传媒介和手段，有效地传播、教育和影响社会公众认识大安全观的重要性。通过宣传教育途径，使人人都具有科学的安全观、职业的伦理道德和安全行为规范，掌握自救、互救应急的防护技术和安全技能。

具体来讲，要做好安全工作，提高安全工作的管理水平，应挖掘企业蕴含的安全文化，让全员树立起正确的安全观。

1. 事故无情

违章性作业是事故产生的根源，即使违章是人的主动行为，很多人违章依然没有预见到这样做的后果，或是预见到了而轻信自己的能力足以应对事故的发生。但是，当事故发生后所有的"假如"都是徒劳。这就要求我们时刻谨记——事故是冷酷无情的，事故面前没有侥幸。

2. 事故可免

我们知道，自然因素具有不可抗拒性，但生产过程中的人为因素是可以避免的。各类事故都是可以通过提前预防和控制来制止。"所有的工伤和职业病都可以预防，这是现实的目标，而不是理论上的目标。"这应该成为所有企业安全原则的首要任务。

3. 安全就是力量

凝聚力是企业不断发展的重要力量，而凝聚力的产生则是人心所向。安全生产做好了，没有伤亡事故，没有利益损失，企业上下高兴，领导说话有分量，职工生产有力量，工作效率大大提高，会促使企业不断发展。

4. 安全就是效益

做好安全生产工作也是为提高企业的经济效益，为改革和发展作出贡献。然而，在实际工作中不少人存在一些错误认识：比如看到安全工作投入了大量的费用，但只是预防性，不是建设性的，投入的实际效果不能直接体现出来经济效益，就认为生产比安全重要；尽管已投入了大量的安全资金，但安全始终未能得到有效的保障，而整改隐患又需要增加材料的消耗，因而对安全工作缺乏信心；设置安全部门并配备专业的安防人员，提高了企业成本。以上这些单纯追求经济效益而忽视安全工作的思想，是非常危险的。一旦发生事故造成人员伤亡或设备损坏，都会使企业导致巨额损失，也会损害企业的良好形象，不仅降低了企业的经济效益，也会影响企业的可持续发展。由此可见，安全工作是经济工作的重要组成部分，虽不能直接创造经济价值，但与提高企业经济效益息息相关，企业只有在做好安全工作的前提下，才能打造安全的生产环境，有效确保生产的顺利进行，企业和职工的生命财产才有保障，才能有效地提高经济效益。

四、开展丰富多彩的安全文化活动

企业安全文化活动系统化、模式化、规范化，对于提高企业安全生产管理水平，增强企业安全文化建设效果具有现实意义。企业安全文化活动主要有以下几类：

1. 事故预防活动

事故告示活动——对事故发生的伤亡、时间休工损失、险肇事件等状况进行挂牌警告；事故报告会——对本企业或同行业当年发生的重大事故进行报告；事故回顾活动——本单位案例或同行业重大事故案例回顾；事故保险对策——对高危人群和设备、设施进行合理投保分析。安全经济对策——设置事故罚款、入厂风险金、安全奖金、安全措施保证金、工伤保险、事故赔偿金等。

2. 安全演习活动

灭火技能演习——认识各种消防器材并进行实际使用演练；火灾应急技能演习——对可能出现的火灾事故进行有效的应急处置，个人救生等应急技能演练；爆炸应急技能演习——组织人员对紧急逃生避难及紧急救助进行演练；泄漏应急技能演习——对泄漏源的紧急处置、现场应急救援、险情上报、应急预案启动、应急抢险小组迅速行动等事项进行实战演习。

3. 安全宣传活动

企业可以通过发布安全文件、召开安全大会、开展安全宣传月等活动广泛宣传安全的重要性与必要性；分利用网站专栏、微信推送、主题会议、广播电视、板报宣传栏等宣传媒介，建设安全文化园地、安全文化长廊，开展安全流动红旗、安全知识竞赛、有奖问答、技术比武、劳动竞赛、安全座谈以及征集安全漫画、安全警句、举办安全签名等活动，在企业内部形成浓厚的安全文化氛围，普及日常安全生产知识；在厂区积极开辟安全学习园地，悬挂安全标语口号，设置安全橱窗，为员工提高良好的安全学习环境。

4. 安全教育活动

包括对特种作业人员的持证上岗教育；对普通员工的日常的"全员教育"；对高危岗位职工家属的安全教育；对管理人员进行"干部管理资格认证教育"等。

5. 安全管理活动

全面管理法——责任制建设，应用各种法规、条例、规范等进行全面管理；安全目标管理——在安全教育、安全制度建设、安全技术推广、安全措施经费等方面进行目标化管理；四全管理法——全员管理、全面管理、全过程管理、全天候管理；"三群"管理法——推行群策、群力、群管；"三负责"制——向职工负责，向家人负责，向自己负责；系统管理工程——人员、设备、环境的安全分析及预防性对策；无隐患管理法——隐患辨识、分析、管理、控制；"定置"管理——对工作车间（岗位）和现场职工生产行为进行定置管理，如"5S"活动，事故判定技术，危险预知活动，安全主题活动，安全生产委员会制度等。

6. 安全文艺活动

包括安全竞赛活动；安全生产周（月）；安全演讲比赛；安全贺年活动；安全"信得过"活动；三不伤害活动；班组安全建"小家"；开工安全警告会；现场安全正计时等。

7. 安全科技建设活动

标准化岗位建设——车间、班组、岗位进行安全标准化作业建设（防火，防毒，防电，防尘）；"绿色岗位"建设——针对特殊岗位进行全方位（人机境）安全建设；作业人机工程——对企业内部各种条件下的人机界面进行研究、分析，通过硬件设计、改造，实现本质安全；应急预案——对可能发生的火灾、爆炸、泄漏、中毒等事故和危急事件，设计应急实施方案；"三点"控制——危险点、危害点和事故高发点进行重点控制；"三治"工程——治烟、治尘、治毒；隐患整治——对生产技术及工艺中存在的隐患进行分期、分批的改造、整治。

8. 安全检查活动

人因安全性检查；物态安全性检查；四查工程——岗位每天查、班组每周查、车间每月查、厂级每季查；安全管理效能检查；岗位责任制检查等。

9. 安全报告活动。

安全表彰大会；安全制度汇总；安全汇报会；安全述职制度等。

10. 安全审评活动

安全评价——对企业在安全管理、安全教育、安全设施、现场环境等安全生产的软硬件进行全面评价；安全庆功会——对安全生产先进的班组、车间、个人进行表彰、奖励；安全人生祝贺活动——对安全生产30年等长期安全生产的代表职工进行庆贺等。

安全活动方式可通过活动内容、活动方式、活动目的、活动对象、组织部门、关键点等项目系统地表达。在实际组织时，每种活动方式可采用定期或非定期组织操作的方式进行，如定期组织操作的活动有：安全宣传月；安全教育月；安全管理（法制）月；安全活动月；安全科技月；安全检查月；安全总结月等。非定期活动可根据企业所处的行业和人员情况进行具体操作。

下面，我们用表格来分析介绍几种具有代表性的企业安全文化活动的具体实施和应用，见表 5-3、表 5-4、表 5-5。

表 5-3　　　　　　　　　安全报告活动

项目	内容	方式	目标	对象	责任者
知识竞赛	进行安全知识竞赛活动	会议、电视实况	学习安全知识，提高安全意识	班组、职工	安技、宣传、教育部门
事故报告会	对当年本企业或同行业发生的事故进行报告	职工大会或车间会议	吸取教训、警钟长鸣	职工、班组（或车间）	生产部门、安全部门
安全汇报会	对安全生产状况、隐患、问题、全年工作状况、来年的工作重点进行报告	中层干部会议	总结工作、分析问题、规划目标、制定对策	中层管理人员	企业领导、生产与安全部门

表 5 - 4 　　　　　　　　　　　　　　　安 全 演 练 活 动

项目	内容	方式	目标	对象	责任者
灭火技能演练	进行各种消防器材的实际使用演练	模拟式实物训练	使职工熟悉每一种常规消防器材的使用	职工	安全技术部门
火灾应急技能演练	对可能出现的火灾事故进行应急处理、个人救生等应急技能演练	现场模拟方式、按应急预案进行	对可能发生的险情，做出正确的判断、处置和求生	职工	安全技术部门
爆炸应急技能演练	对可能出现的爆炸事故进行有效的岗位应急处理演练	现场模拟方式、按应急预案进行	对可能发生的险情，做出正确的判断、处置和求生	职工	安全技术部门

表 5 - 5 　　　　　　　　　　　　　　　安 全 审 评 活 动

项目	内容	方式	目标	对象	责任者
安全评价	对企业的安全管理、安全设施等安全生产的硬、软件进行全面评价	专家组检查、分析的方式	发现问题、抓住薄弱环节、指导来年工作	管理、设备、环境等	技术、安全、生产负责人
安全庆功会	对安全生产先进的班组、个人等进行表彰和奖励	全体会议	鼓励先进、促进落后	班组（或车间）、职工	企业最高行政机构
安全人生祝贺活动	对安全生产 30 年、安全驾驶 50 万公里等长期安全生产的职工进行安全人生庆祝会	生日晚会的形式	激励职工安全生产的热情、用文化和精神的手段感染人、教育人	一线工人	安全、宣传、工会部门

五、建立安全文化网络系统

在如今网络发达的新兴时代，安全文化可创新做出企业安全文化的网络管理系统，内容可包含：

1. 员工端口

员工可登录安全系统随时浏览企业的安全文化进行自主学习，在网络系统上进行自我测试以检测自身对安全文化的掌握程度，企业也可随时了解员工的掌握情况；将安全生产的疑问或建议反馈给企业管理层人员；员工可定期在网络系统上提交自己工作中安全问题的经验总结以及建议等。

2. 企业端口

企业可随时在网络系统上对员工的安全文化学习进行实时监督和管理；将更新的安全文化内容和经验总结及时发布到网络系统上，做到安全文化信息的快速传播；对员工在网络系统上反映的安全问题和同事们一起讨论沟通，最快总结出解决安全问题的最好方法。

第三节　强化安全培训教育

很多企业在安全教育培训中，总是"头痛医头，脚痛医脚"，没有对企业全员进行安全知识、理论、技能、方法的系统教育培训，形成了"断层"或留下了"死角"，导致安全教育培训走过场，成了"应付差事"的"空中楼阁"，没有有效发挥安全教育培训的应有作用，这是事故多发的重要原因。

一、自主学习与改进

第一，企业应建立有效的安全学习模式，实现动态发展的安全学习过程，保证安全绩效持续改进。安全自主学习过程的模式如图 5 - 2 所示。

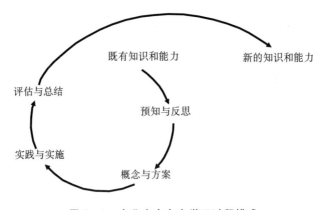

图 5 - 2　企业安全自主学习过程模式

第二，企业应建立正式的岗位适任资格评估和培训系统，确保全体员工充分胜任所承担的工作。

一是制定人员聘任和选拔程序，保证员工具有岗位适任要求的初始条件；

二是安排必要的培训及定期复训，评估培训效果；

三是培训内容除有关安全知识和技能外，还应包括对严格遵守安全规范的理解和个人安全职责的重要意义，以及因理解偏差或缺乏严谨而产生失误的后果；

四是除借助外部培训机构外，应选拔、训练和聘任内部培训教师，使其成为企业安全文化建设过程的知识和信息传播者。

第三，企业应将与安全相关事件，尤其是人员失误当作汲取经验教训的宝贵机会与信息资源，从而改进行为规范和程序，获得新的知识和能力。

第四，应鼓励员工对安全问题予以关注，进行团队协作，利用既有的专业技能，辨识和分析可供改进的机会，对改进措施提出建议，并在可控条件下授权员工自主改进。

第五，经验教训、改进机会和改进过程的信息应编写到企业内部培训课程或宣传教育活动中，使员工广泛知晓。

二、构建安全教育体系

安全教育是开展各项安全活动的前提，包括全体员工的安全法律法规教育、企业和项目安全规章制度教育、生产基础知识教育、生产安全技能教育以及日常性的安全生产教育。

经过多年探索实践，企业将安全培训制度化、经常化，合理制定安全培训计划和目标，通过组织安全培训班、研讨会、专题会、施工现场培训等多种形式的安全培训，是一套行之有效的安全培训教育模式。

1. 人员安全教育

（1）企业管理人员安全培训教育。企业主要生产经营负责人、项目负责人、安全生产管理人员必须具备与本企业所从事的生产经营活动相适应的安全生产知识和管理能力。按国家有关规定，管理人员必须参加由地方安全生产监督管理部门及其他具备培训考核资格的机构举办的安全生产教育培训，并经考核合格后，由安全生产监督管理部门或法律法规规定的有关主管部门发给安全资格证书，持证上岗。

（2）新员工安全教育（含劳务人员）。①新员工备好本人证照，到所属地医疗机构进行健康体检。体检合格人员按分配参加一级安全培训，颁发《员工学习手册》和《安全生产手册》，结束后进行安全考试。②一级安全考核合格后，由分配的所在项目或工区进行二级专业安全知识培训，结束后进行安全二级考试。并由项目或工区安全管理人员组织到施工现场进行现场安全技能培训，了解现场主要危险区域、学习安全操作规程或本岗位安全知识等安全要点。③二级安全考核合格后，施工现场生产班组组织进行三级安全培训。三级考试合格，填写三级安全教育卡片和人员登记表，办理安全上岗证、领取工作服、相应劳动保护用品，进行安全施工技术交底并签证后，即可进入现场施工。

（3）特种作业人员安全生产教育。主要内容是安全生产法律法规；国家规定的与本工种相适应的、专门的安全理论知识和操作技能；本工种的安全技术操作规程；本工种作业场所和工作岗位存在的危险因素、防范措施及事故应急措施等。

（4）转岗、换岗人员的安全生产教育。主要内容是安全生产法律法规及安全生产基本知识；新岗位安全生产规章制度及劳动纪律、安全操作规程，有关安全事故案例等。

2. 部门安全教育

（1）公司或项目部级安全教育。主要内容是安全法律基本知识的教育，包括《安全生产法》《建设工程安全生产管理条例》《职业病防治法》《工伤保险条例》等法律法规中规定应当遵守的义务和享有的权利以及相应的职责。

（2）项目部或工区级安全教育。主要以生产安全基础知识教育为主，包括《安全生产责任制》《安全技术交底》《安全奖罚制度》《安全操作规程》等规范员工进行安全生产活动的作业守则；所属行业安全生产的特点、性质；主要施工专业（工种）及作业中的专业安全要求；作业范围内主要危险作业场所、特种作业场所及有毒有害作业场所的安全注意事项；本项目的一般、重点防火部位的施工作业要求、操作规范；防火防爆等应急预案等方面。

3. 班组级安全教育

主要是岗位安全生产技能教育，岗位安全技能要熟练掌握，达到能适应本岗位安全操作的技术和能力，做到"应知""应会"；本班组安全工作性质及施工范围；本岗位使用的机械设备、工器具的性能，防护装置的作用和使用方法；本班（组）施工环境、事故多发场所及危险场所；安全操作规程、岗位责任制和有关安全注意事项；个人安全防护用品、用具的正确使用和保管方法等。

4. 安全素质教育

（1）安全技能教育。安全技能教育是巩固职工安全知识的必要途径，可以提高职工的安全操作水平、强化其自主安保意识、全面提升全员安全素质。安全技能教育的内容主要包括设备的性能、作用和一般的结构原理，事故的预防和处理及设备的使用、维护和修理等。提高安全技能的具体方法非常多，如推行"每日一题、每周一课、每月一考、每季一评"培训方式，开展名师带高徒、技术比武、技术革新等活动，都能够不同程度地提高职工安全技能。最为重要的是通过安全技能教育，能够使职工及时识别出事故隐患和不安全因素，做好自主安保和互助安保，确保实现安全生产。

（2）安全意识教育。安全意识教育有利于从根本上促进安全工作。安全意识是指个人运用感觉、知觉、思维、记忆等心理活动，对自己所处的安全状态、安全环境中人、事、物变化的觉知。正确的安全意识直接影响和作用着生产的具体过程和结果。在安全意识教育上，要牢牢把握"突出重点、抓住关键"的原则，重点抓住红白喜事、节日前后以及职工思想情绪波动大等不同时机，利用职工身边的真人真事，以事故案例对职工进行安全思想教育，使职工的心灵受到震撼。对于"三违"人员不要轻易地以罚款的方式放过，而要认真做好思想政治工作，通过教育使其从思想深处认识到违章的严重后果，从而提高职工安全意识。

（3）安全措施落实教育。安全措施落实是安全教育的结果和目的。在澳大利亚，任何员工只要发现工作环境有不安全因素，就有权当场停止工作，离开不安全的工作环境。很多企业的职工也有这个权利，但落实的效果不好。企业要在广泛宣传教育的基础上认真抓好落实，切实维护好职工权益。在实际工作中，每一名职工都要自觉、主动地落实好各项安全措施，实现由"外界施压、被动接受"向"自我加压、自我管理"转变，促进安全教育落到实处。

三、安全培训教育

1. 安全教育培训的"六有"原则

（1）有计划。编制符合实际、合乎规律的企业中长期安全生产教育培训大纲，执行企业各级人员的阶梯式教育培训计划，每个年度应当有安全生产教育培训的重点内容，确保每一期安全生产教育培训的时间和教学质量，教育培训计划要有明确的针对性，并随企业安全生产的特点进行适时修改。

（2）有制度。建立健全企业职工全员安全教育制度及特种作业人员专项安全教育制度，明确本单位各级人员在安全生产教育培训中所应当承担的职责，严格按照安全教育培训管理制度进行各级员工安全生产教育培训的登记、培训、考核、发证、资料存档等工作，环环相扣，层层把关，规范企业职工的安全教育培训管理工作，值得注意的是，企业的安全教育培训对象必须涵盖到企业每一级的员工，真正做到全员培训持证上岗，定期培训提高的教育培训管理目标。

定期组织各部门进行各种安全生产规章制度、技术标准、安全生产责任制的更新修订活动，充分发动企业全体员工从理论到实践作认真、细致、深入地学习和讨论，统一企业全体员工的安全认识、价值观和行为准则。

（3）有教材。编制企业各级安全教育培训教材，根据企业生产经营活动的不断发展，及时变更或修正培训教材的内容，不断提高企业各级员工的安全意识和知识技能，提高企业安全技术水平；需要特别注意的是，由于受客观经济发展的制约，我国国民的安全文化素质相对比较落后，大多数人员的安全风险意识淡薄，安全知识以及事故防范和应急能力严重不足。因此，企业每一级安全生产教育培训的内容一般都应包括：安全生产思想教育、安全生产知识教育和安全管理理论及方法教育，但应根据不同的教育对象，侧重于不同的教育内容，提出不同的教育培训要求。

（4）有师资。建立相对稳定的教育培训师资结构，采取内外培训相结合、形式多样的教育培训方法，力求生动活泼，形式多样，寓教于乐，增强培训效果。对于现场生产作业等基层人员，开展培训时应多采用互动式的"双向沟通"，在培训过程中给职工一定的发言权，将他们的疑惑摆出来，大家共同分析，授课者在此基础上，有重点地加以引导，找出解决问题的最佳方法，从而达到理论与实际相结合。

（5）有考核。企业定期开展的各种专业技术技能的教育培训工作以及教育培训教材，都必须含有相应的安全培训内容，每一次专业教育培训活动都必须同时进行相应的安全知识技能教育培训，并进行相应的考核管理，在企业中形成"安全活动融合在每一位员工的每一项行为"的安全文化理念。专业技术知识培训结合安全生产教育的培训内容，更容易提高安全教育培训的效果，教育培训的技能也与日俱增容易落实到生产活动中。建立和强化安全教育培训效果的评价，应充分体现现代安全生产培训理念，利用先进灵活的培训手段，将安全培训的有关内容，贯彻到全体从业人员心中，这才是安全生产培训的真正目的。因此，建立科学的评价指标就成为评价安全培训效果的客观要求。要强化安全监管力度，定期与不定期进行严格检查评价，全面提高企业各级人员的安全素质和安全意识，实现减少和消除事故的最终目标。

（6）有实践。没有实践的理论，永远只是纸上谈兵，只有把扎实的理论应用于实践中才会达到理想的效果。要想抓好安全培训，理论学习是基础，但更重要的是把所学的安全理论知识转化成扎实的安全技能，在反复实践中培养安全习惯和安全行为。例如，在对工人进行安全技术培训教育中仅对工人进行安全知识和安全操作技术训练是不够的，还要让他反复实践，养成在工作中自动运用安全操作方法的习惯。当通过反复实践形成了使用安全操作方法的习惯之后，工作起来就会觉得得心应手。

2. 强化安全教育培训的有效方法

心理学研究证明，人在自由、宽松、和谐的环境中往往心情舒畅、思维活跃，容易突发奇想，并有利于接受新知识。因此要提高安全培训的效果，必须采用切实有效的安全教育培训方法。

（1）提供一个轻松、没有负担的培训氛围。要想抓好安全培训，提高安全培训的效果，首先要创造一个切实有效的培训氛围。安全，本身是一个非常严肃的话题，尤其当前我国安全形式比较严峻，它很容易让人联想到事故、死伤、损失、家庭破碎等负面消息。因此，许多国内的安全培训师在开始安全培训之前，喜欢举例一连串的事故统计数据，觉得很有说服力，能够警示、震撼或者恐吓大家，希望以此增强学习者的注意力或主动性。殊不知，在此情况下安全培训往往变得非常沉闷、枯燥甚至压抑，如此，又怎么可能要求学习者轻松、高效，并对学习内容举一反三呢？

　　加拿大教师安妮·福莱斯特（Anne Forester）和玛格丽特·莱茵哈德（Margaret Reinhind）在《学习者的方法》中谈到，在每个培训教室里都要"创造一种轻松的气氛"，她们认为各种各样的令人惊讶的想象和挑战在创造这种气氛时很重要。令人惊喜的来宾、有趣的故事、生动的案例分析、图片或者动画课件、课堂训练活动等，都是培训课堂营造轻松气氛的良方。只有创造一种轻松有效的安全培训氛围，在毫无心理负担和抵触情绪的氛围下进行学习和锻炼，才会消除一些负面影响，达到培训目的，提升培训效果。

　　（2）布置一个与培训内容相关的环境。列支敦士登的斯托克威尔（Stockwell），是欧洲新型教育和商务培训专家。他认为，在培训时，对设计得很好的招贴画的重要性怎么强调也不过分。"投影图片、35 毫米的幻灯片和大幅书写纸都不错，但是招贴画会更好。在任何学习课程开始以前，它们都应该被贴在四周的墙上，它们是围绕学习者的刺激物，它们的不断呈现会把它们的内容印在你的记忆中，甚至在你并不意识到它们的时候。"

　　在进行安全培训时，在培训教室的四周布置一些安全招贴、挂图、标语或者与培训内容相关的实物、模型，就可以让学习者很快进入状态，并不断提醒自己："现在正在接受安全培训"。

　　在布置安全培训的环境时，也应该注意色彩与心理反应的重要性。红色是警觉的颜色，蓝色是冷静的，黄色看起来是理智的颜色，绿色和棕色有一种平和的效果，而且它是温暖和友好的。

　　（3）消除学习障碍。对于大多数接受培训的人来说，学习有三个主要的障碍：①逻辑性障碍。如果员工曾经接受过培训，并留下负面印象，那可能从培训一开始就表现出抵触情绪，认为"培训是比较枯燥、无效、令人讨厌的，所以这一次也不可能有趣而轻松地学习"。②自我否定的障碍。由于在学校或接受其他培训时，学习成绩不是很好，就认为自己在所有的学习、接受培训方面都没有天赋，包括安全培训，表现为"我很笨，所以我肯定无法通过培训学到东西"。③制造困难假想的障碍。将学习或者接受培训当成是一项非常艰苦的事情，如果要有所收获就必须下很大力气，因此"我最好埋头苦学"。

　　作为安全培训师，必须了解学生们是否有学习障碍，并属于哪一种情况，只有消除了他们的学习障碍，才能使培训工作收到良好效果。消除学习障碍的关键，就是走进员工的世界，在平等的基础上，进行充分沟通。

安全生产教育培训以各单位自主培训为主，要对全体员工定期开展。培训内容包括党和国家的方针、政策、法律、法规以及企业安全生产安全技术、安全观念、安全态度、安全管理等方面的内容。对新上岗的工人必须进行严格的三级安全教育培训。

具体培训方式可根据各单位情况自由选择，如充分利用安全活动日和报纸、网站、工厂广播电视、黑板报标语等多元化、多层次的方式，进行广泛的安全生产法律、法规及其新知识、新技术的培训教育。

第四节　加强安全管理

一、安全承诺、责任履行和安全行为激励

1. 安全承诺

安全承诺是指由企业公开做出的、代表全体员工在关注安全和追求安全绩效方面所具有的稳定意愿及实践行动的明确表示。企业应建立包括安全价值观、安全愿景、安全使命和安全目标等在内的安全承诺。安全承诺应做到：①切合企业特点和实际，反映共同安全志向；②明确安全问题在组织内部具有最高优先权；③声明所有与企业安全有关的重要活动都追求卓越；④含义清晰明了，并被全体员工和相关方所理解。

企业的领导者应对安全承诺做出表率，让各级管理者和员工切身感受到领导者对安全承诺的实践。领导者应做到：①提供安全工作的领导力，以有形的方式表达对安全的关注；②在安全生产上真正投入时间和资源；③制定安全发展的战略规划以推动安全承诺的实施；④接受培训，在与企业相关的安全事务上具有必要的能力；⑤授权组织的各级管理者和员工参与安全生产工作，积极质疑安全问题；⑥安排对安全实践或实施过程的定期审查；⑦与相关方进行沟通和合作。

企业的各级管理者应对安全承诺的实施起到示范和推进作用，形成严谨的制度化工作方法，营造有益于安全的工作氛围，培育重视安全的工作态度。

各级管理者应做到：①清晰界定全体员工的岗位安全责任；②确保所有与安全相关的活动均采用了安全的工作方法；③确保全体员工充分理解并胜任所承担的工作；④鼓励和肯定在安全方面的良好态度，注重从差错中学习和获益；⑤在追求卓越的安全绩效、质疑安全问题方面以身作则；⑥接受培训，在推进和辅导员工改进安全绩效上具有必要的能力；⑦保持与相关方的交流合作，促进组织部门之间的沟通与协作。

企业的员工应充分理解和接受企业的安全承诺，并结合岗位工作任务实践这种安全承诺。每个员工应做到：①在本职工作上始终采取安全的方法；②对任何与安全相关的工作保持质疑的态度；③对任何安全异常和事件保持警觉并主动报告；④接受培训，在岗位工作中具有改进安全绩效的能力；⑤与管理者和其他员工进行必要的沟通。

企业应将自己的安全承诺传达到相关方。必要时要求供应商、承包商等相关方提供相应的安全承诺。

2. 责任履行

在企业人事政策、安全投入、员工培训等方面，企业决策层应充分履行自己的安全职责，确保安全在各工作环节的重要地位。

3. 安全行为激励

人在企业安全文化建设中占主导地位，建设安全文化离不开人的认知、努力和奋斗。安全文化既可以肯定人的价值观念，也可以改变人的价值观念。因此，建设企业安全文化，必须"以人为本"，通过解决人的安全观念文化问题，激发职工的主观能动性。通过引进高素质的安全管理和技术人才，带动企业整体安全管理水平的提高，使企业职工能形成良好的安全文化观念。

同时，要加大对企业安全文化建设所需资金的投入力度。我国在20世纪90年代每年的安全经济规模约为300亿元，根据工业和信息化部的信息，到2021年我国安全应急产业年经济规模已经超过万亿元，与世界上发达国家相比差距不断缩小，所以企业要搞好安全文化建设，足够的资金投入既十分必要。具体的安全行为激励举措主要包含以下几个方面：

（1）企业在审查和评估自身安全绩效时，除使用事故发生率等消极指标外，还应使用旨在对安全绩效给予直接认可的积极指标。

（2）员工应该受到鼓励，在任何时间和地点，挑战所遇到的潜在不安全实践并识别所存在的安全缺陷，企业都应给予及时处理和反馈。

（3）企业要建立科学合理的安全绩效评估系统，将安全绩效与工作业绩相结合；审慎对待员工的差错，应避免过多关注错误本身，而应以吸取经验教训为目的；应仔细权衡惩罚措施，避免因处罚而导致员工隐瞒错误。

（4）企业应在组织内部树立安全榜样或典范，发挥安全行为和安全态度的示范作用。

二、建立健全安全制度和行为规范

1. 抓好安全责任落实，建立健全安全相关制度

（1）安全资金保障制度。安全管理工作需要花费较多的资金投入，没有充足的资金做保障，安全管理就如同无米之炊，再美好的目标和计划最终都只能化为泡影。所以，企业应建立有效的安全资金保障制度，确保任何条件下企业在安全管理上的投入都能够及时到位，国家划拨或企业自留的安全费用绝不可挪作他用，企业的安全资金投入必须从制度上加以保证，从而为其他各项安全管理制度的贯彻落实奠定最基本的物质基础。

（2）安全责任分配制度。企业应明确各职能机构、各级领导及安全生产管理人员的责任，以强化企业安全文化建设的组织领导：明确从企业决策者、管理人员、安全技术人员、班组长至工人的安全职责，做到自上而下层层有目标，一级对一级负责，形成企业领导管全面，管理人员管现场，安全技术人员管专业，班组管作业点，职工管岗位的职责明确、管理有序、考核有据的管理网络；企业与项目、项目与班组层层签订安全生产责任状，进一步明确各自的安全任务，并将安全责任与经济利益挂钩，使安全管理由被动变为主动；以班组为中心，开展高一级职工负责制，作业过程中级别高的职工要对级别低的职工安全状况负责，并以项目班组为单位推行全员、全方位、全过程安全管理模式，基本做到人人有责任、人人都参与、事事有人管。

（3）安全标准化制度。企业应建立企业安全文化建设的评定标准，这是安全生产的前提和保证，是企业加强安全管理的基础和依据，它有利于规范员工的安全行为和习惯，通过强制性的安全管理，培训员工的工作技能，提高安全素质，为企业安全文化的"软管理"奠定基础。没有标准化，安全管理无从谈起，只有把安全管理的全部过程分解成明确的可度量的指标，并制定完成指标的完善细致的操作方法，才能形成事事有标准、管理按标准、作

业守标准、人人讲标准，横向到边，纵向到底的安全管理体制，对生产作业进行有效的安全控制及管理。

（4）安全考核及奖惩制度。企业应建立可行的目标考核制度，让全体领导干部和员工始终保持一种不放松、不麻痹的思想状态。每个企业都要根据自身情况制定相应的安全目标和考核措施，强化现场管理和监控，定期对安全状况进行考核评估。同时，还应建立有效的安全奖惩制度，以提高职工安全生产的积极性和自觉性。企业应做到赏罚分明，对安全生产有突出贡献的要重奖，造成事故的要重罚，通过硬性手段提高员工的安全责任感。建立有效的激励约束机制，把安全成效与分配机制紧密结合起来，重奖发现重大隐患和避免重大事故的员工，把安全生产与项目部、班组及个人的工资收入直接挂钩，与评先晋升直接挂钩。企业必须严肃惩处违章违纪尤其是事故的直接责任者，保证安全生产的长治久安。

（5）安全检查、监督及控制制度。企业要完善安全生产检查、监督及控制制度，定期组织安全检查和质量标准化检查验收，建立完善的安全生产检查评估跟踪制度，以防止检查流于形式，要重视对生产过程中存在的安全隐患特别是重大安全隐患进行及时排查和治理，制定安全隐患预警、排查、整改和反馈措施，使安全隐患排查工作做到有安排、有措施、有落实、有结果、有反馈，真正把事故隐患消灭在萌芽状态。

（6）安全生产事故处理制度。安全生产事故处理包括事故的汇报、调查、赔偿及责任追究制度。对安全生产事故进行及时汇报和调查，能促使企业高效、及时地对事故原因进行分析，采取补救措施对事故现场进行处理，对受伤人员进行营救和治疗，最大限度地降低安全事故带给施工企业和受伤员工的损失。在事故已成事实的情况下对受害者及其家属进行合理的赔偿，可以适当减轻安全事故给他们带来的伤害和痛苦。对事故责任者进行严厉惩罚，追究其相应的责任，可以对全体企业员工起到警示作用，还受害者及社会一个公平，避免类似事件的发生。除了进行上述各项制度的建设以外，安全生产管理制度建设还包括群众安全监督检查制度、各层次安全会议制度、安全信息报告制度、安全事故紧急预案制度、班组安全管理制度等方面的建设内容，所有这些制度的建设最终构成了施工企业安全制度文化建设的主体框架。

2. 落实并执行企业安全行为规范

企业内部的行为规范是企业安全承诺的具体体现和安全文化建设的基础

要求。企业应确保拥有能达到和维持安全绩效的管理系统，建立清晰的组织结构和安全职责体系，有效控制全体员工的行为。行为规范的建立和执行应做到：①体现企业的安全承诺；②明确各级各岗位人员在安全生产工作中的职责与权限；③细化有关安全生产的各项规章制度和操作程序；④行为规范的执行者参与规范系统的建立，熟知自己在组织中的安全角色和责任；⑤由正式文件予以发布；⑥引导员工理解和接受建立行为规范的必要性，知晓由于不遵守规范所引发的潜在不利后果；⑦通过各级管理者或被授权者观测员工行为，实施有效监控和缺陷纠正；⑧广泛听取员工意见，建立持续改进机制。

程序是行为规范的重要组成部分。企业应建立必要的程序，以实现对与安全相关的所有活动进行有效控制的目的。程序的建立和执行应做到：①识别并说明主要的风险，简单易懂，便于实际操作；②程序的使用者（必要时包括承包商）参与程序的制定和改进过程，并应清楚理解不遵守程序可导致的潜在不利后果；③由正式文件予以发布；④通过强化培训，向员工阐明在程序中给出特殊要求的原因；⑤对程序的有效执行保持警觉，即使在生产经营压力很大时，也不能容忍走捷径和违反程序；⑥鼓励员工对程序的执行保持质疑的安全态度，必要时采取更加保守的行动并寻求帮助。

三、构建安全管理机制

安全文化建设是一项长期工作，要保证安全文化建设的健康发展，不能完全依靠强力推动和组织发动，必须以制度来保障，以机制来引导。因此，要做好安全文化建设工作，必须加强制度建设，建立安全文化建设的长效机制，为企业安全文化提供思想、政治、组织上的保障。

1. 设立组织保障机制

安全管理机构的组建是企业安全制度文化建设的首要任务。企业只有具备强有力的安全管理组织机构，才能推动安全管理工作才能稳步向前，才能为各项安全管理制度的贯彻落实提供组织保障。企业应设置专人专职专责的安全管理机构，并配备充足的、符合要求的人力、物力资源，保障其独立履职的管理效果。企业安全管理部门及人员应当具有明确的管理权力与责任，在权责分配上要充分考虑企业安全工作实际，有效保证管理权责的匹配性、一致性和平衡性。

2. 建立思想文化激励机制

思想文化激励是企业安全管理的重要内容，把思想政治工作放在企业安全文化建设的重要位置并与之有机融合起来，发挥安全文化的融合渗透作用和思想政治工作的导向育人作用，促使职工把个人的理想追求与企业的奋斗目标有机地联系起来，体现在政治觉悟、道德荣誉和个人利益、企业需要的统一体内，形成积极参与、主动工作的强大力量。

3. 建立双向评估考核机制

定期开展阶段任务和目标落实的双向评估考核，管理层与执行层双向互评，横向各部门互评，评估结果由决策层进行评价、奖惩。通过这种评估考核机制将安全文化建设在不同层级部门之间纵深持久开展，同时扩展横向人员与机构的交流提高，同步发展。

4. 建立个人价值激励机制

个人价值的建立是自我实现的需要。一切发展为了人，一切安全为了人，在"以人为本"的安全文化建设中，个人价值的体现是企业上下各级人员的共同需求和奋斗目标。提高管理层的管理水平和全体员工的安全文化素质，体现并提升个人价值，已经成为越来越多企业的先进文化的主流和核心。因此，应建立对员工的个人价值激励机制，论功行赏，评级晋职，为个人的发展、自我价值的实现提供公平、公正、公开的平台。

5. 建立落实保障机制

保证安全文化建设的软件和硬件投入，为加强企业安全文化建设，提供必要的物质和人力支持。

6. 加强安全规范文化建设，完善管理机制

人的行为的养成，一靠教育，二靠约束。约束就必须有标准，有制度，安全文化建设需要建立健全一整套安全管理制度和安全管理机制。首先要完善安全管理法规制度。让职工明白什么是对的，什么是错的，应该怎样干，不应该怎样干，违反什么规定应受到什么样的惩罚，使安全管理有法可依，有据可查。解决生产过程中的安全问题，还要严格落实各级干部、管理人员和各工种工人的安全生产责任制。通过加强安全规范文化建设，健全管理制度，完善现场控制机制，加强各项规章制度的落实，使职工养成自觉遵章守纪的习惯，规范操作行为，使企业上下形成规范有序的工作秩序。

四、企业安全文化的分级管理

企业安全文化需要由决策层、管理层、执行层共同完成。企业决策层制定安全行为规范和准则，形成强有力的安全文化约束机制；管理层按照决策层制定的安全行为规范和准则，进行管理和监督，形成管理层的安全文化；执行层自觉遵章守纪，自律安全的行为和规范形成班组员工的安全文化。三个层级分别有不同的职责和要求，互相联系，缺一不可。只有不断提高三者的安全文化素质和树立明确的安全价值观，才能改善企业的安全态度和安全行为，带动全体员工安全素质的整体提升。

1. 决策层的安全文化素质是企业安全文化建设的决定因素

企业的风格反映企业文化的个性，而企业决策者对企业安全文化的形成起着倡导和强化作用。要建立良好的企业安全文化环境，营造一个良好的企业安全文化氛围，要求决策层必须具备高水平的安全文化素质。主要包括工作作风素质、安全道德素质、安全管理素质、安全法规和技术素质、安全思想素质。

（1）具有优秀的安全思想素质：以人为本，高度重视人的生命价值，一切以职工的生命和健康为重，把"安全第一"的思想落实到自己的决策之中；树立强烈的事业心和高度的责任感，真心诚意地关心职工的疾苦，努力改善恶劣的劳动条件，创造良好的劳动环境；加强安全管理，采用先进的安全科学技术和管理方法，努力提高企业的本质安全程度。

（2）高尚的安全道德素质：领导者必须具备正直善良、公正无私的道德情操，以及关爱员工、体恤下属的职业道德，视员工安全为己任，以身作则、率先垂范、立杆标榜、身体力行。

（3）实际的安全管理素质：企业决策层（特别是主要负责人）要真正承担起安全生产第一责任人的艰巨任务，深入实际，实事求是地抓好企业安全工作，在机构、人员、财力、物力、技术、时间上为安全生产提供保障条件，按照"分级管理、分线负责"的原则，定责授权。

（4）足够的安全法规和技术素质：认真学习国家、行业及主管部门的法规、政策、标准和安全技术知识以及事故规律，用规章制度规范人，用言传身教感染人。

（5）求实的工作作风素质：提倡真抓实干，反对敷衍塞责；提倡身体力行，反对大话空话；提倡雷厉风行，反对办事拖拉；提倡各负其责，反对相互推诿；提倡求真务实，反对弄虚作假。努力成为安全文化的倡导者、示范者和实践者。

具备高水平安全文化素质的决策者，在企业安全文化建设中的安全行为主要有：①公开承诺。企业决策层应适时亲自公布企业相关安全承诺与政策，参与安全责任体系的建立，做出重大安全决策。只有高层管理者做出安全承诺，才会提供足够的资源并支持安全活动的开展和实施。②责任履行。在企业人事政策、安全投入、员工培训等方面，企业决策层应充分履行自己的安全职责，确保安全在各工作环节的重要地位。③自我完善。企业决策层应接受充分的安全培训，加强与外部进行安全信息沟通交流，全面提高自身安全素质，做好遵章守制、安全生产的表率。

2. 管理层安全文化素质是企业安全文化建设的重要因素

企业管理层一般指企业中层和基层管理部门的领导及管理干部，他们既要服从决策层的管理，又要管理基层的生产和安全，在企业起到承上启下的作用。企业管理层应具备安全意识和安全文化素质，不断提高对企业的综合管理绩效，应做到以下几点：

（1）有关心员工健康和安全的仁爱之心，牢固树立珍惜生命、爱护员工健康的观念，善良公正，体恤下属。

（2）高度的安全责任感，对人民生命和财产有高度负责的精神，贯彻执行安全生产法规、制度和相关标准，绝不违章指挥、强命他人冒险作业。

（3）具备多学科的安全技术知识，如安全管理、劳动保护、机电安全、防火防爆、工业卫生、环境保护等方面的知识。

（4）具备适应本岗位安全需要的能力，如组织协调能力、调查研究能力、逻辑判断能力、综合分析能力、写作表达能力、说服教育能力、危险识别和控制能力等。

（5）适应企业生产工艺和科学技术的不断创新，安全管理干部要不断补充完善安全规章制度，使其更加切合实际，具有科学性、可操作性。

（6）不断探索安全教育模式，提高教育质量及效果。企业的安全管理人员要从实际出发，从提高教育效果入手，不断探索喜闻乐见的安全教育新模式，彻底改变形式单一、枯燥无味、教育效果差的老办法，使安全教育工作落实到全员。

只有具备较高安全意识和安全素质的企业管理层人员，才有资格和条件来履行责任并管理员工，具体的安全行为有：①责任履行。企业管理层应明确所担负的责任范围，建立并完善制度、加强监督管理、改善安全绩效等重要安全责任，并严格履行职责。②指导下属。企业管理层应对员工进行资格审定，有效组织安全培训和现场指导。③自我完善。企业管理层应注重安全知识和技能的更新，积极完善自我。

3. 企业执行层的安全素质是企业安全文化建设的基石

从某种意义上讲，企业执行层的安全素质决定着企业安全管理的效果，也决定着企业安全生产的命运。执行层人员在企业中占比最大，是企业的主力军，发生事故往往是由思想麻痹、安全意识差的员工引起，他们对安全隐患反应迟钝，事故发生时应急经验不足，缺乏自救技能。不断提高企业执行层员工的安全文化素质，主要做到以下几点：

（1）有强烈的安全需求：珍惜自己和他人的生命，关爱健康，能主动离开非常危险和尘毒严重的场所。

（2）有较强的安全意识：谨慎操作，不麻痹大意。

（3）有一定的操作技能：熟悉所操作的设施设备、常见的故障及消除方法，能掌握与自己工作有关的安全技术知识、安全操作规程和工艺规程。

（4）能自觉地遵章守纪：自觉遵守有关的安全生产法规、制度和劳动纪律，并坚持不懈。

（5）熟悉和掌握应急措施：紧急或异常情况下，能果断地采取应急措施，把事故消灭在萌芽状态或杜绝事态扩大。

具备良好的安全文化素质是执行层员工进行安全操作的基础，更主要的是在企业安全生产过程中安全行为的规范化、标准化和专业化，其主要的安全素质有：①安全态度。主要从安全责任意识、安全法律意识和安全行为意识等方面判断员工对待安全的态度。②知识技能。除熟练掌握岗位安全技能外，员工还应具备充分地辨识风险、应急处置等各种安全知识和操作能力。③行为习惯。员工应养成良好的安全行为习惯，积极交流安全信息，主动参与各种安全培训和活动，严格遵守规章制度。④团队合作。在安全生产过程中，同事之间要增进了解，彼此信任，加强互助合作，主动关心、保护同伴，共同促进团队安全绩效的提升。

上述各层人员的素质和行为需要通过不断教化和训练，不断地参与实践，在浓厚的安全文化氛围中潜移默化地进行熏陶，逐步养成良好的习惯。

五、企业安全文化的量化管理

1. 现场管理

（1）加强安全物质文化、行为文化建设，强化现场管理。一个企业是否安全，首先表现在生产作业场所，现场管理是安全管理的出发点和落脚点。工业生产现场机械设备多元化，安全管理要从监督和改变职工个人的不良工作行为开始。因此，必须首先要加强现场管理，搞好生产环境建设，确保机器设备安全运行，这也是安全物质文化建设的主要内容。

同时，要加强职工的行为控制，健全安全监督检查机制，使职工在严密的监督监控管理中没有违章的机会。为此，要确保现场文明生产、工程质量标准化工作，保证作业环境整洁、安全。规范岗位作业标准化，预防"人"的不安全因素，使职工干标准活、放心活、正规活。尽可能地加大安全投入，不断采用新技术、新产品、新装备，向科学技术要安全。通过安全物质文化、行为文化的建设，形成有序的工作，严格的管理，为职工创造一个良好的作业环境。

（2）以生产现场为重点，塑造良好的现场安全文化。①打造形象生动、富有人性化的现场安全文化环境。以前生产现场悬挂标语的内容大都是"安全第一、警钟长鸣"等传统安全警句，很难使职工留下深刻印象。为此我们可以用"你是家中的梁、你是父母的心、你是儿女的山"等人性化标语取而代之；还可以采用以图画为主、文字为辅的安全宣传方式，将安全规程用具体实物配以简洁的文字作为安全文化牌板的主要内容，给职工以视觉冲击，留下深刻印象，让职工自觉、自愿、主动地做好安全工作。②坚持营造浓厚的现场安全文化氛围。充分利用各种会议、宣传媒体、事故案例分析、安全活动日、班前班后会、班前安全宣誓等形式开展安全宣传教育，举办安全论文研讨、安全知识竞赛、安全演讲、事故案例展览安全竞赛等活动，大力倡导"安全先于一切、高于一切、重于一切、影响一切、责任重于泰山"的安全理念，着力培育"安全就是效益、安全就是幸福、安全就是品牌"等安全价值观，坚持"三为"（安全为天、预防为主、以人为本）、"六预"（预教、预测、预想、预报、预警、预防），使广大职工置身于浓厚的安全文化氛围中，在企业形成"人人关心安全、人人要安全、人人会安全"的良好格局。③坚持创造洁净、安全的现场环境。现场环境、基础设施是保障职工安全的硬件，对提升浓厚的安全文化氛围具有积极的推动作用。以煤矿企业为例，首先要加大对噪音、煤尘的防治，可以通过加大技改力度、使用降噪、防尘设备设施来减少其对职工身体的危害。其次现场可以推行"5S"标准化管理，即清理、清扫、整理、整顿、素养，创造一个秩序井然、洁净、高效、和谐的工作环境，使职工舒心、安全地工作。安全文化是一个庞大的系统工程，是由多元因素组成的，是关系企业形象、职工群众生命安全的大事，是企业的灵魂，是推动企业发展的力量源泉。④强化设备安全基础作为企业安全的关键点。可靠的设备基础是确保安全稳定，加快企业发展的重要保证。当前各级领导都在讲要科学管理、规范管理、精细化管理，要落实这三点，就必须经常到基层对规、对标、对制度规范检查。哪些管理不科学不规范，哪些工作不精细，要思考、要研究，不断发现问题并改正问题，考虑好了就去做，并做好、做彻底，这样问题就会越来越少，管理工作也会越来越规范、越细致。

2. 班组管理

（1）正确认识班组管理在基层安全文化建设中的作用。班组是企业最基层的生产管理组织，班组工作的好坏直接关系着企业经营的成败。而班组长是班组的主心骨，是企业基层生产的直接指挥和组织者，班组长的自身素质直接影响到班组其他成员，自然也与企业的经营效果息息相关。因此，合理的班组组合、优秀的班组长、优质的岗位配置成为班组管理的三个关键点。

（2）班组安全管理要重视奖罚兑现。无论当月安全考核、季度安全考核还是年终安全考核都要奖罚分明，兑现到底。这样做的意义在于班组通过全员努力，企业（车间）对指标完成情况进行应有的奖励和处罚，能更加激励员工再接再厉，向更高的目标奋斗，实现"要我干"向"我要干"的转变。有的企业到安全考核兑现时，发现奖金额度大，就开始犹豫，考虑这笔钱投入值不值，或者因企业财政吃紧拖欠奖励，最终不了了之。这种没有激励效果的安全考核机制，在班组管理上很难取得实效，一旦企业（车间）失信，奖罚兑现不及时，很可能造成班组成员的抱怨与泄气，在安全生产中失去积极性、主动性、创造性，留下安全隐患。

（3）优选班组长，强化班组安全管理。班组安全管理要充分发挥全班组人员生产积极性，团结协作，因此班组长的选拔对班组安全管理至关重要。班组长选拔，要求安全觉悟高，专业技术过硬，责任心要强，在班组中有威信能调动班组成员积极性和主动性。可以通过全体职工民主评议、考核，将那些安全工作中表现最优秀的同志推上班组长岗位。同时给班组制定安全工作标准，制定班组长安全岗位职责，定期进行考核。

（4）以班组管理为切入点，创建优秀的基层安全建设团队。各班组要结合实际情况，从安全制度、安全行为、安全精神等方面，将"以人为本、亲情感化"的基本管理手段融入各班组实际生产中，不断深化基层安全文化建设，锤炼出严谨细致、安全规范的团队精神，形成具有班组特点的安全文化团队，有效促进生产向标准化、程序化、科学化发展。

第五节　不断提高员工的整体素质

企业安全文化建设的土壤是职工，职工受教育的程度的高低、知识水平的高低、业务能力的强弱等基础文化素养，与安全文化工作的实施密切相关。因此，加强安全文化建设必须坚持以人为本，把提高员工的安全文化素质作为加强企业安全文化建设的着眼点和落脚点。

一、强化安全意识与安全态度

生产企业员工安全意识形态是隶属于企业深层次的安全文化，包括员工的安全生产思想观念、安全行为准则、安全美学、安全道德观、安全价值观，它直接反映员工对企业安全问题的个人影响与自身感情认同。随着我国改革开放和市场经济的建立，企业职工经受社会变革浪潮的冲击，思想活跃，加之企业不稳定因素增加，企业安全工作面临新的严峻考验。在这种形势下，单纯依靠行政管理与技术手段已难以构建有效的事故预防机制，必须给企业的安全管理注入更高层次的文化内涵。

1. 突出"人本"管理理念，提升员工安全态度

当前，我国的企业管理从强调以奖金为主要手段的管理逐渐转变为以人为中心的管理，这就需要更多地了解职工的需要、动机、个性、情绪与安全健康。在管理形态上，也从监督管理渐进地向自主管理转变，要更多地注重职工热情的激发与参与，使得现代企业管理体现更丰富的文化内涵，与世界高层次企业安全管理方式接轨。

在建立现代企业制度的过程中，随着企业的股份制改制，职工的参与意识不断增强；物质生活水平的提高也使他们将更加注重生存与安全的基本需要，特别是年轻职工将更加重视自身价值的体现。这些都使企业安全文化构建变得刻不容缓。所以现代化企业安全管理必须突出"人本"管理理念，使员工树立自身的安全价值观和人生观，自觉地规范本身的安全行为，提升员工安全态度。

2. 培育安全理念，改善员工的思维方式

目前，我国企业安全管理整体上尚属于"要我安全"的现状。尽管企业做了很多努力，但总是雷声大、雨点小，仍未形成"我要安全"的局面。分析目前企业的安全事故，绝大多数是违章操作、违章指挥、习惯性违章所引起，一切事故都根源于安全思维方式。所以，解决这个顽症的有效办法就是培育安全理念，要将"零事故"理念作为企业核心的安全理念。我们要通过编发《企业安全文化手册》《公司习惯性违章事故案例集》等标准化、规范化的安全材料，通过组织员工全面学习安全警示录、安全教育专题片、安全漫画等，组织员工开展安全警示语征集、安全格言编写、安全合理化建议、安全故事会、安全现场模拟等活动，将安全理念根植于每名员工的内心深处。

二、改善安全行为与安全习惯

1. 规范安全行为，改变员工不良习惯

安全在行为，行为在习惯，习惯在养成。行为与习惯紧密相连，习惯与养成密切相关。

一个人一天的行为中，大约只有5%是属于非习惯性的，而95%的行为都是习惯性的。但习惯却有好坏之分，表现在工作中的坏习惯就是我们常说的习惯性违章。习惯性违章通常是指那些遵循不良作业传统和工作习惯，违

反安全规程，长期反复发生的作业行为。例如：进入施工现场不戴安全帽、高空作业不系安全带等。习惯性违章者往往是既知安全规程，又懂危害性，但在实际工作中由于怕麻烦、图省事等种种因素，不顾规程要求，按自己认为可行的方式办事。每次违章不一定都会发生事故，但每次事故大都是由于习惯性违章所造成的。因此，习惯性违章与事故之间便构成了密不可分的因果关系，习惯性违章行为越多，发生事故的概率就越大。要想杜绝习惯性违章，培育自觉遵章的好习惯，需要从以下几个方面着手：

（1）必须强化管理，规范员工的操作行为。从监督和控制的意义上说，"管"主要是通过规则对员工的行为进行约束。规则主要包括安全生产责任制和各种安全操作规程等，这些规章制度是企业内部法定的行为规范，为了让员工能够按照行为规范来约束自己。此外还必须出台"安全生产违章处罚规定"，建立《违章积分考核制度》，为违章人员建立违章积分档案，并将考核积分与绩效挂钩，这对遏制习惯性违章，实行操作标准化、规范化、制度化，是行之有效的好办法。

通过规章制度规范员工的行为，包括激励和约束两方面。就实际情况来看，大部分企业约束有加，激励不足。制度不仅仅是对作业行为进行监督考核，更重要的还在于规范和引导，企业要在监督和处罚的同时加强奖励，对员工的安全行为进行有效激励。

（2）立标杆，学习先进典型。在实践中，我们并不缺乏对先进典型的学习，但这种学习往往是组织干部职工听听报告，文件中号召号召，领导提提要求，干部职工是听着感动、说起来激动、过后不动，究其原因，不是干部职工不愿意学习先进，而是没有真正地去立标杆。当前安全生产形势严峻，这种形式上的学习应该坚决杜绝，各企业务必按照安全生产大检查要求，扎实开展自查，找薄弱环节、堵塞管理漏洞；结合行业特点和安全要求，有针对性地采取安全防范措施，防范各种自然或人为灾害引发的安全事故；强化预案演练，做足应急准备，随时应对各类突发情况；关注员工心理状态，始终保持良好工作状态；坚持高标准严要求，当先进立标杆，打造安全生产示范基地。

（3）优化业务（作业）流程。持续性的业务（作业）流程优化和改进是规范行为，养成良好习惯的重要途径。各企业在分析事故原因时，除了人的因素以外，也应该考虑业务（作业）流程是否科学合理。不系统和不严谨的业务（作业）流程，往往存在漏洞、沟通协调不畅等薄弱环节，成为安全生产的重大隐患。特别是那些重复性发生问题的环节，更应该研究其流程的合理性，改进薄弱环节，优化业务流程。

2. 提高员工安全素质，让员工从"我要安全"向"我会安全"转变

员工业务技术精湛，操作熟练，就能够及时发现生产设备、设施、环境中可能存在的缺陷或出现的故障并做出正确的判断然后迅速处理，将事故消灭在萌芽状态。但如果员工素质参差不齐，对新设备、新技术、新工艺掌握不熟练，都会使作业危险大增。另外，员工素质还体现在工作中的每个环节、每个动作当中，表现形式实难掌控，常有一些非危险点的环节、隐患升级成事故。低素质员工在岗是第一危险源，重视低素质员工的管理，是做好安全生产的迫切之举。要提高员工的安全技术、操作水平和事故状态下的应变处理能力，让所有员工熟知怎样才能保护安全，让员工从"我要安全"向"我会安全"转变。

三、强调团队合作和集体观念

培养一支充满活力的高绩效团队，是企业决策层的管理目标之一。加强员工的团队协作精神可从以下几点做起：

1. 把培养员工的团队协作精神与人力资源开发和管理工作相结合

小企业做事，大企业做人。要以制度、机制、流程和技术为支柱，对员工实施必要的引导、激励、约束和竞争淘汰机制。把握好员工的选拔、任用、培育、吸引和激励五个关键环节。做好人力资源规划、人员素质测评、岗位任职资格评价、绩效管理与考核、薪酬分配与激励、教育培训与职业生涯管理等六方面工作。打通员工成才通道，用物质和精神激励培养员工的团队协作精神，用榜样的力量与团队协作的机会让员工更快更好地成为富有协作精神的、充满集体战斗力的队伍。

2. 把培养员工的团队协作精神同创建和谐企业相结合

坚决贯彻落实党在历次会议提出的各项安全政策和安全精神，完善安全应急体系，让员工感受到"企业发展为了员工，企业发展依靠员工，企业发展的成果由员工共享"。政治上尊重员工，推进民主管理，提高员工对重大事项的知情权、决策权和监督权；工作上信任员工，创造拴心留人的良好环

境；生活上关心员工，积极为他们排忧解难。加强和谐企业建设，用企业发展的成果培养员工的团队协作精神，通过全体员工的个体发展，不断让团队壮大。

3. 把培养员工的团队协作精神与培养员工的表达和有效沟通能力相结合

表达与有效沟通是达成共识的重要途径。俗话说，"心往一处想，劲往一处使"，能否这样，就看"沟通"了。而"沟通"的最大障碍就是"习惯性自我防卫"，就是不坦诚。如果出现这种情况，只能表明这类员工在实质上还没有融入团队。因此，要引导员工抓住一切机会锻炼沟通能力，积极表达自己对各种事物的看法和意见，并掌握有效的沟通交流艺术，使团队的协作力量能充分发挥。

4. 把培养员工的团队协作精神与培养员工主动做事、相互负责、共担责任的习惯相结合

每一个员工都有成功的渴望，但是成功不是等来的，而是靠努力做出来的。企业员工不能被动地等待别人告诉自己应该做什么，而应该主动去了解企业和社会需要我们做什么，自己想要做什么，然后进行周密规划并全力以赴地去完成。如果没有相互协作、共担责任的意识，就会出现"部门主义""个人主义"等不良现象，将工作的关联关系割裂开来，最终必然危害团队共同目标与整体利益。

5. 把培养员工的团队协作精神与培养员工宽容、合作的品质相结合

事业是团队的事业，竞争是团队的竞争，一个人的价值只有在团队中才能得到体现。成功的关键因素之一是学会与人合作。实际上，团队中的每个人各有长处和不足，关键是成员之间以怎样的态度去看待。企业要培养员工的欣赏和鉴别能力，让员工能够在日常工作中发现对方的美，去莠存良，培养员工求同存异的素质。这需要我们在日常工作中经常关心员工，培养员工良好的与人相处的心态，并在日常工作和生活中加以运用。

6. 把培养员工的团队协作精神与培养员工全局意识、大局观念相结合

团队协作精神的基础是挥洒个性，团队协作精神的核心是协同合作，团队协作精神的最高境界是凝聚力。团队成员要互相帮助，互相照顾，互相配合，为集体的目标而共同努力。因此，在工作中有意识地培养员工的全局观念极为重要。要建设一个优秀班组，每个人就不能找借口自己有这样或那样的事情而不参与集体组织的活动。否则，企业将会像一盘散沙，优秀的集体

难以形成，自己也很难从中受益。只有以全局宏观的眼光，有顾全大局的意识，发挥个体所长，才能为达到协作统一的目标而共同努力。

总之，团队协作精神是企业对内对外展示的一种自信、能力和协作，是企业发展的命脉，唯有统一目标、团结一心、奋勇向上的团队，才能使企业立于不败之地，所以，团队协作精神才是真正的核心竞争力之所在。而培养团队协作精神是离不开每个人的努力。在安全生产过程中，同事之间要增进了解，彼此信任，加强互助合作，主动关心、保护同伴，共同促进团队安全绩效的提升。

四、提升员工安全技能

拥有一群具有高技能的职工是企业的重大财富，提升职工技能素质是保障企业安全发展的重要途径。由此可见，为了企业的安全长足发展，企业必须提高职工的安全技能。企业要以强化技能为关键点，提升整体素质，使人逐步发展成为理想的"安全人"，使人的安全行为符合生产和生活的需求，让每一位操作者认识到"安全问题人人有责，酿成灾祸害己害人"的现实。操作人员的各种安全技能主要包括以下几点：

1. 提高分析和判断技能

认识来源于实践，实践是经验和技能的积累，操作人员要在生产中不断提高安全文化素质和技术素质，增强对事物的判断技能和分析能力。因为文化和技术素质的差异必将导致基础知识积累的快慢和操作技能的高低，影响其判断的失误，轻者影响产量和质量，重则导致事故发生。

2. 提高应变和反应技能

反应能力的快慢，取决于操作者对生产工艺过程掌握的熟练程度。操作者不但要熟练掌握安全生产的规律，更要在积累操作经验、提高生产操作技能的基础上，不断去总结，探索新的安全生产变化规律。在实际操作中做到精力旺盛，思维敏捷，因为人们在日常劳动中的情感和情绪直接影响工作效率，而且会影响人们的生理变化，生产一旦发生异常，缺乏应变能力和反应技能，都会致使工作进程失控。

3. 提高预防预控的综合技能

预防预控的目的是把各类事故消灭在萌芽状态。企业可应用系统论、控制论、信息论的理论和方法，利用班组或个人丰富的实践经验，做好预测预防工作，提高综合技能。透过事故现象抓住安全本质，并进行分类、归纳、总结、处理安全生产的综合能力，把生产过程中各种状态参数的变化同产品质量、事故触发的可能性有机地联系起来，形成科学因果关系；进而对工艺偏差、事故预防提出对策，并认真付诸实施。全体操作人员遵照"安全第一、预防为主"的方针在安全和产量发生矛盾时要优先保证安全。新、扩、改建工程，要以安全为前提条件，辨识生产活动中的危害，消除或控制危险，使预防预控的综合技能不断提高。

第六节　企业安全文化建设应避免的误区

一、具体行为表现

很多时候相关部门尽管下发了许多文件，进行了各类宣传教育，签订了相关责任书，可事故还是有增无减。问题究竟在哪里？笔者认为，主要是一些部门或个人对企业安全文化建设认识或管理上存在误区，具体表现为以下行为：

1. 认识肤浅，表面化、口号化严重

一些企业认为，企业安全文化建设也就是在企业的各个部门安装上灭火器、消防栓之类的器材，却忽视对职工进行相关安全知识的教育，消防器材只能起摆设作用，企业安全文化建设没有真正落到实处。还有一些企业，从走廊、办公室到各个车间的墙壁上四处可见形形色色、措辞铿锵的标语口号。这本无可非议，但它是否能真实反映本企业的价值取向，能否把它作为文化理念贯彻到生产经营的全过程，能否在全体员工中产生共鸣，能否真正达到建设企业安全文化的作用，能否有本企业的特色，许多企业的决策者本身都说不清楚。

很多企业负责人对安全检查、安全会议很少参加或不参加；安全培训不参加；紧紧盯着企业的经营业绩指标，安全事项只停留在喊口号走形式上。

一个不重视安全生产的企业，安全文化建设自然也比较差，更何况一些负责人根本就不了解企业的安全文化是什么，怎么抓安全文化建设也是一知半解，出了安全事故以后口号喊得很响亮，事情过了以后依然如故，这种心态何谈安全文化建设！

2. 侥幸心理、安全意识淡薄

无论是基层工作人员还是机关管理人员都会或多或少地存在此种现象。在工作中，人员思想上的隐患会改变整个安全管理的方向，决定着企业的得与失，是一个不安的因素。在企业中安全工作喊得响、叫得亮、落实软、执行弱的行为比比皆是，特别是在新的安全管理模式下，一些人还不能够完全适应，无法掌握新型安全管理的真正含义，所以违章操作、违章指挥就会频频出现，成为了各类事故的直接原因。

3. 到处扮好人，缺乏原则性

安全生产和管理人员在工作中时时会受到来自各方利益、感情的困扰，如果在工作中处事无原则，到处扮演好人的角色，拉拢关系，以致不敢大胆管理，不能开展批评，处罚上放宽尺度，广施恩泽，因个人感情不能向领导如实反映情况。上述这些无原则的做法不但将使安全生产管理工作流于形式，也会断送安全生产管理人员自己的职业生涯。

4. 作风浮夸，形象工程

安全生产管理人员负有管理与监督的双重职责，一部分安全生产管理人员认为走上这个岗位是离开了现场当管理人员，工作的主要内容是整天在办公室转，满足于应付日常的事务性工作。到现场是走马观花，不认真研究规程、制度的条文与具体情况怎样贯彻落实与执行，更不去研究新技术、新工艺带来的新问题。只会空喊两句口号，讲话既无针对性又无可操作性，管理上只做表面文章，专业技术上落后于时代，成为一只浮萍。

5. 报喜不报忧，政绩观错位

各单位为了体现自己的政绩，提高自己的业绩，在出现各类事故时，很容易出现谎报、迟报、瞒报。比如，在向领导汇报工作时，专拣顺耳的话讲，讲优点多，谈缺点少；讲成绩多，讲问题少，使上级领导认为形势一片大好，掩盖了矛盾与真相。这样给企业带来的后果是，无法准确地评估本单位当前的安全生产形势和分析工作存在的不足，使企业整体安全生产的基础不够牢固，向前推动的速度将会变得缓慢。

6. 管理上缩手缩脚，欺上瞒下

主管部门对一些违反规章制度的行为或人和事，不敢碰硬、纠正和大胆管理，而是搞平衡，甚至和稀泥，在某些具体工作上，采取欺上瞒下、弄虚作假的手段，使"三违"现象愈演愈烈，乃至发生事故。

安全工作是一门综合性、科学性、实干性很强的技术工作，要把安全生产落到实处，不是发几个文件、开几次会、凑几个数字就能解决问题的，而必须下大力气真抓实干，应坚决杜绝口号多、实事少，喊得多、干得少，想法多、落实少的务虚行为。

7. 非专业人士掌管安全

安全管理是严肃的科学，是专业技能和管理才能相互融合的产物，需不断学习、提高、出新，这样言行举止才能敲在点子上，才会有人听并去执行，指挥才不致失灵，安全管理不能纸上谈兵，要真正做到懂工艺、懂设备、知环境、了解人。只有做到知己知彼，方能掌握安全管理的主动权。

8. 忌"种别人的田，荒安全的地"

安全管理工作横到边、纵到底、错综复杂。怎样去抓去管都不为过，在自己的范围内有干不完的事，工作中也必须紧紧围绕安全二字做文章。那种所谓为提高安全知名度，干与安全无关的事，其结果是别人的田绿了，安全的地荒了。殊不知有为才有威，有为才有位。

9. 不检查不整改

安全管理是一项长期而艰巨的工作，不能有一时一刻的松懈，这就要求管理部门常检查、抓落实、促整改。因为有预防才有措施，不检查就不知道隐患在那儿，也谈不上整改，而光检查不整改，等于没有检查。最后只是走过场，搞形式，而隐患时刻跟随着安全事故的发生。

10. 安全检查表面化、无深度

安全检查形式化，参检人员走马观花，将检查作为任务而非将排查隐患作为根本的任务，并且检查出来的问题趋于表面化，并不是以本质安全为原则，以"四预"的方式去排查、预测各类安全隐患。没有将排查隐患真正转变为预防隐患。

11. 隐患整改不及时，监管不到位

在较大的安全隐患上，各单位都能够严格对待，认真落实整改，但在一些细小问题上还存在"等、拖、靠"现象，不够重视。在多家单位交叉作业时，责任不够明确，还容易出现真空管理。在明知存在的问题还不加以解决、加强安全监督管理，这就会很容易出现小隐患酿成大事故的情况。

12. "捡芝麻丢西瓜"

安全管理必须抓重点、抓大事，抓与职工切身利益相关的事，抓易造成事故的事，切记不可乱抓一气，"头痛医头，脚痛医脚"，"眉毛胡子一把抓"，结果什么也没抓好，小事故不断，大事故出现。

13. 不切实际

上级下达的政策规定，各单位在执行过程中必须结合本单位实际，制定出切实可行的细则，有的放矢，才能贯彻好，落实对，出成效，而不能脱离实际，脑子一热，突发奇想，弄一个很不成熟的点子，急匆匆地去搞，结果耗费了大量精力，却是有始无终瞎忙乎。

14. 安全管理人员违章

安全管理人员有意无意地违章，是最不可小视的事，因为它造成的影响非常恶劣，危害也大。职工看到管安全的违章，你再去管职工时，职工就会产生逆反心理。俗话说："打铁必须自身硬"。自己都做不到，又怎能理直气壮地要求他人。一旦这种事实形成，就很难挽回影响，最后放松管理，给安全生产埋下了无形的隐患。

15. 摆"官架"

安全生产管理人员到生产作业现场，下层干部、一线工人尊称为领导，但安全生产管理人员以领导自居，摆"官架"是工作的大敌和大忌。要经常提醒自己，诚心诚意为同事服务，消除等级观念，深入作业现场调查研究，虚心听取各方面意见，集中集体的智慧，为企业解决可能遇到的问题。切忌空发议论，做原则指示。

16. 重生产、略安全

这种行为越是在重要的生产作业、抢修施工中，越容易出现。虽然在作业前和作业中，都已经明确了安全目标，强调了安全生产的重要性，但部分员工甚至管理者仍会在困难作业情况下或为了提高工作速率而碰运气、铤而走险，省略必要的安全行为，在安全管理上走捷径。这不仅在生产作业中留下了安全隐患，更在员工的思想上留下了安全隐患。在这种状况下，事故发生率极高，安全生产与安全事故仅有一张纸厚度的距离，并且事故一旦发生将会成为血的代价。

17. "一揽子"方法

"一揽子"方法是安全生产人员的"克星",安全生产管理人员走出这一误区的关键,一是要改变工作方法、抓关键路线,对关键人员进行分层监督。尤其要改变安全生产管理人员到现场就是抓不戴安全帽、不穿工作服这种浅层次问题。作为安全生产管理人员要时刻把握每个部门、每个现场不同时期、不同阶段影响安全生产的关键问题,监督关键人员的职责落实情况,协助各部门把握安全生产,及时向领导反馈信息。二是要监督企业安全生产第一责任者给其安全员合理授权、放权,既是安全第一责任者落实各级安全责任的检验尺度,也是各部门安全员开展工作的必要条件。

二、应对措施

针对现状采取以下措施,标本兼治,建立基层安全监管的长效机制。

1. 建立阶段性的安全管理目标,狠抓各项政策措施的落实

安全工作在不同阶段、不同时期有特定的要求和目标,所以要根据各个不同时期的安全工作特点,设立特定的安全生产目标而且要依据之前的经验教训不断进行创新。通过新颖、有效的形式,分阶段来推动安全工作的开展。这样不仅有利于及时总结前一段安全工作的成绩和不足,而且有利于消除安全管理长期不变状态带来的思想上的停滞。落实政策措施时,由机关领导亲自深入基层,掌握落实情况进行安全督导,确保每一阶段的安全工作都能够按计划、有步骤地实施。施工作业前的安全措施贯彻应改变以往的宣读贯彻签字方法,变成首先由施工作业人员针对施工作业提出安全注意事项,之后由技术人员进行补充,全体人员签字的方法。此方式的好处在于可以进一步加深员工的安全防范意识,避免形式主义的发生。

2. 提高管理人员长远的安全管理意识

安全管理是一项长期性的工作,作为安全管理者必须要有忧患意识和超前意识,克服眼前的轻松舒适的诱惑。无论在什么样的条件下,都要始终坚持"不脱节、不变形、不打折扣"的安全执行力,树立长久抓安全的意识,彻底改变"安全形势好时松口气,安全形势差时憋股劲"的被动管理模式。企业应该针对安监人员、检查人员、安全管理人员的自身素质强化各层级、各等级的安全培训教育,如请企业内部有经验的师傅讲解经验教训,参观学

习其他企事业单位的安全管理模式等。

3. 落实企业各项规章制度，力求创新安全思想教育

在安全生产思想教育上，要分层教育，各有侧重，不断创新。管理人员是促进安全生产的关键群体，教育的重点是不断增强这一群体人员一丝不苟抓安全生产措施落实的自觉性，锻炼他们统筹全局、超前思考、换位思考的能力，增强他们深入基层、深入现场的作风建设，教育的目的是使这部分人员充分认识到在安全生产过程中他们所起的承上启下的关键作用，教育的方式是令行禁止，决不允许存在丝毫的犹豫和姑息。落脚点是杜绝违章指挥。把普通员工作为实现安全生产的重点群体，突出自我安保与互助安保教育。落脚点是杜绝违章操作和蛮干。同时，加强企业全体员工对各项规章制度，特别是处罚标准的掌握，可通过考试来加深印象。这样做的好处是避免员工因不清楚各项规章制度而导致的违规违纪行为。清楚违章后的处罚，可进一步加强员工的自我约束力。

4. 强化安全监督管理队伍，提高安全检查质量

企业整体的安全框架是由各级安全监督管理人员所组成。强化此类人员的自身素质和业务知识水平，使之懂政策、法律，知规程、规范，熟悉相关行业安全技术知识，才能使其提高管理的自信心和准确性，为企业安全生产打下牢固的基础。而安全检查又是一项综合性的安全管理措施，通过检查，可以提高认识，了解情况，发现问题，排除隐患，增强措施，强化管理。提高检查质量要做到四点：一是明确检查目的、检查任务，达到什么样的效果，检查人员要做到心中有数。二是突出重点，一般情况下，安全检查的时间和过程都比较短，如果泛泛地察，势必走马观花，以至漏检或误检。因此，安全检查应当点面结合，重点突出。广义的重点应该是人的行为、物的状态和安全管理的"软件""硬件"等基础方面。例如，水暖厂安全检查的重点应该是水质安全、施工安全、供暖运行安全、供电安全及制度建设、责任落实的基础管理等方面。三是讲究方法，关于检查方法检查人员要灵活有效地进行，在检查形式上可以定期或不定期检查；专项或全面检查；通告或突击检查；白天或黑夜检查等。在检查手段上，可以采取"四预"的方式。总的要求是安全检查要克服形式主义，要对检查中发现的问题和隐患做出客观实际的判定，对其危害程度和可能造成的灾害及后果进行预测。四是通报情况，把事故隐患视为明火消灭在萌芽状态，安全检查起着不可低估的作用。

5. 加大安全宣传力度，营造浓厚的安全氛围

充分利用各种宣传媒介，积极倡导和树立"以人为本"的安全价值理念，营造"关爱生命、关注安全"的舆论氛围。一是要利用网站、报刊、横幅、标语等媒介，广泛宣传"安全发展"的科学发展观，从关系员工切实利益的现实问题入手，抓好"安全生产"这一共同关注的热点和难点。二是通过开展周二安全活动，由各级领导深入基层参加安全活动，将安全文化带入基层，大力宣传安全生产方针和本单位的安全生产形势、发展方向，以提高全员的安全意识和安全法治观念，使全厂人员更加重视和支持安全生产工作。三是建立"党、政、工、青"齐抓共管的监督机制，通过各个群体大力宣传安全生产的好经验、好典型，揭露安全生产领域的各种非法、违法行为，建立隐患举报奖励制度，鼓励广大职工举报重大安全隐患和事故。维护职工群众安全生产的参与权、知情权和监督权，形成企业上下共同参与、共建安全的安全文化氛围。

6. 深化改革、提高转变

安全管理者要主动、积极地搞好安全管理，变"事后追查"为"事前预防"，使广大员工树立起"要我安全"向"我要安全"的本质转变。各级安全管理者要坚决做到思想到位、制度措施到位、深入现场与深入实际到位、检查考核与奖惩到位。同时企业应不断深化内部改革、改制同步，努力确保安全工作适应企业改制形势下所面临的新问题、新情况，探索安全管理的新方法、新途径、新机制。

7. 要夯实班组基础，切实抓好自保、互保和联保

班组是安全管理的细胞组织，其成员是安全规程措施的直接执行者，班组安全程度直接影响到企业的安全。班组成员如同"木板"，客观上存在差异，不仅表现在业务技能的参差不齐，还表现在性格、态度、爱好、人际关系等生理和心理的各个方面。提高班组的"蓄水能力"即安全能力，就要发挥团体作用，严格现场生产组织，工作前明确职责，落实责任；工作中相互提醒，互相照应；工作后细心检查，消除隐患；实现整体效能的 1 + 1 > 2。同时，加强班组长的安全培训工作，充分发挥班组长取长补短的作用，引导带动班组成员在工作中自我控制，相互督促的积极性，使我们安全的"容量"不断增长，使"取长"的方案真正起到"补短"的作用。

安全工作是各企业的头等大事，安全工作必须警钟长鸣，常抓不懈。要

把安全工作纳入企业的日常管理中，不要把安全工作"说起来重要，做起来次要，忙起来不要"，真正把"管安全"上升为"要安全"，使安全工作成为一种自觉的行动，才能从根本上杜绝事故发生，切实提高企业的经济效益。

8. 重视安全承诺和安全激励

安全承诺也能反映出高层管理者始终积极地向更高的安全目标前进的态度，以及有效激发全体员工持续改善安全的能力。只有高层管理者做出安全承诺，才会提供足够的资源并支持安全活动的开展和实施。从安全与效益相辅相成的角度来说，虽然安全工作没有业务工作那么效益明显，但是安全工作至少是基础、是保障、是民生。企业在审查和评估自身安全绩效时，除使用事故发生率等消极指标外，还应使用旨在对安全绩效给予直接认可的积极指标。员工应该受到鼓励，在任何时间和地点，挑战所遇到的潜在不安全实践，并识别所存在的安全缺陷。建立将安全绩效与工作业绩相结合的奖励制度，重点在奖，要以奖为主，以罚为辅助手段，强调大家的主人翁精神，让员工主动转变，从内心深处转变。

第六章

企业安全文化的传播与保障

党和国家始终把安全生产当成重要工作，自党的十八大以来，习近平总书记在治国理政的内容中多次强调安全生产的重要性，并提出了一系列安全生产工作的新思想、新观点、新思路。

"十四五"规划时期是我国在全面建成小康社会、实现第一个百年奋斗目标之后，乘势而上开启全面建设社会主义现代化国家新征程、向第二个百年奋斗目标进军的第一个五年。党中央、国务院对安全生产的重视提升到一个新的高度，要求坚持人民至上、生命至上，统筹好发展和安全两件大事，把新发展理念贯穿国家发展全过程和各领域，构建新发展格局，实现更高质量、更有效率、更加公平、更可持续、更为安全的发展，为做好新时期安全生产工作指明了方向。2022年4月，国务院印发《"十四五"国家安全生产规划》，对"十四五"时期安全生产工作作出全面部署。

党和国家长期持续关注安全生产是有其重大意义的，就经济层面来讲，安全生产是企业行业稳定发展的保障，就社会层面来讲，安全涉及千家万户的福祉。作为安全管理单元的企业，必须响应国家号召，将安全生产摆在突出位置，重点谋划，找到安全工作的关键点，抓出实效。在企业建设安全文化过程中，安全文化的落地离不开文化各要素的传播与沟通，这是安全文化建设的最后一公里，务必提升高度、加大力度，使安全文化理念深入人心，使安全行为得到最大程度的落实。从科学的角度讲，安全文化的传播，涉及社会学、传播学、心理学等，企业要认真研究安全文化传播的特点与规律，结合企业实际，建立起具备自身特色的、具有实用效果的安全文化传播体系，运用科学合理的传播评估手段评价传播效果，形成企业内安全文化建设与运行的管理闭环。

第一节　企业安全文化传播概述

一、企业安全文化传播背景

近年来，尽管党和国家高度重视安全生产问题，但每年的安全事故仍然频频发生。2021 年 7 月 15 日，广东珠海市石景山施工隧道发生透水事故，事故中共有 14 名施工人员遇难。导致事故发生的原因为工地安全风险意识淡薄、工程监理流于形式、安全检查力度不够。这是一起典型的施工事故，事故原因与近年来发生的安全事故千篇一律，安全意识淡薄几乎成为所有事故的共有特点。据 2021 年国内各省及直辖市国民经济和社会发展统计公报和各地应急管理厅官网统计数据，我国工矿商贸企业就业人员 10 万人生产安全事故死亡人数 1.374 人，比上年上升 5.6%；煤矿百万吨死亡人数 0.045 人，下降 23.7%；道路交通事故万车死亡人数 1.57 人，下降 5.4%。由此可见，生产安全事故由传统意义上的高危行业转向其他行业，安全意识不强、责任落实不力、安全强调不到位的现象依然大量存在。

上述事实表明，无论是否传统高危行业，目前都面临着一项共同的任务，那就是安全意识的加强。所以，我们应当充分地认识到，在安全文化建设过程中，塑造安全理念、制定安全管理规范、制度固然重要，但关键、更困难的工作在于安全文化的传播与落实，安全理念塑造、安全制度建设是重点，安全文化传播是难点。

二、企业安全文化传播现状

改革开放以来，我国社会与经济高速发展，进入 21 世纪后，为应对我国各行业、各领域在生产方面日益增加的安全事故，减少生产中的伤亡及财产损失，国家层面、行业层面、企业层面均探索出各具特色的安全文化传播途径。国内安全宣传的阵地包括大型网站、媒体栏目、行业报纸、杂志期刊、宣传普及活动等多种形式。

2001年2月，我国设立国家安全生产监督管理局，负责起草安全生产方面的综合性法律草案和行政法规，拟定安全政策及工矿商贸企业安全生产规章、规程和安全技术标准。为加强安全宣传普及工作，国家安全生产监督管理局官网设置有科普专栏，提供各类应急指南信息，并开设"生活安全""自然灾害""安全生产"板块，对生活中的出行安全、家居安全、各季节常见安全问题，对自然灾害中的避险、案例，都有展示，对企业安全生产中的注意事项定期进行内容更新。

由中华人民共和国应急管理部主办的中国应急信息网（emerinfo. cn），是我国最权威的、级别最高的应急信息网站，也是级别最高的安全信息披露平台，网站设有"应急响应平台""直击救援现场""风险预警""灾难警示""应急装备""国际灾情""科普馆""互动交流"等模块，另加左侧的"即时播报"，滚动展示近期发生的各类安全事故。值得关注的是，网站"科普馆""互动交流"模块既向公众披露了各类灾情及救援、处理，又动态地向我们传播了较多的安全理念及事故应对方法，通俗易懂，实用性强。"科普馆"模块设有"生活安全""自然灾害""事故灾难""青少年频道"等栏目，向公众普及灾害及安全知识；"互动留言"模块又含有"线上活动""直播访谈""调查征集""政策查询""留言咨询""谣言回应"等栏目，对安全常识、理念的传播、交流进行了全方位覆盖。中华人民共和国应急管理部主管的中国安全生产网（aqsc. cn）由中国安全生产报社主办，也是国内较为权威、级别较高的安全信息、宣传平台，平台内容涉及"产业""企业""文化"等13个模块。在"企业"模块，设有"管理经验""教育培训""安全职场"等栏目，介绍、展示企业在安全生产方面的做法、经验，在安全教育培训方面的方式与效果，在企业内各岗位发生的安全生产的事件、故事、员工心得等。在"文化"模块，有"原创作品""安全常识"栏目，"原创作品"抒发了对人生、生活的热爱之情，歌颂了世界的美好，热爱生活的人必然规避危险，这是深层次的安全教育。"安全常识"则通过近期实际发生的事故普及安全常识，寓教于事例。在此网站的"新媒体"模块，还展示了安全网站、报纸的手机客户端下载方式，页面则对国内各地的安全公众号影响力进行实时排名。中国应急－中国网（china. com. cn）是由应急管理部与中国互联网新闻中心合作共建的网站，网站设有"应急要闻""救援力量""应急科普""防灾减灾""灾害事故""应急风采""森林消防""安全生产"等模块，"安全生产"模块动态展示各地企业在安全生产方面的做法与经验。

中国安全生产协会（china - safety. org. cn），是面向全国安全生产领域，由各相关企业、事业单位、社会团体、科研机构、大专院校以及专家、学者自愿组成的，并依法经民政部批准登记成立的全国性、非营利性的社会团体法人。排在协会工作职责第一位的就是"宣传"，安全宣传的价值由此可见一斑，协会下设教育培训工作委员会，负责安全教育培训事宜。安全管理网（safehoo. com）是一家以宣传安全生产为主的大型垂直门户网站，网站共有各类数据数万条，内容包括安全管理、安全技术、事故案例、法律标准等。同时开通安全管理论坛，安全人社区等互动频道。

除了大型网站，国内安全宣传的阵地还包括电视栏目（如央视设有专门的安全教育栏目）、报纸（《中国安全生产报》《中国应急管理报》《中国安全生产报》等）、期刊杂志（《安全》《中国安全生产》）等平台，在国内安全宣传领域、研究领域发挥了极大的作用。另外，国内每年组织大量的安全教育、培训活动，围绕安全生产、安全技能提升、注册安全工程师考试、安全法律法规学习、安全风险管控、安全生产应急、安全零距离体验、新闻发布会、安全行等内容，运用多种形式宣传安全理念，弘扬安全文化。

安全文化的传播首先是理念的传播，而理念的传播需要借助一定的载体，以上网站及各类媒体为安全文化宣传提供了物质基础及设施保障，是我国安全宣传的最强堡垒，对企业进行安全文化建设与宣传做出了最高的表率。

对企业的安全文化传播而言，国家层面、行业层面的安全文化宣传不仅形成了强有力的外部环境，而且提供了较好的传播启示。企业可以承借这种大环境之势，有针对性地搞好内部文化传播，同时将全国范围内、行业范围内已经在广泛使用的传播手段借鉴到企业内部同步使用，将安全文化内容与宣传形式较好地融合在一起，增强安全传播的效果。

三、企业安全文化传播的概念和特征

1. 企业安全文化传播概念

安全文化传播是指安全文化建设主体借助各类传播载体、通过各种传播途径将安全文化内容传达给目标受众，使其了解、认同、接受，并能够践行安全文化，遵守安全政策、制度、规范的过程。企业安全文化传播是微观的安全文化传播范畴，是指在企业安全文化建设的基础上，通过各类内部信息传递载体及途径，使员工知悉、认同企业安全文化的理念、相应的政策、规范、制度，并通过企业各项职能手段保障企业安全文化落地实施的整个过程。

从企业安全文化建设的流程来看，安全文化的传播是安全文化建设的一个环节，企业安全理念的提炼，安全制度、行为规范的制定，并不意味着安全文化会自动落地，事实上，让企业全员认同安全文化理念、接收并践行安全政策、制度、规范是具有挑战性的。企业安全文化传播的任务就是要探讨如何进行安全文化的传播以及如何保证传播的效果。

2. 企业安全文化传播特征

和国家、社会层面的安全传播行为相比，企业安全文化传播具有以下特征：

（1）行业性。面向企业的安全文化往往具备行业特点，各行业的企业安全文化具有明显的共性，传播手段、过程也有一定的相似性。

（2）针对性。企业安全文化传播的针对性表现在两方面，第一是要结合国家层面的安全文化传播状况、依据国家相关法律法规组织企业安全文化传播；第二是要针对本企业的实际情况制定传播内容、确定传播方式。

（3）时效性。安全文化传播要及时，将国家最新的安全政策、法律法规进行内外部传播，同时，企业内部的安全管理规定也需要进行及时告知，尤其是在容易产生事故的作业方面。

（4）持续性。安全文化的传播是一项长期的工作，永远保持张力，稍有松懈，员工的安全思想就可能会放松。

（5）专业性。安全文化的专业性表现在：第一，不同行业、企业的安全有不同内容，施工类企业的安全与煤矿企业的安全在内容、知识、防范方式上有较大不同，文化传播时体现出各自的专业性；第二，安全传播本身具有一定的专业性，需要结合传播学、社会学、心理学、行为学等领域的知识科学地设计传播手段及方法，这要求负责文化传播的职能人员也要具备一定的专业性。

（6）多样性。企业安全文化的沟通对象包括内部人员和外部人员（如公共交通企业的安全文化传播），沟通对象的认知背景各不相同，为保证文化传播的有效性，宜采取有针对性的传播方式、沟通方式。

（7）战略性。安全文化的传播不是一时之事，不在朝夕之间，它不是为了短期目标而存在，而是会伴随在企业的整个发展过程中，事关企业大局。所以，安全文化的传播应当是战略规划中的一项重要内容。

四、企业安全文化传播的重要意义

企业安全文化是结合内外部环境、依据安全目标所构建的一整套理念、制度及行为规范，旨在企业内外部形成一种有利于安全生产行为习惯，营造稳定发展的布局。从小处讲，企业安全文化的传播对于安全理念的普及、认知，对于企业员工形成良好的工作习惯、作业习惯有着直接的指导意义，从大处讲，对于企业内外部人员形成自觉的安全意识，构建整个社会的安全文化氛围也有着积极的推动作用。企业安全文化传播的意义主要有以下几点：

1. 传播安全理念，提升社会大众的安全意识

首先，整个社会的安全意识、安全习惯是由众多的社会单位的安全文化构成的。企业是构成社会的基本单位，企业安全文化的传播是社会安全文化养成的重要内容。其次，企业安全文化的传播，能够有效弥补社会安全教育的空白，比如，天然气公司的居民用气安全教育普及活动要比政府层面的生活安全警示更具体、更专业，对一些疑难使用问题更能进行权威的解答，也更能有效地帮助居民提升安全意识；最后，企业安全文化的传播是社会大众安全意识提升的重要保证，安全意识不是笼统的，而是与生活、生产的各个领域相关联的，民众的安全意识高低很大程度上取决于安全文化的宣传与传播，比如公共交通类企业每年进行大量的各种形式的出行安全宣传，相对于交通职能部门的行政手段而言，这对于提升全民交通安全素质也有很好的效果。

2. 形成舆论监督，改善安全文化传播效果

企业安全文化建设的效果，会受到企业原有安全文化氛围、员工成熟度、企业管理风格、企业制度、企业的业务内容、工作性质等多种因素影响，但与此同时，舆论的影响也是不能忽视的，安全政策、制度、行为规范总会有疏漏之处，在这种情况下，安全舆论的作用就体现出来了，它如影随形，无处不在，深刻地影响着、约束着、塑造着人的行为，它不是法律法规，它不依赖红头文件，但人人受其影响。值得注意的是，舆论既可以起到正向的作

用，引导员工养成好的安全习惯，同时也有可能产生负面的作用，助长一些不利于安全文化建设的思想。所以，安全文化传播过程中一定要关注舆论的走向，一旦舆论产生偏差，就应及时采取手段进行纠偏，争取让舆论为安全文化传播服务。

3. 营造文化氛围，助力安全行为塑造

18世纪，孟德斯鸠等人提出"地理环境决定论"，认为地理环境决定了一个人的行为，这种理论有其机械性，但仍然存在合理性，即环境对人的行为确实能产生较大影响。这种理论后来渗透到教育领域，强调教育与文化环境对人的心理的重要影响。在企业的安全文化建设中，我们要重视环境的教育作用，这不仅仅指物理环境的作用，更重要的是人文环境，即氛围。周围的人的行为、言论、习惯，无时无刻不在影响着员工的心理和行为，影响着他的处事方式，甚至一定程度上决定着他的态度，形成他的价值观。每个人在一定程度上都在本能地接收着环境对他的影响，并将这种影响一点一点化为己有，形成自身行为模式的一部分，而他对这种影响可能并无察觉。作为企业安全文化建设主体，企业应当在安全文化传播中注重氛围的营造，使员工处在一种时时能影响他向企业需要的方向转变的可能之中，使文化的传播完成于无形之中。

4. 建立有效沟通，共同实现安全文化建设

传播是沟通的一种形式，安全文化传播是文化建设主体与客体就安全内容展开沟通的过程，在此过程中，主体、客体各有自己的语言体系、沟通工具，主体会通过政策、制度、规范、会议、活动等渠道向客体传递信息、表达意图，客体通过反馈、建议、意见等形式向主体传递信息、表达情感，甚至通过抵触、反对、罢工表达自己的观点。主体与客体双向沟通的最终效果是达成一种对安全文化执行的动态平衡。为了保证企业安全文化传播的有效性，在沟通过程中，企业往往构建起各类沟通渠道，与员工就安全问题展开充分的信息传递、意见互动。因此，安全文化的传播过程加强了企业管理者和被管理者的交流与沟通，有助于在企业内部形成通畅的信息通道，这不仅对安全文化塑造，而且对于企业内部的各项管理都是有促进作用的。

5. 从个人层面来看，安全文化的传播能增强个人安全意识、自控能力，加强个人修养

人处于社会当中，必然受到各类约束，能不能以辩证的观点对待所受到

的约束表明了这个人的基本觉悟。员工自走出校门踏上工作岗位之后，接受到的教育主要是来自企业的培训、培养及管理，受到的约束也主要是来自企业的规章制度，但不能不承认，这也是一种教育。优秀的企业总能培养出优秀的员工。所以，我们可以把安全文化传播看成是对员工的一种教育，这种教育的成效不仅体现在工作中，更体现在他自己的生活中，在这个意义上讲，安全文化的传播是可以增强员工个人修养的。

第二节　企业安全文化传播体系构建

企业安全文化传播是一个全方位、多层次的过程，需要企业在宏观设计下才能完成，企业安全文化传播体系包含传播要素、传播原则、传播途径等要素。

一、企业安全文化传播要素

企业安全文化传播要素包括传播内容、传播主体等内容。

1. 企业安全文化传播内容

企业安全文化传播是使接收对象知悉安全文化相关内容，并使其理解并认同的过程。传播内容因企业性质、所属行业的不同而有较大差异，往往包含以下内容：

（1）企业安全文化理念内容。这是安全文化建设的核心内容，也是企业安全文化传播的重点，安全理念提炼后，需要反复向组织成员传播，确保企业全员都对理念内容尽数知悉、理解，传播过程中宜采用符合员工身心特点的各种形式，使他们真正体会本企业安全愿景、使命、价值观、哲学的内涵，这是安全理念能否产生作用的关键。

（2）企业安全知识内容。企业安全知识是指与本企业工作内容相关的安全领域的理论、经验、常识、术语等，有企业自身特色，其表达有一定的语境，企业内部员工可轻松理解其含义。企业安全知识体系的制定及培训，使得企业安全管理的沟通效率更高，效果更佳。诸如，"安全三宝"（安全帽、安全带、安全网)、"一通三防"(通风、防瓦斯、防火、防尘)、安全管理的"三负责"(向上级负责、向从业人员负责、向自己负责)等,这些术语,表达清晰、简洁易懂,降低了安全沟通难度。

(3)企业安全制度内容。企业安全制度体系的传达是安全文化传播的主要内容,企业要在相当长的时间内将制度进行解读、培训,首先确保企业全员对制度的理解没有偏差,避免制度执行中的失误,其次,保证制度的警示性、权威性,用好"火炉原则",使安全制度成为全员心中的"红线",永远不去触碰。安全制度既包括企业层面的制度(如企业总的安全管理规定、各部门主要负责人安全生产责任制、安全生产目标考核制度、安全生产会议制度等)、岗位班组制度(如车间人员安全规定、岗位操作规范、岗位安全要求、岗位交接班制度、车间安全监控日报制度等)、作业层面的制度(如脚手架安全管理规定、高空作业安全规定等)等。

(4)企业安全行为内容。这部分内容是企业安全制度内容的延伸,主要是指安全行为规范。安全行为规范是最具体的一类安全制度,在安全文化传播过程中,一般可以将员工按照作业内容、岗位进行分类,将他们应当遵守的行为制度印制成体积较小、易于携带的小册子,称为"××岗位行为规范"。这样的小册子可以随身携带,需要时方便查询,所以在安全文化传播中能够起到较大作用。

(5)器材设备安全内容。多数企业的安全是涉及一些工具、设备的,事故致因理论认为安全事故的原因有人的因素,也有设备的因素。在安全文化传播中,工具、设备、系统的安全也是需要重点关注的。如:起重机的操作安全、电梯安全、水锅炉安全、压力容器安全、叉车作业安全、矿山钻机操作安全等。

除以上安全传播内容外,一些公共服务企业还要向公众进行安全文化传播,如车站、地铁等企业,需要不间断向乘客宣传出行安全的内容。所有这些内容都需要进行形式及内容加工后进行传播,以保证传播的效果。

2. 企业安全文化传播主体

根据传播理论,传播主体即对信息实施传播的个人或组织。企业安全文化传播的主体即传播企业安全文化的个人或组织。

在企业内部来看,企业安全文化由专门岗位依据内外部环境提炼产生,并由企业官方发布、公示,所以企业官方是安全文化的传播者;安全文化在企业内部传播过程中，企业各级管理者有责任强调、解读、实施安全文化相关内容，并进行落实，助力文化传播，所以，企业各级管理人员也是安全文化传播者；企业员工收到安全文化内容信息后，又会在工作交流、生活交往中对安全文化内容进行传递，因此，员工也是安全文化的传播者；另外，为了提高安全文化传播速度、提升传播质量，企业还会安排专门的培训师对安全文化进行讲解、分析，所以，培训师也是安全文化的传播者。

　　传播安全文化的主体不仅存在于企业的内部，在企业外部也有一些传播企业文化的人或组织。政府会站在更高层面上倡导安全生产理念、安全意识；行业协会发挥着规范本行业企业经营、生产行为的职能；媒体也担负着传播正能量、传播安全理念的责任；社会公众在有意识或无意识地传播着安全的信息或安全文化内容。政府、行业协会、媒体、公众也构成了企业安全文化传播主体。

　　（1）各级政府。各级政府担负着保持经济与社会稳定发展、人民安居乐业的责任，会在针对各领域的安全问题制定安全法律法规，制定各类安全规范，并对安全理念进行大力倡导，力求在全社会形成一种安全氛围。每当有重大事故发生，政府的重大决定、处理手段、重要指示都在向社会传达安全理念，警示企业与民众。

　　（2）媒体。各类媒体是信息发布、传递的重要力量，对于社会风气、民众理念的引导作用极大。媒体应当响应政府号召，借助自身的信息传播优势，在安全理念的传播方面做出贡献。每有重大事故发生，媒体除了第一时间向社会披露事故信息外，有责任借机、借势向全社会强调、宣传安全的重要性以及科学的安全理念，必要时制作各类安全宣传作品，在全社会营造安全氛围。

　　（3）企业管理者。企业的管理者（包括决策层）较多地参与了本企业的安全文化内容构建，与员工相比，对文化内容的理解也更透彻，他们是企业内部安全文化的重要传播者。企业管理者在管理过程中要善于通过正式沟通渠道对安全文化进行传播，使安全文化影响到企业的每一角落，不留死角；还要在工作中以身作则、率先垂范，在安全生产、安全管理中为下属、员工做出表率；同时要对违反安全规定的个人、部门、班组做出严肃处理，维护企业的安全生产大局。

　　（4）员工。企业安全文化的落地过程中，需要员工接收、认同并践行文化内容，所以，将企业安全文化向员工传播是安全文化建设的重要一环。员工接收到安全文化信息后，会以各种形式通过企业的正式及非正式沟通渠道表达对安全文化的观点、态度，并体现在工作、作业行为中，这种表达、行为本身又向周围的人员进行了安全文化的传递，这使得员工既是安全文化传播的客体，又是安全文化的传播的主体，员工既是安全文化传播的对象，又是安全文化传播的中介，可以说，员工的这种多重角色，使得他们在安全文化传播中发挥着极其重要的作用，一个企业的安全氛围的好坏，很大程度上取决于员工在安全文化传播中所起到的正向作用。因此，企业在安全文化传播阶段，需要特别关注员工群体的言行，要多关注他们的感受、态度，了解他们的需求及对安全文化内容的建议，对他们进行引导，确保员工能够积极接纳安全文化，传播正向理念，维护舆论健康。

（5）培训教育人员。培训教育人员在企业在安全文化宣传中属于布道者的角色，专门负责传递、解读、示范安全文化内容及精神，培训教育人员一般由企业内部的专门讲师、管理人员、安全专员构成，通过培训教育人员传播安全文化属于正式传播渠道。传播理论认为，信息传播的效果部分地取决于信息主体的权威性、可信性，企业需要对培训教育人员进行严格选拔，使上岗的培训教育人员既有业务、技术方面的权威性，又有管理、沟通上方面的亲和力，以保证文化传播的效果。

（6）行业协会。行业协会是政府职能部门审批、民间成立的行业管理机构，是政府与企业沟通的桥梁，行业协会在企业安全文化建设中能够发挥积极作用，许多特殊行业的企业安全生产政策就是行业协会起草的。行业协会的重要职能之一就是倡导、监督本行业企业的规范运营，所以，行业协会在企业安全文化传播中能够发挥组织、领导、监督、指导的作用。

（7）民众。民众作为构成社会的最小单位，在企业安全文化传播中扮演的角色如下：第一，信息传递者，与企业员工类似，民众也兼有信息传播客体与主体的双重角色，既接受安全信息，又向外传递信息；第二，舆论监督者，对于一些安全事件，民众是形成舆论监督的强大力量；第三，文化维护者，民众有时本人就是企业员工或者家属就在企业工作，企业安全生产也与他们的幸福息息相关，所以企业安全文化的成功传播也离不开他们的力量。

二、企业安全文化传播原则

1. 企业文化传播原则

企业文化的影响对象是企业全员，需要持续不断地传播，传播过程应遵循以下原则：

（1）稳定性原则。企业文化的传播更多的是文化理念的传播，企业文化提倡的理念应当具有一定的稳定性，确定之后，相当长的时期内保持不变。不变的理念才能给组织成员带来持久的精神动力，频繁改变的理念会让人无所适从，最终忽略。

（2）与企业实际相结合原则。不同企业的文化必然有较大差异，其传播过程的有效性也与各企业发展状况息息相关。企业文化的传播必须符合企业长远发展规划，有利于企业使命、愿景、价值观的落实与变现，同时在文化传播过程中还应注意对原有文化的处理方式（革除还是保留，批判还是融合）以及员工成熟度，以保证企业向新的文化的顺利过渡。

（3）实效性原则。纵观企业管理理论的发展历史，从俱乐部式管理到科学管理再到制度管理、文化管理，其主线就是提升管理质量，使管理更加有效。企业文化建设的根本目的也是提升管理水平，因此，企业文化传播应当注重实效，将文化传播质量、落地质量作为文化传播的衡量标准。

2. 企业安全文化传播原则

企业安全文化是企业文化的组成部分，依据上述企业文化传播原则，企业安全文化的传播需要遵循以下原则：

（1）以人为本原则。企业安全文化最终目的是影响人、教育人、改变人，尽管安全文化内容中不可避免地会有一些对人的行为做出限制甚至强制的成分，但总体来讲是对人精神层面的改造，因此安全文化的传播必须以人为本，充分关注人的身心特点、尊严，唤醒员工自我改造的积极性，这样产生的安全观、安全行为才是持久的。

（2）时效性原则。与其他类别的文化相比，安全文化的传播有其特殊性，它的传播效果受到时间的影响更加显著。第一，根据先入为主的心理规律，安全理念越早建立效果越好，这样更容易抵制一些不良理念的侵蚀；第二，每当有事故发生，安全信息必须及时发布，为降低损失预留更多可能，同时，事故发生中及发生后也是传播安全文化的极佳时机，此时安全理念更能深入人心。

（3）持续性原则。安全是一项没有止境的任务，安全文化的传播也始终在路上。因此，在整个企业安全文化传播过程中，要杜绝"三分钟热度"的现象，摈弃"一劳永逸"的想法，安全文化要持续传播，才能永久根植于员工的心智，外化于行为之中。

（4）计划性原则。安全文化建设是企业的重要任务，是有战略意义的工作，对于安全文化传播企业应当有详尽、周密的规划与部署，为保证安全文化建设的效果，其传播也要形成计划、组织、协调、领导、控制的管理闭环，在每个环节上都要力求精益求精，务求传播质量。

（5）全员参与原则。企业安全文化的建设内容涉及企业每一个人，其传播过程也涉及企业内部各层级人员。因此，企业内部的安全文化传播必须调动全员的积极性、主动性参与进来，一方面大家作为传播的主体能增强传播的力度，另一方面，深入在活动中的员工本身就能体会文化的影响力，从而能够自觉践行文化理念，规范自身行为。

（6）传播形式灵活多样性原则。为增强安全文化传播效果，同时避免传播过程中员工对安全文化的倦怠，企业应设计多种多样的传播方式，增强传播的趣味性。例如，在传播过程中，挖掘安全文化内涵，设计其传播形式，将安全文化图形化、拟人化、活动化甚至娱乐化，提高传播性。

三、企业安全文化传播途径

1. 对内企业安全文化传播

企业文化的传播分为内传播与外传播，内传播以企业内部人员为传播对象。除公共服务类企业外，对多数企业而言，企业安全文化的内传播是主要的传播方式。企业安全文化的内传播的实质是企业内部沟通过程的一部分，所以，宜从沟通理论的角度研究其传播机理。首先，安全文化内部传播按照传播方向分为纵向与横向两种，横向的传播是指企业内部各部门之间、管理人员之间、员工之间的安全文化交流，内容有安全工作的沟通与协调、安全信息的传递、安全经验的交流与共享等，纵向的传播是指上下级之间的安全文化传播，传播内容有安全方面的指示与命令下达、安全政策的传达、安全工作汇报等。其次，按照传播的正式性与否可以将安全文化的内部传播分为正式传播与非正式传播，正式传播是指通过企业内部正式渠道进行的传播，如文件、政策、会议、命令、正式培训等，非正式的传播是指通过非正式渠道如非正式团队、小圈子、个人交流等途径进行的传播。企业在日常管理中应强调、树立正式传播的权威性，重大政策、重要信息必须通过正式传播方式进行传达、发布，非正式传播的存在是一种正常现象，是企业内部人员的一种交往需求，没有必要，也不应当将这种形式彻底革除。但同时应注意，一旦非正式传播对企业安全文化造成不良影响，甚至在非正式传播中出现谣言或重大错误言论时，应及时对非正式传播中的个人或组织加以限制、教育，必要时要予以惩罚，以免对企业安全文化建设造成伤害。

第一，传播机构的建立是基础。

为保证企业安全文化传播的效果，除原有管理架构外，企业还应组建专门的组织或机构，负责安全文化的对内对外传播。组建专门组织的原因，一是对安全文化传播的专业性的要求，二是安全文化传播考核的要求。企业有了专门的安全文化传播机构，就具备了安全文化传播的官方主体，可以为文化传播的任务负总体责任，使安全文化的传播成为一项职责纳入企业绩效考核体系之中。

（1）传播机构的组成。理论上讲，企业安全文化传播机构包括两种，一种是企业原有组织架构，因为一些安全政策、制度、指示本就是由上而下沿正式渠道链条传递下来的；二是矩阵制机构，由企业各部门抽调与安全职责相关的人员组成专门的安全文化传播机构，矩阵制结构中，除了负责人可以拥有专门的行政岗位外，其余人员可以由企业其他部门抽调而来，在行政归属上，他们仍然属于原有部门，只是在原有工作之外，又承担了安全文化传播的职责。但对抽调人员而言，并不意味着安全文化的传播是"业余的"，而是有着明确任务内容和任务范围的。一般而言，矩阵制结构中的抽调人员有一部分来自生产部门，他们的日常工作与安全生产密切相关，对安全的理解较其他岗位更加独到，在安全文化传播的内容方面有一定专业性；还有一部分来自党群、宣传等部门，他们的日常工作与宣传有关，对安全文化传播的形式方面有一定专业性，这样组织成矩阵制结构在专业上搭配合理，传播工作也较为有效。企业的安全文化传播机构与安全文化建设机构在人员上往往是重合的，且常常以委员会的名称冠之。

（2）传播机构组织形式。

①企业原有组织结构。企业原有组织架构本身就可以作为安全文化传播的一种结构形式。

特点：企业决策层、管理层、操作层各层人员在原有管理、工作职责范围内进行安全文化的接收与传递，每个人都是安全文化的传播者。

优点：可以将安全文化传播的内容与企业日常的决策、管理结合到一起，减少管理的复杂度，节省管理资源，提升安全传播效率。

缺点：参与安全传播的人员对安全的理解程度不一，无法保证安全传播的质量。

②矩阵式组织结构。

特点：矩阵组织中的成员来自不同的企业部门，成员既受安全文化传播负责人的领导，又受原部门负责人的领导，有双重职能，需要完成两方面的任务。

优点：矩阵式组织为企业节省了人力资源，实现了企业内部各部门之间的人才共享，大大降低人力成本；矩阵式组织使得组织管理灵活度增加，成员可以根据所属的两个部门的工作松紧度进行工作调节与转换；在安全文化传播中，由于矩阵组织中的成员是从各部门中根据工作与安全的相关性抽调产生，所以组织成员在安全知识、常识、决策方面都有独到见解，增强了安全文化传播的专业性。

缺点：矩阵式组织适宜于项目式业务的企业，在管理上有其先天的缺陷。矩阵中的成员接受双重领导，有时不易平衡；在安全文化传播过程中容易受到其他任务的干扰，对安全文化传播质量造成影响。

尽管如此，矩阵式组织仍然是当前企业进行安全文化建设比较适合采纳的管理模式（见图 6-1）。

第二，安全培训是企业安全文化传播的首要途径。

由于安全文化传播内容的丰富性，传播对象的多层性，使其传播途径呈现出多样性的特点，但安全问题事关企业发展全局，有时还影响到社会层面的安全，使安全文化的传播又必须有正规性、专业性、严肃性，因此，在众多的传播途径中，安全培训就成为首要传播途径。国家安全生产监督管理总局于 2011 年 12 月 31 日审议通过《安全生产培训管理办法》，对安全培训方面的机构、培训内容、培训考核进行了详细的规定，其中明确指出："生产

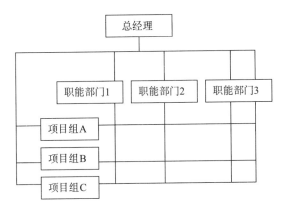

图 6-1　矩阵式组织结构

经营单位应当建立安全培训管理制度，保障从业人员安全培训所需经费，对从业人员进行与其所从事岗位相应的安全教育培训；从业人员调整工作岗位或者采用新工艺、新技术、新设备、新材料的，应当对其进行专门的安全教育和培训。未经安全教育和培训合格的从业人员，不得上岗作业。"企业应从实际出发，成立内部的安全培训部门，或借助外部培训机构、专家的力量，做好安全培训，切实提升企业管理人员、从业员工的安全素质及安全生产能力。

（1）企业安全文化培训存在的问题。

①培训存在短期行为，缺少长期、系统的工作规划。近年来，国家层面对安全生产培训的要求越来越严格，多数企业也在响应，组织了一些安全文化培训活动，但是，部分企业的"三分钟热度"现象依然存在，搞培训期间气氛热烈，接下来进入"冷冻期"，致使安全文化不能得到较好的传播。造成这种情形的原因主要有二：第一，工作注意力完全在生产和业务上，有些企业本身生产、业务繁忙，绩效考核中的指标也集中在这两个领域，于是各部门、成员自然把安全放在第二位，在这种情况下，安全培训就是"配角"；第二，由于企业性质，有些企业未将安全生产当成一项任务来抓，比如某些轻资产、业务危险性低的企业，会天然地认为企业不需要花精力进行安全培训，因为企业不会发生安全事故，其实这也是比较危险的想法，事故本身具有不可预知性，企业必须在事故还未出现征兆时就予以防范。

②培训内容与实际工作脱离。企业的安全培训应有具体规划，尤其是培训内容的规划，计划好每项内容需要针对什么人在什么时机进行培训。培训内容是针对问题确定的，每项培训内容都要指向某种或某几种问题的解决，

否则，培训就是盲目的。因此，企业安全文化培训人员应结合企业安全管理需要，将安全培训内容进行分类，如安全法律法规类的只挑选与企业所属行业相关的法律法规，安全行为规范只培训与企业作业行为有关的规范，等等。另外，平时做好安全培训调研工作，了解员工的培训需求，根据要解决的具体问题进行安全培训内容的制定，使培训真正为实际工作服务。

③培训方式单一，缺乏灵活性。当前，有些企业在安全培训形式方面缺少设计，形式较为单调，往往只采用讲授的方式，培训过程中趣味性差，员工情绪不高涨，培训效果不佳。事实上，可用于安全培训的方式有很多，除了讲授式的方式以外，团建活动、宣传片、游戏、论坛、访谈、事故分析、参观、安全操作比武、比赛等都是可以用来进行安全培训的。某种程度上讲，安全培训的形式跟内容一样重要，安全培训人员必须要解决安全培训的"可听性"，否则，如果员工不感兴趣、听不进去，内容再正确也是无济于事的。

④培训考核流于形式。没有考核的培训是无效的培训。员工一般不会主动按照安全政策、安全标准去作业，考核的意义在于引导、约束员工行为，对合规的行为予以奖励，对不合规的行为予以惩罚，长此以往，形成相对固定的行为模式。所以，安全文化传播过程就是一个行为塑造过程，期间离不开考核的作用。但事实上，不少企业的考核制度执行得效果一般，有的流于形式，尤其是对安全的考核力度远远不够，这种情形在安全培训中是值得引起注意并进行改正的。

⑤培训缺乏针对性。除了以上问题，国内企业在安全文化培训方面还存在目的缺失、盲目、为培训而培训的状况。一些企业进行安全文化培训时不加选择地直接宣读国家法律条文、行业规范，未将培训内容与具体的企业安全生产实践结合起来。不仅如此，安全文化培训也未能与培训对象的岗位、职级对应起来，企业的不同岗位、不同职级需要不同内容的安全文化常识，对安全文化培训具有不同的需求。对于安全管理人员而言，应当安排安全文化理念、安全管理技巧、安全管理沟通方面的培训内容，而对于一线作业人员应当进行安全操作规范类的培训，让他们直观地了解一些相同行业的重大事故以及事故带来的危害，对于文化程度较低的公众应当安排一些通俗易懂、轻松活泼的安全注意事项类的培训。总体而言，应当是增强安全文化培训的针对性，既针对工作内容，又要针对不同人群的具体需求。

（2）企业安全文化培训体系的建立。

①企业员工培训。关于生产经营单位对从业人员的安全培训，我国的《生产经营单位安全培训规定》已经有非常明确的规定。培训分为以下几类：第一类为强制性安全培训，这是针对煤矿、非煤矿山、危险化学品、烟花爆竹、金属冶炼等生产经营单位新上岗的临时工、合同工、劳务工、轮换工、协议工的培训；第二类为厂（矿）、车间（工段、区、队）、班组三级安全培训教育，这是针对加工、制造业等生产单位的从业人员的培训；第三类为岗前安全培训，岗前安全培训又分为厂（矿）级、车间（工段、区、队）级、班组级三个级别；第四类为二次安全培训，主要是针对从业人员在本生产经营单位内调整工作岗位或离岗一年以上重新上岗时的情况［需重新接受车间（工段、区、队）和班组级的安全培训］；第五类为事故应急救援、事故应急预案演练及防范措施等内容的培训，这是针对煤矿、非煤矿山、危险化学品、烟花爆竹、金属冶炼等生产经营单位厂（矿）级安全培训内容之外的培训。

除了以上规定范围内的培训之外，企业内部同时安排如下几类培训：第一类为企业安全文化理念的培训，包括企业的安全愿景、使命、价值观、哲学的培训，旨在让企业全员理解企业安全理念的内涵、产生及意义所在，增强全员的使命感、责任感，使全员能够接受、认同、践行安全理念；第二类为本企业安全制度体系、规范体系的培训，旨在使全员明确各类行为的约束、禁忌、流程，形成稳定的安全行为模式；第三是与从业人员相关的安全物质、设备、机器的使用操作培训，使从业人员不仅能对设备进行熟练操作，而且能安全操作，同时能够进行日常维护，最大可能地减少故障及危险的发生。

②企业负责人和安全生产管理人员的培训。企业负责人和安全生产管理人员是企业安全文化培训的核心主体，他们的安全理念、素质、管理能力很大程度上决定了整个企业的安全生产管理水平。我国的《生产经营单位安全培训规定》规定：生产经营单位主要负责人和安全生产管理人员应当接受安全培训，具备与所从事的生产经营活动相适应的安全生产知识和管理能力。对企业负责人和安全生产管理人员的培训主要包括：第一类，国家安全生产方针、政策和有关安全生产的法律、法规、规章及标准培训；第二类，安全生产管理、安全生产技术类培训；第三类，国内外先进的安全生产管理经验、典型事故和应急救援案例分析类培训。除以上三类培训外，企业负责人还需要接受安全生产专业知识、重大危险源管理、重大事故防范、应急管理和救援组织以及事故调查处理的有关规定，职业危害及其预防措施类培训。安全生

产管理人员需要接受职业卫生知识、伤亡事故统计、报告及职业危害的调查处理方法，应急管理、应急预案编制以及应急处置的内容和要求方面的培训。

③制定安全文化培训计划，编制培训教材。安全文化培训计划是安全文化培训落地的重要保证，企业需要在安全文化培训的时机、内容、对象、师资、考核等方面做好统筹安排。安全文化培训需要纳入企业统一管理体系当中，作为企业内部的一项重要事情来抓。教材是企业安全文化培训的武器。由于每个企业的特殊性，使安全文化培训不可能存在统一的模板，这就要求企业根据自身情况编制安全文化培训教材，作为内部培训的内容参照和依据。教材的编制须注意以下几点：第一，教材团队的组建，教材应由企业主要负责人担任主编，由企业内对安全管理、安全作业内容最专业的人员进行内容确定及编辑，由企业法律部门的人员进行法律依据审核，由企业文化建设部门的人员进行润色。第二，教材大纲及内容的确定，教材大纲需要根据国家安全政策、法律法规、本企业发展战略、安全战略及业务发展进行确定，内容选择务必符合本企业现阶段的发展需求和安全管理、安全生产需要，能满足企业现阶段的安全培训需求。切忌抄袭或过度借鉴其他企业的安全文化培训教材，否则不会产生实际的培训效果。第三，教材的修订与完善，教材编制后，在培训过程中需要对教材的不足之处进行记录，对教材内容与当下的实际需求进行对比，并对教材进行定期审核、修订与完善。

④创新教育培训手段，增强安全文化培训效果。安全文化培训中，需积极探索各类教育培训手段的应用，提高培训效率，改善培训效果。第一，理论培训与动手实践相结合，理论讲授的方式如果过多，就会造成受训者的精力不集中，培训效果大打折扣，因此需要在讲授过程中穿插动手环节，对学习内容及时演练，将理论内容随时进行巩固。第二，规范讲解与案例分析相结合，培训过程中，为了使受训者对安全行为规范理解更加深刻，充分强调规范的重要性，应在规范讲解中进行案例分享，通过重大安全事故的教训、带来的巨大伤害，加深受训者对规范、规则的敬畏。第三，传统教学手段与现代科技手段相结合，企业应积极尝试将现代科技运用到文化培训中，如使用三维模拟技术展示与讲解高危作业过程和细节，既可以使受训者身临其境地学到安全知识，又能有效减少危险性。第四，阶段学习与定期考核相结合，只学不考，是无法保证学习效果的，企业应制定完备的培训考核体系，包括考核制度、考核手段、考核内容、考核结果的运用等，将培训考核结果与绩

效考核挂钩，提高员工培训的积极性和重视程度。

另外，企业还应充分利用数字化教培平台开展安全教育培训。随着安全教育培训需求的增加，一些工程类、科技类公司面向市场推出了用于安全教育培训的数字化平台，提高了培训效率、增强了培训效果。如济南北方交通工程咨询监理有限公司研发的山交智慧云平台，就是一个实名制的安全培训准入管理平台，在使用过程中该平台能够对单位、人员信息、培训档案等数据进行记录，便于企业用户在平台上查看人员信息和培训信息，企业和员工可以进行在线视频学习、题库测试练习和考试成绩在线查询，此平台为企业、员工学习进步、提高安全意识，起到了较为明显的推进作用，目前已经在多家交通类企业进行推广应用。

第三，多种途径宣传，有效推进企业安全文化的传播。

（1）企业章程。企业章程是企业组织活动的基本准则，可以看作企业内部的"宪法"，对企业内所有人员的行为都有着绝对的约束力。如果能够将企业安全文化载入企业章程，无疑会大大增强安全文化的权威性、警示性，在此背景下，安全文化的传播将会减少较多阻力。

（2）企业文化手册、杂志。尽管现场培训是企业安全文化传播的主要途径，但培训的安排也不能过于频繁，为了使安全文化的力量能够时刻影响组织成员，企业可以编制、印刷安全文化手册，下发给每一个组织成员，让文化手册发挥无声的培训师的作用。从内容上讲，企业安全文化手册包括了安全文化的所有理念（安全愿景、使命、价值观、哲学等）及其诠释、安全制度体系、行为规范体系等，从形式上讲，安全文化手册印刷精美、体量小巧、便于携带，能够时刻伴随在员工身边，是安全文化宣传的重要阵地。

（3）企业宣传栏、墙报等。与安全文化手册类似，企业的宣传栏、墙报在安全文化的传播方面也有一定的作用。宣传栏、墙报分布在企业内比较容易被看到的位置、员工上下班路过的地方等，能够在日常工作中与员工的目光产生接触，起到潜移默化的影响作用。宣传栏、墙报可以选取安全生产方面的最新政策、优秀事迹作为展示内容，形式应尽可能新颖、与当代审美相符合，以吸引员工的注意力。

（4）企业内部广播站、电台、网络交流平台。企业内部的广播站、电台、网络交流平台也是企业常用的传播、交流信息的途径。广播站、电台是单向的沟通工具，适宜传达企业的安全政策、重大决定、官方新闻等，网络交流平台（论坛、百度贴吧、微信群等）是多向沟通的工具，具有实时性的特点，可以就企业安全生产方面的任何话题进行自由讨论，因此，在安全生产需求调研、收集员工意见和建议方面，网络交流平台可以发挥积极作用。

（5）主题安全宣传。除以上传播途径外，企业还可以通过组织一些安全主题活动，对安全文化的理念进行传播、渗透。常见的主题活动包括：新员工入职时的宣誓活动、重大节日节点的安全教育活动、安全文化周、安全知识大赛、安全游戏、安全生产模拟等。企业应善于设计形式多样的宣传活动，使活动富有生趣，吸引员工积极参与，以增强文化传播效果。

第四，员工参与文化建设，促进企业安全文化传播。

如前所述，员工在安全文化传播过程中既是传播的客体，又是传播主体，一方面，员工接收企业发出的安全文化信息，并将其运用到工作中，另一方面，员工也通过汇报、日常沟通、行为表现等方式向外传递安全文化，成为文化传播的一个环节。日常工作中，个体的工作行为既会受到企业制度、规范、流程的约束，也会受到周围同事的行为、言论的影响。因此员工群体的言论、行为就形成了一个小环境，这个小环境会对其中的个体行为产生直接影响。因此，企业应关注员工的言行对安全文化传播的影响，必要时需引导员工言行，使其在文化传播中发挥正向作用。

第五，自我学习，促进内向传播。

"所谓内向传播是指个人接受外部信息并在人体内部对信息进行处理的过程。"① 安全文化传播领域的内向传播机制是这样的：员工最初接收到文化信息时，其意愿、行为习惯与企业提倡的文化理念未必相符，甚至可能相斥，但外在环境、制度约束、利益得失及本人的理性思考，促使个体在心理层面去接受新理念、革除旧观念、改变原有思维模式，如果这种自我沟通成功，则意味着员工接受了新的安全文化理念。安全文化传播的目的之一是实现员工心理认同，自我传播从本质上讲就是员工在心智领域对安全文化理念"自我劝说"进行接受、认同的过程。

2. 公众企业安全文化传播

以传播方向为划分标准，企业安全文化传播可分为内向传播和外向传播。

---

① 刘伟虹. 从尊重生命谈企业安全教育培训［J］. 中国安全生产科学技术，2010，6（04）：169-171.

内向传播是指主要以企业内部人员为传播客体的传播方式，外向传播是指面向社会公众的传播方式。公共服务类企业（如公共交通类企业、天然气公司等）一般既要进行安全文化的内部传播，又要进行面向公众的外向传播，外向传播的目的是实现公共安全，保护社会公众在利用公共服务时的安全权益也是公共服务类企业的社会责任。

第一，大众传媒是基础。

（1）传统印刷媒介的传播，包括：①报刊。在传统印刷媒体中，报刊是发行数量最大的媒体之一，具有出版频率高、资讯更新相对较快等特点，报刊一般涵盖行业较多，受众人群也较多，因此担负了较大比例的安全文化传播任务。不仅正规出版的报刊可以作为安全宣传的阵地，企业内部的报刊同样可以在安全文化传播领域大展拳脚。较有影响力的安全类报刊有《中国安全生产报》《中国应急管理报》《中国安全生产报》等。②书籍。书籍是最传统的知识传递媒介，将安全文化相关研究内容编制成书进行出版，将会影响更多的从业人士和社会公众。③专业杂志。专业杂志一般是面向某类行业的，在内容上有一定专业性，具有在行业内影响力强等特点，为加强安全文化传播，专业杂志中可以设置安全类板块，专门发表、刊登安全文化领域的专业文章，鼓励专业人士对安全生产、安全文化展开科学研究。国内有一定影响力的杂志有《安全》《中国安全生产》《中国安全生产科学技术》等。

（2）电子媒介传播。电子媒介主要指电话、电报、传真、电影、电视以及近年来普及的互联网、移动互联网终端等信息载体。20世纪60年代以来，电子媒介与人类生产、生活等各个领域产生深度交融，人类社会的信息化进程不断加快。电子媒介的出现及近年来的形式演变、科技创新，使得信息的传播在速度、数量、形式上都获得了极大的进步。当前电子媒介与人们的生产生活紧密相关，安全文化传播主体应积极探索电子媒介传播特点及规律，创新性地应用电子媒介为安全文化的传播创造更大的社会价值。

第二，全民共同参与，促进企业安全文化传播。与企业安全文化在企业内部传播时需调动员工的传播主动性相似，公共服务类企业在外向性传播时，也要充分借助、利用社会大众及各类公众的力量和参与积极性。公共安全文化的传播中，公众既是传播的客体，又是传播的主体。公众对于安全文化的传播主要是通过一些活动进行的。

（1）开展与安全文化相关的主题公益活动。公共安全文化传播的主体既可以是公共服务类企业，也可以是政府的各级组织，还可以是相关事业单位及社会团体，政府、事业单位、社会团体都是公众范畴。公共安全文化传播过程中，政府的各级组织可以利用自身的组织优势、人员优势策划、组织社区安全文化公益普及活动，在下辖的社区开展"用电安全进万家""用气安全万里行"等活动；可以申请专项经费为居民印发、免费发放涉及日常安全的知识手册、宣传页等；社区可以动员居民参与免费灭火演练，体验灭火、逃生技巧等。一些社会团体如各类学会、协会、研究会等可结合所处领域面向社会进行安全文化的普及，如国内一些行为科学学会就下设了安全行为委员会的分支机构，专门进行安全行为的研究与普及。公众对安全文化传播的参与大大丰富了安全文化传播的方式。

（2）举办以安全文化为主题的展览与会议。近年来，会展活动以其专业性强、方便沟通等特点受到社会各界的广泛欢迎，各类主题的会展活动也在深刻地影响着我们的生产生活，会展分为会议和展览，二者往往结合进行。政府、企业、各社会团体应积极策划安全类主题会展，组织服务类企业参展，同时吸引民众参与，展览中可充分展示安全类产品，借机向民众讲解安全知识宣传安全文化理念，为增强宣传效果及趣味性，还可以现场组织安全演练类活动。如 2021 年上海国际公共安全产品展览会 Securityexpo，现场展示了安全防范类、网络安全、车载系统智能交通、应急减灾、紧急逃生、应急救援等类别的产品，同时组织了日常急救培训演练（如图 6 - 2 所示）。

图 6 - 2　2021 年上海国际公共安全产品展览会上的急救培训、演练

（3）进一步加强对学校安全文化的教育工作。在公众安全文化传播中，学校、学生群体是一类特殊的也是非常重要的客体。首先，学生群体由于生活经验不足迫切需要安全常识、安全文化的学习；其次，学校人员密集，一旦发生事故，后果一般比较严重；最后，学校的安全涉及千家万户的幸福，来不得半点马虎。因此，学校、学生是进行安全文化传播的重点客体。学校的安全教育可分为以下几类内容：第一，学校可自行组织面向学生的安全教育，如上学、放学路上的交通安全，夏季下水安全，冬季滑冰安全，日常体育运动安全，心理安全等；第二，由专业性的外部企业或社会团体协助进行的安全教育，如消防器材的使用、急救、网络诈骗防范、地震逃生、恶性犯罪防范等类别的安全教育；第三，"家校通"类安全教育，这类安全教育可由学生向家长渗透，例如，疫情防范要求、亲子安全活动等。作为公共服务类企业，应加强与学校的沟通与交流，了解学校在安全教育方面的需求，积极提供相应协助，这样既实现了企业的社会效益，也能在安全传播中展示自身服务与品牌，提升企业知名度、美誉度，为实现经济效益打下基础。

第三节　良好沟通促进企业安全文化传播

沟通是组织之间或个人之间或组织与个人之间运用一定的符号系统进行信息传递、达成某种目的的过程。企业的安全文化传播可以通过内部沟通、外部沟通来实现。

一、沟通在企业安全文化传播中的重要作用

沟通是一种有目的的活动，其目的一般包含如下几个层次：第一，传递信息，通过沟通双方互通信息的有无，实现信息的双向流动；第二，消除隔阂、误解，当个体之间产生误解时，沟通可以让对方了解自己的真实意图，有助于消除误会；第三，表达情感，情感是需要沟通来表达的，情感有多种表达方式，沟通是最充分的表达方式；第四，传达命令、汇报工作，组织中的命令、指示的下达，下级向上级汇报工作状况，属于组织中的纵向沟通；第五，

进行说服，在多数情况下，沟通是要让对方理解并接受自己的信息、观点、做法，并按照自己的意图行事，这是沟通的最终目的。

基于以上目的，沟通在安全文化传播中具有以下功能：

（1）实现安全信息流动。日常的安全管理、作业中，各类涉及安全生产的人、事、物信息应能够在企业各部门间、组织成员之间实现流动，保证每个个体对工作的现状、态势、环境是有所了解的，对工作、任务的走向能够有一定程度的预判，这对于企业全员进行安全状态的把握是有必要性的。

（2）实现误会的消除。人与人在日常生活中会产生误会，在安全生产过程中，即便有信息的交流，对于对方的理解也会产生误会，人员的变更、机器设备的更新、所站立场的不同等因素，都会导致双方的误解。增进沟通以及适当的沟通方式能够有效化解误会，减少因误解而导致的安全风险。

（3）实现情感的表达。沟通中，一方将情感表达出来，对方才能更准确、深切地理解这种情感，比如，安全管理人员对某种不当行为很愤怒，只是内心的愤慨还不够，必须要在一定的场景、通过具体的语言把这种情感表达出来，才能使行为人意识到问题的严重性；再如，为了对事故中受伤人员及其家属表示同情，必须要通过发自肺腑的言语和一定的行为去表达，才能让对方感受到其深情厚谊、组织关怀。所以，在安全管理中，管理者要善于运用沟通的这种功能。

（4）实现上传下达。安全管理中，由上而下的命令、指示、政策，由下而上的汇报、陈述、说明，都是通过组织内的正式沟通实现的。企业应当梳理好常用的正式沟通渠道，确保正式沟通顺畅、高效。

（5）实现说服，塑造心态与行为模式。对具体的沟通对象进行说服是沟通的最高目的，也是最有难度的任务。安全文化沟通的最终目的是让相关人员理解、接受、认同安全理念文化，并落实到日常行为中，尽最大可能避免事故的发生。在这个过程中，说服是必不可少的一个环节，说服意味着对方在内心里认同沟通内容，否则，如果只是表面认同、口头答应，事后依然我行我素，危险行为依然存在，那么沟通就是无效的。安全沟通中，管理者应善于运用说服技巧，动之以情、晓之以理，切实改变对方心态与行为模式。

二、企业安全文化内部沟通

1. 企业安全文化传播内部沟通中存在的问题

（1）管理者思想认识不足。企业安全文化传播的动力一般是自上而下来推动的，因此企业的领导者、管理者对文化沟通的认知十分关键，当前，部分企业管理者对沟通在安全文化传播中的重要性认识不足，表现在管理者习惯性地认为沟通即发号施令、上传下达，员工对于安全理念、知识的学习培训是被动性地要求与安排，造成积极性不高、培训效果差等结果，这主要是由习惯性的管理思维决定的。企业领导者、管理者应善于学习最新管理理论，了解企业安全文化培训需求，积极探索合适的沟通方式与风格，保证文化传播的效果。

（2）沟通渠道不具有系统性。企业受传统管理粗放性的影响，使得内部沟通体系缺乏科学的设计，主要表现为：第一，纵向沟通未起到双向沟通的效果，部分企业的纵向沟通沦为了发布命令的途径，大量的命令、指示、要求由上而下，执行者被动接受，同时自下而上的信息又往往被层层过滤，企业高层听不到来自一线的真实声音，上传渠道作用大大降低；第二，横向沟通渠道的疏通不够，一个企业内部的横向沟通状况表明了信息在各部门之间的流转效果，企业如果没有对横向沟通进行专门设计的话，各部门之间是不会主动进行正式沟通的，各部门往往只会站在自己部门的角度来处理问题，造成整体的不协调；第三，缺乏对非正式渠道、非正式沟通的引导，非正式渠道是正式渠道的有益补充，既能使得信息沟通更加充分，又形式多样，符合个体间的沟通习惯与需求，但有些企业的非正式群体庞大，一旦文化建设不到位，通过非正式渠道传播的小道消息、错误言论就很难受到遏制，给安全管理带来较大隐患。

（3）沟通方式陈旧。目前国内企业管理沟通大多保留较为传统的方式。与此类似，企业在安全文化沟通方面采用的沟通方式也是比较陈旧的，除了传统使用的下发文件、通知、组织会议、安全演练之外，几乎没有创新。沟通方式的陈旧及形式的单调使得组织成员参与安全文化沟通的积极性大大降低，一些重要的文件内容、精神传达后得不到员工的重视，为安全生产带来隐患。

（4）管理者缺乏沟通技能。管理者首先应当是教育者，而教育需要通过沟通来实现，由于长期的管理习惯导致的沟通技能的缺失明显地影响了安全文化的传播效果。部分管理者除了开会时的发言，日常管理中的命令、指示、听取汇报，几乎没有其他的沟通手段，与企业职员之间的私下沟通、非语言沟通、情感交流长期处于缺失状态。

2. 构建企业沟通渠道

（1）正式沟通渠道。正式沟通渠道是指企业内部遵循权责系统的垂直网络，正式沟通是沿正式渠道完成的信息沟通与交流。在安全管理活动中，正式沟通包括会议、汇报、指示、命令、文件下达、培训、通知以及企业或部门组织的参观活动、调查研究、技术交流等。

会议是安全管理中最常见的沟通方式。每次的安全会议都有明确的会议主题，有明确的需要传达的要求与精神，有具体的参会对象，有周密的组织与安排，也有完善的会议记录，所以会议是一种目的性、组织性较强的沟通方式，有比较高的沟通效率。再者，会议还有一定的灵活性，企业可以根据近期安全沟通的需要定制会议内容，如安全理念交流会、安全政策解读会、安全器材研讨会等；还可以根据信息接收对象确定参会人员群体，如面向安全管理工作人员的协调会、面向作业人员的安全生产动员会等。另外，会议还有级别多、形式多样的特点，大到国家层面的安全生产会议，小到企业内部车间、班组组织的会议，都在发挥着安全文化传播的作用。因此，企业应高度重视会议制度的建设与完善，对每次会议都要有完善的组织管理，会后做好分析总结，使会议给企业的安全管理带来更多效益。

在纵向沟通中，命令、指示、文件下达是常见的由上而下的沟通，汇报则是信息自下而上的传递。通过正式的纵向沟通，上层了解了基层和一线的实际情况，一线知晓了高层的战略意图，整个组织上下一体，组织也实现了行为协调。安全文化沟通中，重大的政策、要求一般要通过命令、指示、文件向下传递，否则不具备权威性，向上汇报的信息及数据也要合理运用报告书、建议书等形式，确保信息准确客观，否则无法支撑决策。因此，企业应梳理好命令、指示、文件、汇报的上传下达流程，使信息的传递过程更加高效、快捷、严谨。

培训是企业的一项功能性活动，是员工入职时进行"入模子"训练、员工知识类学习、技能类训练、价值观塑造以及心态扭转的重要途径。培训的内容常常是传输知识、技能、改变观念，因此，培训也是安全文化传播的理想途径，企业在进行培训计划制定时，应将需要传播的安全文化内容融合进去，将部分培训设计成专门传播安全文化的专场，部分培训设计为安全文化的"搭载工具"，充分发挥培训的传播作用。

参观是企业有组织的集体活动，有其明确的目的，企业应定期组织安全类参观，带领员工走访同类企业，感受其他企业在安全生产方面的优秀做法，俗话说，百闻不如一见，参观活动有时可以给员工带来极大震撼，所以企业应利用好每一次参观的机会，向员工强调安全的重要性，进行安全文化的渗透。

通知、调查研究、技术交流等也是企业内部常见的正式沟通渠道，企业也应做好设计，充分利用这些渠道实现安全文化理念的传播。

（2）非正式沟通渠道。非正式沟通渠道是指正式沟通渠道以外的渠道，如主题活动、非正式群体沟通、电子平台等。作为对正式沟通渠道的补充，企业应合理利用非正式沟通渠道进行安全文化传播。

①主题活动。主题活动是指企业为增进组织成员间关系、提高工作积极性、缓解紧张的工作情绪、活跃工作气氛而组织的聚会、聚餐、旅游、观影等活动，此类活动一般参与人员较多，气氛轻松，所以个体之间交流积极性较高，谈论的内容较为自由，参与人员容易表达出真实想法，所以，相对于正式沟通中的工作汇报，通过主题活动了解员工意愿是更为有效的方法。另外，由于没有任务指向性，企业领导及管理人员在主题活动中与员工也更容易敞开心扉进行交流，沟通效果也较好，因此，在安全文化传播中，主题活动也是不可忽略的一个有效途径。

②非正式群体沟通。除了企业法定的内部组织外，企业中一般会存在非正式群体，非正式群体的沟通对非正式群体中的个体影响性较大。如在建筑行业中，"非正式群体沟通对建筑工人安全动机的影响最为显著，是影响安全动机的关键因素"。[①]

③电子平台。传统的企业电子交流平台包括邮箱、官网留言板等，近年来随着互联网及智能手机的普及，一些社交媒体平台纷纷走进了人们的工作

---

① 邱梦娟，祁神军，张云波等．非正式群体凝聚力和沟通对建筑工人不安全行为的影响［J］．华侨大学学报（自然科学版），2021，42（2）：186.

与生活，企业、部门甚至车间、班组都可以建立自己的 QQ 群、微信群，在企业的正式渠道之外进行自由地交流与沟通，这些平台同时有基于手机端的开发应用，这使得个体之间的沟通更加即时、便捷，逐渐成为个体间日常沟通的主要媒介。

对于非正式沟通渠道，企业应注意三个方面的问题：第一，充分利用员工在非正式沟通渠道中沟通的积极性、无心里戒备性，有意识地进行内容设计，进行安全文化的渗透；第二，及时监控非正式渠道中信息的走向，一旦出现谣言、蜚语以及错误的观点，就需要采取合理的方式进行引导，充分利用"小圈子领导"的影响力，使非正式群体也有"正能量"；第三，非正式沟通是每个组织中都存在的现象，只要企业能够做好引导工作，非正式群体沟通就能成为正式沟通的有益补充。

三、企业安全文化外部沟通

企业安全文化外部沟通是指企业与外部主体之间、就安全内容展开的沟通，外部主体主要有政府、其他相关企业、社会公众、媒体等。

1. 与政府沟通渠道的建立

无论在哪个国家，政府都是社会中最重要的社会组织，政府和企业都在为社会的良好运转、百姓福祉做贡献，一定程度上讲，企业为社会创造财富，政府为社会管理财富，政府会站在比企业高的层面上来思考和协调社会问题。安全生产不是一家企业的事情，是关系全社会、百姓福祉的问题，政府会在国家层面出台相关安全政策，推动立法，保证全社会的生产生活的顺利进行。作为企业，在组织生产、运营过程中，应积极响应政府政策、国家法律，制定自身的安全规章，并积极与政府相关职能部门就安全问题展开沟通与合作。主要应做到以下几点：

（1）通过组织设计，在企业内部成立政府对接岗位，岗位的职责是：研究安全方面的政府政策、国家法律法规，重点关注与自身业务、运营相关的政策与法规；与政府职能部门对接，以保证需要做出重大决策时能听取政府部门的建议；负责向政府部门进行安全生产、管理方面的工作汇报。

（2）积极参加政府部门组织的安全政策学习、安全生产会议、安全生产参观等活动，争当安全生产标杆企业。

（3）定期组织安全生产方面的调研活动，邀请政府职能部门派人参加，以加强与政府部门的直接沟通。

（4）组织成立企业安全生产智库，邀请行业安全专家及政府职能部门人员参与或担任顾问，使企业的安全生产管理更专业、更合规。

（5）在企业自身擅长的安全领域，将长期总结的安全经验通过政府职能部门分享给其他企业，为政府排忧解难，树立企业的良好社会形象。

2. 与企业沟通渠道的建立

在安全生产方面，加强与其他企业尤其是同行业的企业的交流、沟通也是非常必要的，企业之间可以就安全管理分享经验、取长补短、共同改善。

一方面，企业可以以行业协会为中介，与其他企业就安全问题进行经验交流。行业协会每年会组织大量的行业活动，通过这些活动，企业可以接触到在安全管理领域较有建树的企业或组织，这样就可以以协会活动为平台，开展安全管理方面的交流。

目前国内还有一些安全管理方面的学会、协会、研究会等，如中国安全生产协会、中国职业安全健康协会，济南安全生产协会等，企业应当选择与自身业务关联性较强的协会加入，成为协会的会员，以打开与其他企业进行安全沟通的大局面。

另一方面，企业之间也可以直接联系，开展形式多样的安全沟通活动，如联合安全演练、协同安全调研等，对于一些与自身业务深度相关的企业，也可以签订合作合同，在安全领域进行长期合作，共同研发、设计安全产品、构建安全生产模式等。

3. 与社会公众沟通平台的建立

在安全文化外向传播时，企业还可以通过各种形式尤其是媒体与公众产生接触，以达到广泛传播的效果。面向社会大众进行安全宣传也是企业的一项社会责任。

首先，企业可以面向社会大众以灵活形式组织一些安全知识、常识宣传活动，诸如在广场、公园发放安全常识小册子、传单；走进社区为居民组织日常安全常识讲座；与学校联合组织安全知识竞赛等。

其次，可以挑选特殊日期敞开企业大门，邀请民众或其他团体走进企业，观看企业的安全管理成果，提升自身社会形象，这些特殊日期包括但不限于防灾减灾日、交通安全日、全国中小学生安全教育日、世界无烟日等。

　　再次，企业可以建立自己的安全展览馆，将自身经过多年积淀下来的安全生产、管理成果进行直观展示。近年来，企业展览馆已成为企业塑造品牌形象、进行企业宣传的重要手段，而建设安全展览馆，既可以实现品牌推广的目的，又可以将安全理念向社会传播，可谓一举两得。

　　最后，媒体（包括网络媒体）是企业向外传播信息的必要途径，企业应重视与媒体的合作，常态化地将自身理念设计成易于传播的内容，通过媒体传达给更多的个体，履行自己的社会职责。

四、影响有效沟通的因素

　　沟通的效果受到来自沟通主体、客体、内容等多种因素的影响，就安全文化沟通而言，沟通主体的组织地位、特质、沟通策略，沟通客体的岗位、成熟度，沟通方式、沟通环境等因素都对沟通效果产生直接影响。

　　沟通主体的组织地位是指发出沟通信息的组织或个人，如在进行安全政策、文件下达时，沟通主体就是企业的领导层、决策层；在企业内部的某场安全生产技能培训中，沟通主体就是培训师。沟通主体的组织地位越高，发出的信息就越有权威性；越有专业性、亲和力等特质，发出的信息就越容易被接受；沟通策略运用得当，就能改善沟通效果。

　　沟通客体是指接收信息的人或组织，如在企业内部的安全生产技能培训会议中，沟通客体就是接受培训的一线作业人员等从业者；在领导与下属的一次私人谈话中，沟通客体就是领导面前的这位下属。沟通客体岗位职责对安全的要求越高，他接收安全信息的动力就越高；成熟度越高，接收安全信息的自觉性就越强。

　　沟通方式按照接触方式，可分为面对面沟通、书面沟通、电话及网络沟通等；按照沟通的正规性可分为正式沟通、非正式沟通。沟通方式的选择需要根据沟通内容、沟通客体的情况选定，方式的选择能够直接影响沟通效果。

　　沟通环境包括物理环境、社会环境和心理环境。物理环境是指地理位置、气候等自然环境；社会环境是指文化环境、舆论氛围等；心理环境是指沟通双方的心理状态。沟通环境能够影响沟通双方的状态，进一步影响沟通效果。

五、如何增强有效沟通

改善安全文化沟通效果，可以从以上影响沟通的各种要素入手。

1. 增强安全文化沟通主体的影响力

安全文化沟通主体的影响力越大，信息传播效果就越好。安全文化沟通主体的影响力主要来源于组织地位和个人特质两方面。当沟通主体是组织时，此组织在企业的组织地位越高（企业赋予的权限大），沟通就越有效，如安全文化建设委员会对某项政策的解读，要比部门会议对政策的解读更容易让员工接受；企业总经理说的话要比车间主任说的更可信。因此，在安全文化沟通中，一些重大政策、文件、精神的传达、沟通，必须通过正式渠道、由权威部门或个人进行发布，增强信息的权威性。

由个人作为安全文化信息的传播主体时，传播主体除了要具备权威性之外，还要具备一定的专业性、可信性、亲和力等特质。一个在作业内容、业务、安全方面缺乏经验的人，他发出的信息一般是不具备可信性的。另外，个人的魅力、吸引力也能改善沟通效果，当一个人散发着人性的光辉时，别人就愿意接近他，相信他，他讲的话就容易被相信。因此，企业在选择个人作为安全文化传播主体时，要关注到这些特点。

2. 增强安全文化沟通客体的成熟度

信息接收者是决定沟通质量的另一重要因素。同样的信息、以同样的途径发出，接收效果也会因接收者的不同而不同。从沟通客体的角度增强沟通效果可从以下几方面着手：

（1）提升信息接收者的文化知识水平。文化知识水平的高低决定了对信息的理解程度，当企业的员工文化知识水平总体偏低的时候，文化传播的内容设计、途径选择就会受到很大限制，从而影响传播效果。在当今人才市场供应充足的大背景下，企业应当科学制定长期的人力资源规划，从整体上提升员工学历和综合素质。

（2）提高组织成员的专业性，尤其是安全生产领域的专业性。在生产效率越来越高的今天，比以往任何时候都需要安全文化的建设，而且生产过程越复杂，安全生产就越专业。企业不仅要保证安全管理人员在安全领域的专业性，也要保证所有与安全生产相关的环节上人员的专业性。人员的专业性可以有效降低沟通成本，提高沟通效率。

（3）增强组织成员的安全意识。安全意识的缺乏，会导致对安全信息的忽略。企业应通过定期培训、会议、事故分析等方式培育员工的安全意识，让员工始终拉紧安全这根弦。

（4）培养组织成员的大局观念。组织成员如果能站在集体的角度思考问题，关注整个组织的安危，他就容易主动了解、践行安全文化信息。企业安全生产中许多风险都是有系统性特点的，涉及多个部门，这就需要员工有整体观、大局观，不是从一个点上去，而是从面上思考问题。

3. 做好安全文化沟通方式的选择

沟通方式的选择是影响沟通效果的关键因素。企业在选择安全文化沟通方式时应针对不同的沟通主体、客体来做决定。沟通客体是全体员工时，可以选择会议、培训等集体形式；沟通客体是个人时，选择面对面谈话是最理想的；激发安全生产工作热情、调动工作积极性时，组织拓展、团建是比较合适的，等等。无论选择何种沟通方式，都务必考虑沟通方式的针对性，以培训为例，每次培训最好都要做细分，给最合适的人群设计最合适的培训内容，部分优秀企业按照职级培训，而不是按照职位培训就是典型的例子。

4. 做好安全文化沟通环境的选择

成功的安全文化沟通还要考虑沟通环境。有的环境让人身心愉悦，有的环境让人心烦意乱，还有的环境让人心情沉重，不一而足，选择什么样的沟通环境需要基于要达到的沟通目的。企业要善于选择、构建合适的沟通环境来增强安全沟通效果。有的企业为了增强员工的安全意识，专门到一些事故现场去做参观与培训活动，其实即便没有这样的条件，也可以通过图片、视频、模拟等手段塑造这样的氛围，让员工在这种氛围下感受安全的重要性。

同时建立与完善企业的安全沟通制度。安全沟通应该是企业的常态，需要用制度固定下来。企业应在原有的交接班制度、例会制度、安全会议制度基础上制定一些切实可行的安全沟通制度，保证安全文化信息的正常流动。

此外，企业还可以构建自己的安全信息管理系统，对内专门收集、整理、保存、发布相关安全信息、文件、政策、法律等，对外也可以实现与供应商、下游企业的安全沟通，在一些专业性较强的安全领域尤其如此，如一些企业专门建设起重机安全管理信息系统，将起重机的工作状态数据与供应商实时共享，"起重机安全信息管理系统不仅为使用者提供了设备所有的运行数据和运行状态，便于起重机的维护管理，而且通过远程监控平台，实现了起重机生产制造商与使用者的信息共享"。①

第四节 企业安全文化传播保障体系建设

为了提高企业安全文化传播效率，改善传播效果，企业需要对传播过程提供多种保障，主要包括组织保障、投入保障、理念保障、制度保障等。

一、企业安全文化传播的组织保障

企业安全文化传播的组织保障是在组织设计中为实现安全文化传播而做出的安排，包括职能设计、岗位设置、权责与流程设计、人员填充等内容。

职能设计是在企业原有职能基础上新增安全文化传播职能，在类别归属上可属于安全文化建设类职能，职能的内容主要包括：①企业安全文化传播的内容设计；②形式展示；③传播途径设计；④传播活动设计与执行；⑤向主管部门的汇报；⑥外联；⑦传播的物料管理，等等。

岗位设计是根据职能内容安排专门的安全文化传播岗位，根据职能内容的多少，企业可以安排一个或多个安全文化传播岗位，并设定好部门之间的分工。

责权与流程设计是针对安全文化传播岗位确定岗位职责与权力，并明确其上下级，明确与岗位相关的工作内容及流程。

人员填充是根据需要确定安全文化传播岗位的工作人员数量、能力与素质要求，安全文化传播岗位的工作人员招聘要纳入企业整体人力资源规划当中，相应地，人员的考核、培训、人事也都要纳入企业人力资源管理体系当中。

有了结构、责权、流程等方面的内容后，企业安全文化传播就有了组织

---

① 何彦军. 安全信息管理系统在大型起重机上的应用 [J]. 科技创新与生产力，2018（9）：69 - 70 + 73.

保障，文化传播工作就纳入了企业整体管理的闭环当中，随着企业进一步发展，自动化、信息化会逐渐渗透到企业管理中，安全文化传播也会作为企业管理的一项构成内容参与组织的变革。

二、企业安全文化传播的投入保障

1. 企业安全文化传播投入的原则

企业在履行社会职责、创造价值的同时也要盈利，所以企业的各项投入都需要衡量其必要性、可行性、投入产出等内容，一般而言，企业的安全文化传播投入应遵循以下原则。

（1）适应性原则。企业在安全文化传播方面的投入要与企业的整体效益水平或未来收益的预期相适应，与企业的安全生产信息宣传的需求相适应，同时符合国家、行业对安全文化传播投入的相关规定，避免无视企业支付能力的盲目投入现象。

（2）比例合理原则。安全文化传播涉及不同类别的内容、面对不同的对象，其投入也是因事而异的，企业安全文化传播部门应确定合理的投入比例结构，使资源用在最需要的地方，定期调整、优化投入结构，以获得最大的投入产出。

（3）长期规划原则。企业安全文化传播是一项长期的任务，传播的投入也应从长远谋划，企业应在国家相关安全政策的指导下，将每年总营业收入的一定比例作为安全文化建设尤其是安全文化传播的资金来源，每年年末和企业的其他重要事项一起制定下年预算，保证资金的落实到位。

（4）以人为本原则。企业的安全文化传播虽然要有一些传媒中介、设备的参与，但最终依赖的是人的理解、表达与传播，并由人来担负责任，所以，在投入方面，必须对人员的投资作为一项长期投资进行规划。

2. 企业安全文化传播投入的构成

在规范化、精细化、标准化管理得到普遍认同的今天，企业安全文化传播的投入与管理也应达到量化的程度。总体来说，安全文化传播方面的投入分为安全传播自有渠道建设费用、安全传播外部渠道费用、安全宣传活动费用、安全教育及培训费用、个人安全学习与传播费用几大部分。

安全传播自有渠道建设费用是指用于建设企业自身的安全传播渠道的费

用，又分为技术及设备费用、纸媒费用、人工费用三类。技术及设备费用是指企业在建设广播站、电视台、官方网站以及在建设上述媒体中需要的技术支持所产生的费用；纸媒费用是指编制企业内部杂志、报纸、文化手册（或向外部传发的传单、手册等）所产生的费用；人工费是指在上述建设过程中需要的内部非工作日的费用开支及外部人工的费用。

安全传播外部渠道费用主要是企业利用外部传播媒介时所产生的费用，又分为传统媒介费用、电子媒介费用两大类。传统媒介费用主要包括外部的广播、电视、报纸、杂志的使用费；电子媒介是指通过外部的广告平台、互联网平台（如论坛等社交媒体）时产生的费用。

安全宣传活动费用是指企业在组织内外部的安全宣传活动中产生的人员费用、物料费用、设计费用、运输费用等。

安全教育及培训费用是指企业在组织安全教育及培训活动时产生的场地租赁费、聘请讲师费、材料费、证书费、印刷费、餐饮费、运输费等费用。

个人安全学习与传播费用是指企业的个人在内部与外部参与安全学习所产生的学费、资料费、交通费、餐饮住宿费等费用。

3. 企业安全文化传播投入的来源

（1）企业投资。企业年度预算计划中应当列入安全文化建设投入，而安全文化传播费用则应为投入的一部分，企业既可以在总营业收入中按一定比例确定安全文化建设的预算，也可以在原有的职工福利费、工会经费和职工教育经费这三项经费中提取一定比例作为全年的安全文化建设预算。

（2）政府支持。政府可以以多种形式（如保险补贴的方式）支持企业的安全文化建设，截至目前，国内多省都出台了安全生产责任险财政奖补资金实施办法，支持矿山、危险化学品、烟花爆竹、交通运输、建筑施工、民用爆炸物品、金属冶炼、渔业生产等高危行业和化工行业企业实施安全生产责任保险。

（3）民间资金支持。2021年3月，文化和旅游部、国家发展改革委、财政部联合发布《关于推动公共文化服务高质量发展的意见》，这意味着文化领域进一步向民间资本放开，国家和政府鼓励民间资本参与文化建设。一些企业尤其是公共服务企业的安全文化传播可以思考与这类资本合作的切入点。

三、企业安全文化传播的理念保障

1. 正确认识企业安全文化传播

企业安全文化传播的内容决定了它不是一般的传播活动，企业对此必须有正确理解，否则就会影响企业安全文化传播的效果甚至会导致企业安全文化建设工程的失败。首先，传播主体要清楚安全文化传播的目的，安全文化建设及传播的短期目标是塑造人的行为，制定安全行为规范体系；中期目标是总结短期成效，形成对企业生产过程中人、事、物的安全管理制度体系，增强企业管理的规范性，进一步提升管理绩效；长期目标是沉淀为企业文化，使安全理念、安全意识成为企业的基因。其次，要清楚安全文化的传播虽然要通过宣传、教育培训等活动完成，但这些活动本身并不等同于安全文化传播，安全文化的传播重形式、更重效果，传播过程中随时都需要结合传播的目的设计不同的形式，因此，传播的过程也是传播探索和创新的过程。

2. 树立以人为本、科技辅助的理念

如前所述，安全文化传播的最终意义是为了人，从远古时期开始的对各类安全措施、方法的研究目的都是为了能让人过上稳定、有质量的生活，当今时期的安全研究更是如此。习近平总书记说过，人民幸福生活就是最大的人权，实现人权最基本的要求就是安全的实现，因此，安全文化传播中应当以"以人为本"的理念贯穿始终。在安全文化传播中"以人为本"的另一层含义，是传播的过程虽然需要借助科技手段，但发动传递中的人际传播积极性应当是主要力量，只有通过人际传播，人性关怀的传递、人间温暖的散播、人间真情的唤醒才能在真正意义上实现，才能让传播的内容扎根于心。

3. 加强安全文化传播过程中的责任意识

在安全文化传播过程中仅强调感情是不够的，还需要传播主体加强传播中的责任意识。首先，安全文化理念，不是一些简单的语言表述，而是深植于员工内心的意识，一旦形成，既会影响个人的长期行为，也会影响到企业整体的氛围习惯，而且难以改变，因此，传播主体应当意识到安全文化传播的重要性及意义，站在企业乃至社会的角度看待这份职责。其次，从企业管理的层面上，需要明晰安全文化传播主体的具体责任，通过制度、工作流程、绩效考核等手段强化这种责任，使传播主体将任务当成一项使命来对待。

四、企业安全文化传播的制度保障

企业需要根据安全文化传播的需要，制定相应制度，以保证安全文化传播的正常开展，这些制度主要包括传播行为规范、档案制度、黑名单制度等。

1. 企业安全文化传播制度保障原则

企业在制定安全文化传播制度时应遵循以下原则：

（1）专门性与普适性相结合原则。企业应根据安全文化传播的需要制定系列制度，如《安全文化宣传制度》《安全文化培训制度》《安全文化活动相关规定》《安全文化宣传检查制度》《安全文化宣传考核制度》等，除了这些专门制度外，还有一些与安全文化传播制度需要作为其他制度的组成部分体现，如将安全文化传播的要求写在企业文化建设、安全生产等方面的制度中。

（2）指导性与约束性相结合原则。安全文化传播制度应体现指导性内容，表述某类事项操作时应符合的规范、遵循的流程等，同时，又应包含约束性内容，指出哪些行为、做法是不允许的，以及针对这类行为的惩罚措施等。

（3）稳定性与创新性相结合原则。安全文化传播制度一经制定，就要保持一定的稳定性，这会给员工带来稳定的心理预期，容易使员工产生制度认同感，增强制度的执行效果。但稳定性并不意味着制度长时间一成不变，企业应根据安全生产、安全管理的需要以及政策等外部环境的改变及时调整安全文化传播制度，做到安全文化传播制度的稳中求变。

2. 企业安全文化传播制度保障的建立

（1）制定安全文化传播行为规范。企业安全文化传播行为规范可以作为企业各类人员行为规范的组成部分制定，可以包括以下方面：第一，传播行为不得违反国家法律法规、行业企业规章等；第二，严禁汇报、下达、传播虚假信息；第三，传播行为要经过企业相关部门审批，对外的传播行为要经过企业负责人批准并经政府相关部门审批；第四，传播中的文字、语言表达不得与企业文化相矛盾、冲突；第五，传播过程中不能出现低级、庸俗、暴力等有碍社会治安、社会公德的信息与行为；第六，不能借传播安全文化之机宣传迷信信息。

（2）建立安全档案制度。安全档案一般指与安全生产、安全管理相关的制度、规定、文件、会议纪要、事迹、事故等内容的文本或记录。建立安全档案制度与建立安全信息管理系统是并行的两项任务，建立安全信息管理系统的主要目的是实现内外部沟通，建立安全档案制度是为了实现安全管理的规范性并为决策提供依据。安全档案与安全信息管理系统都为安全文化的传播提供了信息基础、物质基础。

安全档案一般包括：安全生产规章制度汇编；安全生产责任档案；安全生产教育培训档案、事故与应急方案、安全排查记录、事故记录、安全生产投入档案、安全操作规程、职业卫生管理档案等。安全档案是内外部安全文化沟通的信息依据，一般需要长期保存（不同类型企业的安全档案保存时限不同），并由专人或专有部门负责。

（3）建立黑名单制度。黑名单制度是指将那些不遵守安全规范、发生了安全事故、违反和无视安全制度的个体和部门列入警示名单，在公开的媒介进行展示，并进行通报批评，意在使其意识到问题的严重性，并及时整改。黑名单制度较好地体现了制度的约束性，在使安全文化落地过程中发挥了关键作用。企业应积极探索黑名单制度的具体标准，长期坚持采用黑名单制度，将其与安全档案制度、绩效考核制度相结合，助力安全文化传播的顺利进行。

安全文化的传播是企业安全文化建设的最后一步，也是安全文化建设不可缺少的一部分。企业在进行安全文化传播过程中，应梳理、归纳好各项传播内容，使企业安全文化理念、安全知识、安全制度、安全行为规范等内容以容易传播的形式展示出来，充分利用和发挥各类传播主体的在文化传播中的作用，使媒体、企业管理者、员工、培训教育人员、行业协会乃至民众都能在各类传播环节中展现自身的传播力；做好对内传播与对外传播，对内传播时，充分利用企业员工培训、企业负责人和安全生产管理人员的培训等途径，认真制定安全文化培训计划、编制培训教材、利用好企业章程、企业文化手册、杂志、企业宣传栏、墙报等媒介，鼓励员工参与文化建设，增强安全文化培训效果，对外传播中，利用好传统印刷媒介、电子媒介、主题公益活动等途径，履行好社会职责。

安全问题涉及企业兴衰，丝毫不容马虎，安全文化传播有着改变、塑造企业全员安全理念的重要作用，企业必须将安全文化传播放在重要工作位置，从投入方面、人员方面、组织方面、制度方面、理念方面充分保障安全文化传播的顺利进行，为企业的安全生产、员工的安全福利保驾护航。

案例链接：笃行不怠 安全为基
——山东济华燃气有限公司安全文化建设

山东济华燃气有限公司是济南市极具实力的管道燃气供应企业，公司员工1200余人，拥有天然气接收门站3座、分输站1座、LNG应急调峰储气站两座、调压站23座，高中低压燃气管网5000余公里，具备高压输气、高压储存、中压环网输配供气的整体格局，基本形成环状供气模式，担负着济南市100万居民用户、3000余工商用户提供燃气服务。公司多次荣获国家、省、市企业管理及信用评价AAA级企业，济南市安全生产先进单位。公司落实安全生产主体责任到位，不断强化全员安全生产责任制，健全各项安全生产规章制度，加强安全生产标准化、信息化建设，实现安全管理数字化转型，构建安全生产长效机制，为公司平稳、快速发展打造了良好的安全环境。

（一）提高认识，切实把安全生产摆在各项工作第一位

燃气行业的特殊性决定公司安全生产工作的艰巨性、复杂性和长期性，把安全生产放在首位是公司安全平稳运行的根本。

1. 充分认识安全生产工作的重要性和紧迫性，始终绷紧安全生产这根弦

公司严格按照"五落实五到位""三个到位、三个到底、三个到家"要求，把安全生产放在突出位置，精心组织，周密安排，狠抓落实，紧盯安全生产基础薄弱环节、隐患问题突出部位，深化整治，安全工作下沉，措施落实一线，确保公司安全平稳运行。

2. 发挥党、团组织及工会作用，营造良好安全文化氛围

充分发挥各党支部战斗堡垒和党员、团员先锋模范作用，在安全生产工作中主动作为、带头示范，积极开展隐患"自查随手拍"活动。依法对安全生产工作进行监督，参与生产安全事故调查，提出保障安全生产建议，维护职工合法权益，积极组织职工参与"安全环保知识竞赛""安康杯""查保促"等活动，加大安全生产宣传力度，大力弘扬"生命至上、安全第一"的思想，树立安全生产先进典型，营造浓厚的安全生产氛围，带动全体职工，让"我要安全"成为自觉意识和行为准则。

（二）夯实安全基础建设，努力打造本质型安全

安全制度建设是安全生产管理的基础，做实做强基础是筑根之举、安全之魂，公司以制度、基础建设为切入点，深入打造本质型安全。

1. 安全管理制度建设。落实公司制度建设，对公司安全管理制度及安全生产责任制度进行修订完善，明确高管岗位及各部门安全管理岗位职责，使每个岗位职责更加符合实际，为"一岗双责"贯彻落实提供依据，推动公司安全管理制度的有效落实。

2. 安全管理体系建设。完成对风险分级管控体系的修订，形成新的隐患排查治理体系，组织第三方专家评审形成评估报告，并将风险点上墙公示，推动与能源集团 ERP 系统的对接录入，并进行维护运行。通过日、周、月、季、年各频次的隐患排查清单，明确分级管控措施及排查任务，将双重预防体系作为指导职工操作、进行风险防控的"作业指导书"。

3. 考核体系建设。建立健全安全责任清单管理考核制度，对各层级、各部门、各类人员岗位安全责任清单落实情况每季度组织 1 次考核。进一步完善安全奖惩制度，安全生产考核以正向激励为主，处罚作为辅助手段，提高主观能动性，对发现重大安全隐患的要进行重奖，通过奖惩加强基层安全意识提升。

（三）落实"双重预防"机制，提高安全风险防范化解能力

公司依托双重预防体系建设，对照排查整治任务清单，扎实开展隐患排查治理、专项整治、燃气设施安检、敲门行动及老旧管网改造等一系列行动，完善风险预防体系，提高安全风险防范化解能力。

1. 隐患排查整治。公司开展了管线违章占压、穿越密闭空间隐患排查整治、人员密集场所管道专项排查、燃气设施隐患排查、窨井盖安全治理、老旧管网升级改造、免费更换不锈钢波纹管等各项行动，扎实落实各项攻坚整治工作。

2. 专项整治活动。开展管道违章占压及穿越密闭空间隐患专项整治行动。2021 年结合公司安全生产 3 年整治行动，以湖北 6·13 燃气事故为契机，开展管道违章占压及穿越密闭空间隐患专项整治行动，动用社会各界力量共同整改 14 处，有效整治燃气安全隐患，确保管网设施平稳运行。

3. 严格落实燃气设施安检。民用户每两年安检一次，工商业户每年

安检一次，村村通用户每年安检两次；运行、维护和抢修人员均经培训考核合格上岗。

4. 开展公租房用户"敲门行动"。根据济南市住建局《关于立即组织开展全市公租房用户燃气安全"敲门行动"的紧急通知》及济南能源集团有限公司安全生产工作安排，完成辖区内 23266 户公租房用户的安检走访排查工作，为用户更换波纹管，发放安全宣传材料，讲解安全用气常识，提高居民安全意识。

（四）持续实施"科技兴安"战略，促进安全管理模式升级

全面实施"科技兴安"战略，利用信息化管理手段，结合公司实际情况，优化安全管理系统，加快促进安全管理升级。

1. 利用信息化管理提升安全本质水平。充分利用信息化系统加强安全管理，结合本单位实际情况，提出需求，持续优化安全管理系统，将日常安全管理、安全责任制、双重预防体系、应急抢险、安全考核等各项安全工作通过信息化手段反映上来。积极探索燃气安全管理新思路、新方法，研究并推广使用燃气安全新技术、新工具，向着智慧燃气、本质安全的目标迈进。

2. 加快安全管理信息化升级。公司实施"科技兴安"战略，目前公司涉及安全生产管理的信息系统有 ERP 安全信息化大数据平台、SCADA 系统、GIS 系统、客户安检、机械化巡检、智能巡线等系统，在远程切断、精准调压等方面不断加强和拓展，推进安全应急指挥系统建设，实现高压燃气管网立体化巡视等功能。建成并运行安全信息化平台系统，用科技手段强化安全管理。

（五）提高安全文化建设水平，推动安全意识重塑提升

牢记"安全第一 预防为主 综合治理"的安全工作指导方针，将人才队伍建设、安全培训、安全活动组织贯穿于全年安全管理工作中。

1. 高度重视人才队伍建设。开展多种形式安全培训活动，引导职工全员创新，调动职工的创新潜能和创造活力，不断强化队伍建设，做到知安全事、干安全活。公司所属各单位专职安全管理人员共计 50 名，中级注册安全工程师 42 名。其中，专职安全管理人员中注安证书 19 个，安全管理队伍素质逐年提升。

2. 强化全员安全培训。根据安全法律法规要求，制定公司的年度安全教育培训计划，按时开展教育培训和考核，全体职工（含劳务派遣职工、外聘职工和相关方人员）均应接受安全生产教育和培训，掌握本职工作所需的安全生产知识，提高安全生产技能，增强事故预防和应急处置能力。根据安全教育培训情况，及时完善包括培训计划、培训内容、考评等相关材料在内的安全教育档案，建立健全"一人一档"。

3. 安全文化推动企业健康发展。公司通过开展蓝帽子服务系列主题活动，扎实为客户提供安全、可靠的燃气供应和快捷、优质的标准化服务。开展蓝帽子服务队走进社区宣传，推进"无熄保、假熄保"灶具隐患清理整治工作；开展"小手拉大手，安全跟我走"燃气安全进校园宣讲活动，提高学生安全用气意识；组织开展"6·16"安全宣传日活动，与市民进行"零"距离安全咨询互动。

"安全是1，其他是0"是公司永恒的主题。公司牢固树立安全发展理念，切实加大安全生产工作力度，狠抓安全管理队伍建设，提升安全生产管理水平，厚植安全管理底蕴，争做行业引领，为实施"一网多源、一张蓝图"发展模式创造良好的安全环境，全力促进公司安全生产行稳致远。

（撰稿人：山东济华燃气有限公司韩培霞）

第七章

企业安全文化建设的评价

  企业安全文化建设的评估是安全文化建设中的必要步骤，缺少安全文化建设评估，就难以形成安全文化建设管理闭环，从而难以保证安全文化建设的成效。

  近年来，在国内外的理论研究与实践探索中，涌现出多种企业安全文化建设评估的方法与模式，国家安全生产监督管理总局宣传教育中心也联合多位专家起草了《企业安全文化建设评价准则》，这些方法、模式及行业标准给企业开展安全文化建设与评估提供了理论依据与行动指南，提高了企业安全文化建设水平。企业应充分借鉴这些理论、模式、标准，结合自身实际，构建起适合自身发展的企业安全文化建设评估体系。

第一节　企业安全文化建设评价概述

为保证企业安全文化建设过程的不断完善与同步修正，改善安全文化建设效果，企业安全文化建设主体应对安全文化建设行为进行全方位评价，并形成有自身特色的评价体系。

一、企业安全文化建设评价的含义

企业安全文化建设评价，是指安全文化建设评价主体根据企业发展目标和企业安全文化建设目标，对安全文化建设的内容、程序、投入及效果做出综合评价，并将评价结果作为优化安全文化建设的依据，从而不断提升安全文化建设质量。

二、企业安全文化建设评价的意义

企业安全文化建设评价在安全文化建设中的意义如下：

1. 安全文化建设评价能够使企业更全面地了解安全文化建设现状

安全文化建设评价过程中，将会对安全文化理念体系的内容建设、理念的宣传与推广、安全管理的执行、员工行为现状等因素进行全面调研，从而对企业整体层面的安全文化建设现状有更清晰、客观的了解。

2. 安全文化建设评价能够使企业更清晰地了解安全文化建设的效果

安全文化建设评价过程中，评价主体将会重点了解企业安全文化建设已经取得的成效，包括组织成员对安全文化理念的接受程度，安全培训的执行效果，安全管理的成效，员工行为改善，事故发生率的变化，社会评价的改善等，从而对安全文化建设的投入产出能够进行清晰的对比。

3. 安全文化建设评价能够使企业更有针对性地优化后续安全文化建设实践

安全文化建设评价主体可以在了解安全文化建设现状与效果的基础上，

找出安全文化建设过程中的不足及其成因，借鉴外部安全文化建设的典型经验，结合企业自身特点，对后续安全文化建设做出调整和优化，从而保证安全文化建设目的的实现。

三、企业安全文化建设评价的原则

1. 综合性原则

有效的企业安全文化建设与多种因素相关，企业安全文化建设的评价需要全方位、多维度地展开，评价内容既应包含各类人员群体、各类事件，又应涵盖机械、物料及环境等因素，在确定各类指标评价权重时，也应站在企业乃至社会的高度进行定夺，务使评价体系综合、客观。

2. 客观性原则

企业安全文化建设不是一项面子工程，它涉及企业的发展与存亡，企业安全文化建设的评价务必客观、真实，企业应设计科学的评价指标体系，选用科学的评价模型，充分利用企业内外部的安全专家的经验来开展安全文化建设评价，使安全评价的结果能够真正促进企业安全生产及管理水平的提升。

3. 人为主体原则

根据事故致因理论，人是安全生产中的关键要素，安全是人的正确行为带来的结果，事故也主要是人的行为导致的，因此，在企业安全文化建设评价中，要将人的因素作为评价的重点。

4. 评以致用原则

在企业安全文化建设闭环中，评价起着促使循环优化的作用，评价的目的不是歌功颂德，而是总结成功之处和发现问题，在后续的安全文化建设中继续成功的做法、改正错误的做法。因此企业安全文化建设主题应客观看待安全文化建设评价结果，并将评价结果落实到工作实践中，不断提升安全文化建设水平。

四、国内在企业安全文化建设评价方面的研究与探索

近年来国内在企业安全文化建设评价方面也作出了一些理论和实践方面的探索，主要有以下几种：

（1）基于项目管理成熟度模型和能力成熟度模型的安全文化成熟度模型。[①] 模仿软件工程学的成熟度模型。此模型将企业安全文化评价指标分为两大类，即人和物两方面，人的因素又分为决策者、管理者、执行者，物的因素分为企业的安全技术与设备、管理制度与规章、外部环境，以上要素又分为共计19个考核指标。

（2）基于安全系统工程综合论的模糊综合评判法[②]。此方法将供电企业安全评估指标体系分为三个大类，包括安全人因工程、生产设备安全、安全管理及文化，这三类指标又分别细分出16、30、43共89种指标，通过构建模糊矩阵、模糊评判模型进行综合评价。

（3）结合中国安全文化评价标准AQ/T 9005–2008与美国国家安全委员会安全文化评估工具（JSE）提出的安全文化评估方法[③]，该方法对企业安全文化的安全态度、管理制度、沟通、纪律、员工培训、员工参与、管理者承诺、绩效认可、安全氛围、安全支持等10个维度进行评价与分析。

（4）基于模糊聚类分析与层次分析法提出的高危企业安全绩效评估模型[④]，此模型将安全绩效分解为6项构成要素：领导、人员、资源设施、政策战略、生产过程和事故损失等，分别赋予评估权重指标，并划分5个分级层次进行综合评价。

（5）企业安全文化建设水平灰色定权聚类评价模型[⑤]。模型从3种不同安全状态（正常、事故发生、事故结束）角度出发，依据安全管理工作实施的目的、指导思想、规则以及工作要点4个层次建立企业安全文化建设水平评价指标体系，基于混合型中心点三角白化权函数建立了灰色聚类评价模型，其中一级指标包括安全理念、安全管理体系、安全培训、行为指导、安全防护、安全检查、应急救援、事故数据等。

---

① 郑霞忠等. 安全文化成熟度模型在施工企业中的应用［J］. 中国安全学报，2011（6）.

② 张富超等. 采用模糊综合评判方法的供电企业安全评估［J］. 内蒙古电力技术，2017（1）.

③ 严向宏. 基于AQ/T9005与JSE的机械制造企业安全文化评估与对策探讨［J］. 安全，2016（7）.

④ 董大雯，冯凯梁. 基于EFQM的高危企业安全绩效评估模型研究［J］. 中国安全生产科学技术，2012（3）.

⑤ 刘凯利等. 企业安全文化建设水平灰色定权聚类评价研究［J］. 青岛理工大学学报，2017（5）.

（6）挪威船级社企业文化评价模型①，将安全文化定义为共享的价值观和行为准则，与组织结构和技术能力相结合，作用于公司的各个层面，以实现和维护良好的安全绩效。安全文化评估从领导力、赋权、参与、沟通、优先、合规六个维度诠释不同层级安全文化的表征。

此外，还有基于熵权–TOPSIS法的深度分析模型②、基于神经网络的企业安全文化评估模型③等。

第二节　企业安全文化建设评价模型

借鉴国内外企业安全文化建设的优秀经验及理论研究，结合国内企业安全文化建设相关法律法规、标准、指导意见，针对一般意义上的企业安全文化建设实践，构建以下安全文化建设综合评价模型。

一、企业安全文化建设评价模型假设

1. 企业安全文化建设评价内容的构成

企业安全文化建设的评价内容中，一级评价指标为"企业安全文化建设合格程度（A）"，二级评价指标为角色因素（B_1）、管理因素（B_2）、理念因素（B_3）、支持因素（B_4）及环境因素（B_5）等五项内容，三级、四级指标逐级分解如表7–1所示。

---

① 李远舟. 挪威船级社安全文化评估在石化企业的应用［J］. 广东化工，2021（20）.
② 梁玉霞等. 基于熵权–TOPSIS模型的企业安全文化评估系统设计［J］. 中国安全生产科学技术，2020（7）.
③ 宋新明等. 基于神经网络的供电企业安全文化评价研究［J］. 中国安全生产科学技术，2009（4）.

表7-1　　　　　　　　企业安全文化建设评价指标分解表

二级指标	三级指标	四级指标
角色因素（B_1）	决策者（C_{11}）	安全理念（D_{111}）
		价值观（D_{112}）
		安全预见能力（D_{113}）
		安全决策能力（D_{114}）
		安全知识学习能力（D_{115}）
		安全习惯与行为（D_{116}）
		在安全方面对下属的指导（D_{117}）
	管理者（C_{12}）	安全理念（D_{121}）
		价值观（D_{122}）
		对安全政策与制度的理解与执行（D_{123}）
		安全知识学习能力（D_{124}）
		安全沟通技能与习惯（D_{125}）
		在安全方面对下属的指导（D_{126}）
	执行者（C_{13}）	安全理念（D_{131}）
		价值观（D_{132}）
		对企业安全文化理念的认同程度（D_{133}）
		安全知识学习能力（D_{134}）
		安全规范的执行（D_{135}）
		个人防护技能（D_{136}）
管理因素（B_2）	安全管理（C_{21}）	管理机构（D_{211}）
		权责分配（D_{212}）
		流程设计（D_{213}）
		人员配备（D_{214}）
		制度完备程度与执行（D_{215}）
		安全问题反馈机制（D_{216}）
		应急管理（D_{217}）
	安全激励（C_{22}）	安全绩效评估（D_{221}）
		安全激励政策的知晓度（D_{222}）
		行为与绩效的改善（D_{223}）

续表

二级指标	三级指标	四级指标
理念因素（B_3）	安全理念体系构建（C_{31}）	理念体系完备程度（D_{311}）
		理念体系的诠释（D_{312}）
	安全理念体系实用性（C_{32}）	理念体系的可分解、可执行程度（D_{321}）
		理念体系与企业的匹配度（D_{322}）
		理念体系与外部环境的匹配度（D_{323}）
支持因素（B_4）	安全培训（C_{41}）	培训规划（D_{411}）
		培训内容制定（D_{412}）
		培训方式（D_{413}）
		培训导师选择（D_{414}）
		培训效果评估（D_{415}）
		培训投入（D_{416}）
	安全指引（C_{42}）	安全作业规范或指导书（D_{421}）
		安全作业标识与提示（D_{422}）
		安全应急提示（D_{423}）
	安全防护（C_{43}）	安全防护告知（D_{431}）
		安全技术、措施（D_{432}）
		系统性安全防护装置（D_{433}）
		个人防护设备及用品（D_{434}）
		员工安全环境感受（D_{435}）
环境因素（B_5）	人文环境（C_{51}）	组织成员安全习惯（D_{511}）
		安全舆论环境（D_{512}）
	物理环境（C_{52}）	厂房安全状况（D_{521}）
		作业环境的温度（D_{522}）
		作业环境的适度（D_{523}）
		作业环境的照明（D_{524}）
		作业环境的空气质量（D_{525}）
环境因素（B_5）	设备环境（C_{53}）	设备质量（D_{531}）
		设备运行稳定性（D_{532}）
		设备维护（D_{533}）
		电路设计合理程度（D_{534}）
		电路已使用年限（D_{535}）
		电路维护（D_{61}）

2. 企业安全文化建设评价指标的权重

在企业安全文化建设评价体系中，指标的权重确定十分关键，它直接影响到评价的准确性、导向性、公平性。理论上，确定权重有多种方法，如二元对比函数法、AHP法、专家确定法等。鉴于文化评价本身的主观性，本书采用第三种方法，但要求参与企业安全文化建设的评价专家是具备专业能力和职业道德的。具体操作中，需要专家通过德尔菲法确定评价指标的各项权重。

在此背景下，我们设定：

（1）B 层中，B_i 的权重分别为 α_i（$i = 1$，$2\cdots$，5），且 $\sum_i \alpha_i = 1$。

（2）C 层中，C_{ij} 的权重分别为 β_{ij}，i 确定的情况下，$\sum_j \beta_{ij} = 1$。

（3）D 层中，D_{ijk} 的权重分别为 γ_{ijk}，i 及 j 确定的情况下，$\sum_k \gamma_{ijk} = 1$。

这样，就确定了每一个四级指标对 A 的贡献度，其中 D_{ijk} 对 A 的贡献度为：

$$d_{ijk} = \alpha_i \beta_{ij} \gamma_{ijk}$$

3. 评价过程假设

在对某企业安全文化建设进行综合评价时，需要先确定具有一定权威性及职业道德的行业专家，专家要依据四级指标在企业内外进行全方位调研、了解，依据自身经验，对每个四级指标进行打分。打分后依据模型假设的权重计算得出每位专家对企业安全文化建设的总体评价得分，去掉最高和最低分数，将剩下的 $n-2$ 位专家的赋分进行平均，得到企业安全文化建设评价最终得分。

假设评价某企业的安全文化建设的专家共有 n 人，每人对上述四级评价指标打出的分数均为百分制。

二、企业安全文化建设评价模型的建立

1. 企业安全文化建设单个专家评价分数的确定

设第 m（$m = 1$，$2\cdots n$）位专家对四级指标 D_{ijk} 所打分数为 E_{ijk}^m，则由上述指标的权重可以得出这位专家为该企业安全文化建设的总体评价分数为：

$$E^m = \sum_{i,j,k} E^m_{ijk} d_{ijk} = \sum_{i,j,k} E^m_{ijk} \alpha_i \beta_{ij} \gamma_{ijk}$$

2. 企业安全文化建设评价分数的确定

假设

$$x = \min_m \left\{ \sum_{i,j,k} E^m_{ijk} d_{ijk} \right\} = \sum_{i,j,k} E^s_{ijk} d_{ijk} = E^s, \quad y = \max_m \left\{ \sum_{i,j,k} E^m_{ijk} d_{ijk} \right\} = \sum_{i,j,k} E^t_{ijk} d_{ijk} = E^t,$$

则企业安全文化建设评价平均得分为：

$$E = \frac{1}{n-2} \sum_{m \neq s,t} E^m = \frac{1}{n-2} \sum_{m \neq s,t} \sum_{i,j,k} E^m_{ijk} d_{ijk} = \frac{1}{n-2} \sum_{m \neq s,t} \sum_{i,j,k} E^m_{ijk} \alpha_i \beta_{ij} \gamma_{ijk} \text{。}$$

三、企业安全文化建设评价模型的运用

首先，运用上述模型，企业可以得到安全文化建设的综合评价得分，了解企业安全文化建设的现状与总体状况，如果定期运用此模型，还可以将本期安全文化建设得分与往期进行对比，从而从时间维度上了解企业安全文化建设的态势。

其次，若将模型用于不同企业间，可以对不同企业的安全文化建设进行对比评价。尤其是行业组织需要对行业内企业的安全文化建设进行了解或需要进行对比研究时，可借鉴此模型的评价方法。

最后，通过模型中的 E^m_{ijk}，可以横向统计某个四级指标的平均得分，从而得知企业在安全文化建设某个领域的建设成效，为企业的长期安全文化建设提供改善的方向。

从管理理论的角度讲，企业安全文化建设评价使得安全文化建设的管理闭环得以建立，从国家、行业的角度讲，安全文化建设评价是国家构建安全和谐社会的重要保障，安全文化建设的常规、定期评价能够有效提升企业安全文化建设质量，有效发挥企业的社会功能，从而推进社会文明的进步。

本章模型的应用可根据待评估企业的具体情况做出一些调整或改进，毕竟每一种评价体系或模型都有其优势与缺陷。

企业安全文化建设作为促进企业安全管理的有效手段，是企业安全生产的必然选择。在我国企业安全文化建设应用前景十分广阔，但是全民安全文化建设仍有艰苦而漫长的路程要走。期待我国企业能够以安全文化建设评价为抓手，提升安全文化建设水平，提升安全管理水平，以点到线带面促进全民安全文化建设。

第八章

企业安全文化与危机管理

近些年来，世界各地各种各样的突发灾害事件频繁发生，造成了人民财产的巨大损失和对国家经济社会的严重危害。危机管理作为一门科学和学科，在第二次世界大战后的美国开始萌芽，直到20世纪80年代后推向了前所未有的高度。在当代，危机多种多样，从层次上分析，有政府公共危机、企业危机等。本章所研究的是企业危机。

所谓危机管理也称突发事件管理、紧急状态管理。它特指公共危机的控制、化解、潜伏、爆发、修复、常态化等全过程中的应对机制和制度安排。在通常情况下，企业危机管理是其为应对所发生的各种危机情况而做出决策并选择化解处理方案等活动的过程，其宗旨是为了消除威胁和损失（经济损失和社会损失）或使其降到最低。

近期我国安全生产形势总体稳定，但是矿产、交通、危化品等领域的企业接连发生事故，深刻警示我们当前面临的安全风险很大，需要加强企业危机管理的建设，促进企业安全防范工作。

企业安全文化作为企业文化的一部分，为企业的发展和管理奠定了理论基础，重视安全文化的作用可以使企业危机管理水平最大限度地提升。在企业的发展过程中会面对许多致使企业爆发危机的因素，为了能科学地控制危机，企业通过不断地理论探索和实践总结，开始从被动应对状态转为主动防御模式，即从企业的内部管理建设上着手，发挥企业安全文化软实力的作用，推动企业的危机管理建设。优秀的企业安全文化不仅可以强化员工的风险防范意识，实现防患于未然，还可以巩固安全行为，提升危机管理的质量。企业危机管理包括危机预防、危机准备、危机响应和危机恢复四个部分，贯穿企业的整个管理周期，因此企业安全文化对危机管理的建设具有重要的作用。

第一节　企业危机管理概述

一、国内外关于危机及危机管理的定义

随着经济的飞速发展，环境也越来越复杂，企业经营环境也变得没有规律可循。这一系列的变化使得企业决策及运行中出现了更多的不确定性因素，同时也增加了危机的多发性。

1. 企业危机的界定

自从危机概念提出，国内外的不同学者从不同的角度对危机有着不同的定义。以下是国内外比较经典的几个定义，见表 8 - 1：

表 8 - 1　　　　　　　　　　国外对危机的经典定义

姓名	内容
福斯特（Foster）	在 1980 年提出危机的四个显著特征：急需快速做出决策，严重缺乏必要的训练有素的员工，严重缺乏物质资源，严重缺乏处理时间[1]
罗森塔尔（Rosenthal）和皮内伯格（Pijnenburg）	在 1991 年认为危机是一种具有严重威胁、不确定性和有危机感的情景[2]
米特罗夫（Mitriff）	在 1993 年对危机的界定是：一个实际威胁或潜在威胁到组织整体的事件[3]
巴顿（Barton）	在 1998 年认为危机是一个会引起潜在负面影响的具有不确定性的大事件，这种事件及其后果可能对组织及其员工、产品、服务、资产和声誉造成巨大的损害[4]

① 罗伯特·希思. 危机管理 [M]. 北京：中信出版社，2004.
② 罗伯特·希思. 危机管理 [M]. 北京：中信出版社，2004.
③ 畅铁民. 企业危机管理 [M]. 北京：科学出版社，2004.
④ 胡百精. 危机传播管理 [M]. 北京：中国传媒大学出版社，2014.

续表

姓名	内容
龙泽正雄	在1995年认为危机即事故，危机的发生具有可能性、不确定性、危险性以及预期和结果的变动①
班克思（Banks）	在1996年认为危机是：一个主要事件可能带来阻碍企业正常交易及潜在威胁企业生存的负面结果②
里宾杰（Lerbinger）	在1997年认为危机是对企业未来的获利性、成长乃至生存发生潜在威胁的事件。一个事件发展为危机，必须具备如下三个特征：一是该事件对企业造成威胁，管理者确信威胁会阻碍企业目标的实现；二是如果企业没有采取行动，局面会恶化且无法挽回；三是该事件具有突发性③
斯格（Seeger）	在1998年把危机定义为：一种能够带来高度不确定性和高度威胁的，特殊的、不可预测的、非常规的事件或一系列事件④
Donald A. Fishman	在1999年对于危机的界定是："①发生不可预测事件；②企业重要价值受到威胁；③由于危机并非是公司企图，组织扮演较轻微的角色；④企业对外回应时间极短；⑤危机沟通情境涉及多方面关系的剧烈变迁。"⑤
Health	认为从管理角度来看，危机是由于反应时间有限，必须马上做出决策，信息不可靠或不完备，应对危机所需的人力、设备可能超出实际可得⑥
Regester	认为危机是一种能够使企业成为普遍的和潜在不适宜的关注的承受者的事件，这种关注来自于国际和国内的媒体以及其他群体⑦

以上定义虽然名目繁多，但大都是从危机的结果进行界定。但台湾学者朱延智从危机来源对危机进行了界定。他认为危机的产生是两个或两个以上危机因子结合所导致，这些危机因子是产生危机特质（突发事件以及由突发而带来惊异性）的根源，它们威胁到企业的高度优先目标或基本价值，对企业主及员工心理震撼很大。在危机资源相对缺乏的情况下，企业必须在短时

---

① 朱延智. 企业危机管理［M］. 北京：中国纺织出版社，2003.
② 朱延智. 企业危机管理［M］. 北京：中国纺织出版社，2003.
③ 朱延智. 企业危机管理［M］. 北京：中国纺织出版社，2003.
④ 周永生. 现代企业危机管理［M］. 上海：复旦大学出版社，2007.
⑤ 周永生. 现代企业危机管理［M］. 上海：复旦大学出版社，2007.
⑥ 周永生. 现代企业危机管理［M］. 上海：复旦大学出版社，2007.
⑦ Danald A. Fishman Blended and Extended，Valujet Flight 592：Crisis Communication Theory Communication Quarterly，1999，47（4）.

间内做出迅速而且明智的处理；处理结果会影响企业的生存和发展。①

从本质来讲，危机就是一些不和谐的等待爆发的因素，如果不对这种不和谐进行调节，会为企业带来真切的物质损失，造成对企业以及企业的利益相关者的伤害。

2. 企业危机管理的定义

美国学者海恩沃斯认为，危机管理是一种行动型的管理职能，它谋求确认那些可能影响组织的潜在的或者萌芽中的各种问题，然后动员并协调该组织的一切资源，从战略上来影响那些问题的发展。②

美国公关专家罗伯特·希斯提出，危机管理包括对危机事前事中和事后的管理，有效的危机管理要做到：通过寻找危机根源、本质及表现形式，并分析它们所造成的冲击，可以通过缓冲管理来更好地进行转移或者缩减危机的来源、范围和影响，提高初始管理的地位，改进对危机冲击的反应管理，完善修复管理以能有效地减轻危机造成的伤害。③

美国危机管理学者劳伦斯·巴顿认为，危机是一个会引起潜在负面影响的具有不确定性的大事件，这种事件及其后果可能对组织及其人员、产品、服务、资产和声誉造成巨大的损害。由此得到的定义：对危机的预防、预警、处理和总结、反思等一系列干预行为便是危机管理。④

美国著名咨询顾问史蒂文·芬克指出：危机管理是指组织对所有危机发生因素的预测、分析、化解、防范等采取的行动。⑤

美国学者鲍勇剑和陈百助认为，危机管理包含 2W1H，是一门研究为什么人为造成的危机会发生，什么样的步骤可避免这种危机的发生，如何控制危机的发展和消除危机的影响的学科。⑥

我国学者对于危机管理的典型定义：我国学者苏伟伦指出，危机管理是指组织或个人通过危机检测、危机预控、危机决策和危机处理，达到避免、减少危机发生的危害，甚至将危机转化为机会的过程。⑦

---

① 朱延智. 企业危机管理［M］. 北京：中国纺织出版社，2003.
② 赵冰梅，刘晖. 危机管理实务与技巧［M］. 北京：航空工业出版社，2007.
③ 罗伯特·希思. 危机管理［M］. 北京：中信出版社，2004.
④ 劳伦斯·巴顿. 组织危机管理［M］. 北京：清华大学出版社，2002.
⑤ 熊卫. 谈企业危机管理［J］. 中国高新技术企业，2008，（1）：62 +64.
⑥ 鲍勇剑. 危机管理——当最坏的情况发生时［M］. 上海：复旦大学出版社，2004.
⑦ 赵书成，柴彦伟. 施工企业危机管理［J］. 建筑技术开发，2008，35（7）.

我国学者路洪卫认为，危机管理是立足于应对组织或社会突发危机事件，通过有计划的专业处理系统将危机的损失降到最低。成功的危机管理能够利用危机，使组织或政府在危机过后树立更优秀的形象，公众将会对政府或组织有更深的了解和认同。因此，在危机面前，发现、寻找机会，进而利用潜在的成功机会逆转危机，这是危机管理的精髓。①

综上所述，可以把危机管理综合定义为：企业在面对由内部或者外部的一些因素所导致的危机时，企业利用自身的资源，通过危机预测、危机决策和危机处理，危机总结，以避免危机带来的危害，甚至是将危机转化为机会的系统的、灵活的管理过程，在危机过后，对危机产生的原因进行分析、总结，用相应的措施避免危机的再次发生。

3. 企业危机管理的生命周期理论

第一种，二阶段模式。伯奇和古斯等很多专家推荐的二阶段模型：把危机管理分为危机前（Precrisis）、危机（Crisis）和危机后（Postcrisis）两个大阶段，每一个大阶段中又可以分为若干小的阶段。②

第二种，三阶段模式。三阶段模型为很多学者所推崇，该模型把危机管理分成危机前、危机中和危机后三个大阶段，每个阶段都可以再细分为子阶段。

第三种，四阶段模式。史蒂文·芬克在1986年发表《危机管理：对付突发事件的计划》一书中，提出危机的生命周期理论。芬克用医学语言生动形象地揭示了危机生命周期，把危机分为：征兆期，有线索表明潜在的危机可能发生；发作期，具有伤害性的事件已经发生并引发危机；延续期，危机的影响持续，同时也是努力清除危机的过程；治愈期，危机事件已经完全解决。芬克的理论告诉我们：①危机事件不是一个孤立的偶发事件，它是一连串事件的必然；②危机管理是一个有机的链条，它由环环相扣的四个阶段组成。③另外，Gonzalez – Herres 和 Pratt（1995）建立了四阶段危机管理模型：问题管理阶段、计划阻止危机发生阶段、危机阶段、后危机阶段。④

---

① 赵冰梅，刘晖. 危机管理实务与技巧 [M]. 北京：航空工业出版社，2007.

② 郭际，吴先华，李南. 企业危机管理、组织学习和知识管理的战略整合 [J]. 科学学与科学技术管理. 2007，(3)：120 – 125.

③ 周永生，蒋容华，赵瑞峰. 企业危机管理（ECM）的评述与展望 [J]. 系统工程，2003，(6)：19 – 23.

④ 王满仓，佘镜怀，王伟. 现代企业危机管理理论综述 [J]. 经济学动态，2004，(3)：80 – 83.

　　第四种，五阶段模式。1994 年，危机管理专家米特洛夫提出了五阶段模型（也被称为 M 模型）：信号侦察阶段，识别新危机发生的警示信号并做出评估；探测和预防阶段，搜寻已知的危机因素并努力减少潜在危机；控制损害阶段，控制危机危害的程度，使组织机构正常运行；恢复阶段，尽快恢复因危机造成的损失，恢复机体正常的功能；学习阶段，反思危机管理的全过程。①

　　第五种，六阶段模式。1994 年，美国前陆军副参谋长诺曼·R. 奥古斯丁在奥古斯丁法中把危机管理划分为 6 个阶段：第一阶段为危机的预防，第二阶段为危机管理的准备，第三阶段为危机的确认，第四阶段为危机的控制，第五阶段为危机的解决，第六阶段是从危机中获利阶段。②

　　总的来说，以上几种理论大同小异，都是从不同的阶段划分处理危机。在企业危机的生命周期理论基础上，著名管理学家彼得·德鲁克（Peter Drucke）提出企业应该追求持续不断的创新。每隔一定时期企业应该对自己业务的各个方面进行一次全方位的严格评估，实现危机的动态管理。他在对企业危机管理研究中提出"成功的失败"（The Failure of Success）论点，他认为许多企业产生危机，不是因为以往的失败，而是因为以往的成功所致。企业会因为墨守成规使以前的优势变为劣势。③

　　严格地说，危机没有"结尾"，从各种危机产生到新危机临要发生的过程中，如果某一方面作用不足，就会导致新的危机产生。它的复发循环形成了连续并列的过程，即危机随时都可能单独或同时发生。相应地符合危机周期的管理行为过程就是危机管理过程。因此企业可以根据各种特征来辨别危机发展的阶段，并进一步采取有效的措施并进行果断处理，绝不能等到危机爆发后才在震撼中惊慌失措，这也是现今市场经济竞争中企业生存的基点。

　　如图 8 - 1 所示，将危机生命周期过程大致分为六个阶段：潜伏期、生成期、高潮期、爆发期、转化期和消退期。危机在每个时期都具有其自身的特点，同时也预示着企业发展的前景。掌握每个期间的特质，企业就可以避免危机，甚至可以抓住危机的转机，使企业转危为安。

---

　　① 周永生，蒋容华，赵瑞峰. 企业危机管理（ECM）的评述与展望 [J]. 系统工程，2003，(6)：19 - 23.

　　② Augustine N. R. Managing：the Crisis You Tried to Prevent. Harvard Business Review，1995，73 (6)：13 - 14.

　　③ 彼得·德鲁克. 动荡时代的管理 [M]. 姜文波，译. 北京：机械工业出版社，2018.

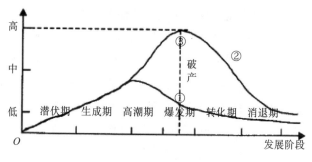

图 8 - 1 危机生命周期

从研究方法看，它是一种整体分析论，强调预防与筹备的环节，提高政府和全民抵抗危机的能力。从社会分工的维度强调循环式管理，将预防和筹备的工作纳入社会发展部分，应对和恢复工作纳入到人道主义援助部分，使政府的运作更加合理，社会重回良性发展轨道。

4. 企业危机管理的基本原则

企业危机只要处置得好，也可能是契机，甚至可能转化为胜机。我们关注危机、研究危机，目的在于更好地把握危机的发展规律。因此我们在进行企业危机管理时要遵循一定的原则与方法。

（1）预防第一原则。企业进行危机管理最重要的是进行早期预测，这是减少危机发生的突然性与意外性的有效办法。贯彻落实预防第一的危机处理原则，可以把企业的决策者放在防范和应对危机时的主导位置。预防第一的危机管理，有助于企业制定相关的防范制度。使管理者从防范入手，及时识别危机因素，将可能发生企业危机的因素扼杀在萌芽里，从而降低危机发生的概率，保证企业利益。

（2）快速处理原则。危机的发生具有一定的偶然性，对于企业危机的处理者来说，在危机刚发生时手忙脚乱在所难免，但一定要在危机爆发的第一时间即采取快速有效的措施，使危机造成的损失和不利影响降到最低。从众多的企业危机案例中也不难发现，企业危机爆发后，一旦不能进行快速有效的处理，将带来难以估量的损失，最终会使企业付出惨重的代价。

（3）传媒友好原则。企业危机管理中危机处理的部分中有一项重要的工作就是使危机信息得到良性传播。而危机传播的主要途径就是新闻媒体和新闻发布。有人说，"成也媒体，败也媒体""成也发布，败也发布"。可见，新闻媒体和新闻发布对危机信息传播的作用是不可取代的。要想使新闻媒体能够起到积极主动、正面引导的有利作用，企业管理者在处理危机信息传播时，要有针对性地做好新闻媒体的危机公关，保持真诚和友好的态度。

（4）积极沟通原则。企业危机爆发初期对企业的打击是毋庸置疑的。坚持积极沟通原则，一方面是对内，要及时向企业各级管理者和全体员工通报危机处理的进展情况，稳定企业员工队伍的人心，保证企业在危机处理的过程中内部的秩序不乱，继续保持有效的运转，为最终解决企业危机奠定有效的基础。另一方面是对外，要及时向利益相关者以及社会各界通报危机的处理情况，防止因为信息传递不到位而使公众产生恐慌心理，对企业产生不信任的思想。这样不仅会扰乱企业处理危机的步骤与程序，更可能给企业带来更大的危机，从而给企业带来不必要的压力。南京冠生园的倒下，有媒体的推波助澜的因素，但最关键的是企业危机管理信息传递的不到位，使社会对企业产生了严重的不信任感。而当企业发现这一问题时早已人走茶凉，最终酿成难以挽回的损失。

二、企业安全文化与企业危机管理的关系

通过对企业安全文化与危机管理的内容研究发现，建设安全文化是预防和杜绝危机的重要途径。企业安全文化对企业危机管理有指导作用，危机管理也是安全建设的具体内容之一。

1. 安全文化可以减少潜在危机的发生

应急管理部强调"消除事故隐患，筑牢安全防线"的思想。学习企业安全文化可以有效增强企业员工的安全意识和安全文化素质，并及时改正在生产过程中产生的危险行为，减少事故发生。另外企业安全文化建设完善，企业安全检查也会受到相应的影响，更重视消除和处理潜在危机，使企业和谐稳定发展。

2. 拥有良好的安全文化促进企业的危机管理

企业安全文化虽然不会直接产生经济效益，但可以从根本上改变人或组织对安全的理解，使员工明白安全的重要性，积极提高安全文化素养，能够采取相应的措施来避免事故的发生，确保自己和企业的安全。企业安全文化还可以培养企业员工具有对安全工作和危机管理共同的信念，在危机管理中做出正确的行为判断。企业安全文化能引导企业员工进行学习，不断更新可

供使用的知识和资源，可以通过自己的理解改变企业危机管理的常规框架，不断增强企业危机管理能力。

3. 企业安全文化有助于塑造良好的企业危机管理形象

企业危机的发生不仅是对企业的威胁，如果企业危机处理不当，不仅会导致企业的损失，还会损害企业形象和品牌影响力。因此，通过企业安全文化调动大多数员工的积极性，为企业创造良好的声誉，将企业危机变成企业发展的机会。企业安全文化指导危机管理活动，为危机管理指明方向，反过来说危机管理是安全文化建设的具体内容之一。在生产经营活动中，危机可以说是不可避免的，所以必须进行危机管理；安全文化建设是为了尽可能地减少危机的发生。总而言之企业安全文化建设是根本，危机管理是企业安全文化建设的必要补充。

第二节　国内外危机管理模型及分析

危机管理模型是国内外专家围绕危机管理的相关内容建立的，以针对各个阶段的危机提出相应的解决办法。从理论意义上看，企业安全文化和危机管理的"分类管理"模式，会导致企业相关部门缺乏有效的联动和协调，制约了危机管理的整体能力和综合效果。在企业安全文化的角度下协助企业危机管理工作，达到成功处理危机的目标，才能让企业真正做好安全工作。

一、国内外危机管理模型介绍

1. 4R 危机管理模型

危机管理的 4R 模型是由美国危机管理大师罗伯特·希斯（Robert Heath）在他的重要著作《危机管理》一书中率先提出的，即危机管理包括：危机缩减（Reduction）、危机预备（Readiness）、危机反应（Response）、危机恢复（Recovery）四个阶段。4R 模型依旧是诸多管理者进行危机管理的重要理论依据，他们依照 4R 模型把危机管理分为四类，即减少危机的破坏力和影响力，做好处理危机的准备，积极应对已发生的危机以及从危机中恢复并利用机会。

（1）危机缩减。在企业的危机管理活动中，危机缩减是其核心内容。其包括质量控制、改进管理、加强培训、提供更好的支持。因为降低风险，避免浪费时间，完善的资源管理可以大大缩减危机的发生及其冲击力。危机缩减的这些管理活动是许多企业都没有重视的工作，却能够极大地减少危机的成本与损失。

（2）危机预备。危机预备包含危机预警机制、危机培训及有效的预演练习。大量的危机管理事实证明，相当数量的企业都曾遇到过危机的困扰，而做了危机预防预演的企业所遭受的损失往往相对较小。可见，企业危机预防十分必要。

（3）危机反应。危机反应是指对危机情境所采取的应对措施，即企业应该针对危机作出什么样的反应，以便成功地解除危机。危机反应所涵盖的范围极其广泛，包括危机的应急处理、决策制定、与相关主管部门沟通、媒体新闻发布等范畴。企业面对危机首先要解决的是如何在最佳时间内有效遏制危机的蔓延；其次是准确快速地获取全面真实的信息以便了解危机波及可能波及的范围，为危机的顺畅解决提供依据；最后是在危机来临之后，企业如何以最小的损失将危机消除。

（4）危机恢复。危机情境一旦被控制以后，管理者需要着手致力于组织的恢复工作，尽力将组织的财产、设备、工作流程和组织中的人恢复到以前的正常状态。首先，调查分析。危机管理小组应对危机发生的原因和相关预防和处理从全面措施进行系统的调查分析，包括对预警系统的组织和工作内容、危机应变计划、危机决策和处理等各方面的调查分析。其次，总结检查，重塑形象。危机管理小组对危机管理工作进行全面的总结检查，要详细地列出危机管理工作中存在的各种问题，进行必要的改革和调整，从而避免犯更大的错误。因此，企业在危机管理过程中，要通过危机处理来积累各种经验，要善于从危机管理中找到走向成功的通道。同时，成功的危机管理还能使企业在危机过后树立更为优秀的形象。①

2. 三阶段危机管理理论

刘文龙和可星在《浅谈企业危机管理》一文中提出符合我国的危机管理

---

① 鲍勇剑. 危机管理——当最坏的情况发生时 [M]. 上海：复旦大学出版社，2004.

的三个阶段理论，即预防阶段、处理阶段和危机后的总结阶段。①

他们认为危机管理中的"危机"既包含了"危难"，也包含了"机遇"。如果处理得当，就能将危难转化为机遇，化被动为主动，获得意想不到的效果。他们把危机管理的过程分为三个阶段，即预防阶段、处理阶段和危机后的总结阶段。具体内容如表 8 - 2 所示。

表 8 - 2   三阶段理论

危机管理过程	主要工作	
第一阶段：预防阶段	即在危机发生之前，采取一定的措施避免危机的发生	
第二阶段：处理阶段	隔离危机	隔离危机就是切断危机蔓延到其他地区的各种可能途径，防止危机造成的损失扩大
	处理危机	处理危机要果断地采取措施，找到危机发生的真实原因
第三阶段：总结阶段	企业管理者要分析危机发生的原因，对整个危机管理过程的工作进行全面的评估，详细地列出工作中存在的问题，还要利用其他企业的相关经验教训来改进自己的工作	

（1）第一阶段，危机管理的预防阶段。"居安思危，思则有备"是中国古代危机管理预防思想的经典概括。英国危机管理专家迈克尔·里杰斯特认为，解决危机的最好方法是预防。任何一项危机的发生都会给企业造成某种程度的破坏，将危机扼杀在萌芽之中则可以将这种损失降至最低。

危机预防的实质是一种事前控制。即在危机发生之前，采取一定的措施尽量避免危机的发生。早在 2003 年，美国新墨西哥州飞利浦公司的火灾发生之后，诺基亚及时采取了应对措施，马上从别的厂商处购买生产手机所需要的芯片，从而避免了因芯片短缺而延误手机生产。相反地，爱立信对此次火灾却没有做出有效反应，致使该公司的新型手机无法推出，白白失去了部分手机市场。假如爱立信也能像诺基亚那样认识到火灾发生的可能性，及时预防火灾危机，那么新型手机一旦推出，爱立信抢占部分手机市场也是必然的事情。

冰冻三尺非一日之寒，任何危机在发生前总有一定的征兆。比如销售额的连年下降，销售额增加但利润未增加甚至亏损，管理层年龄结构不均衡（年龄普遍偏大或者偏小），流动资金不足，甚至是受大客户的牵连等都是危

---

① 刘文龙，可星. 浅谈企业危机管理［J］. 商场现代化，2010，（26）：15 - 17.

机的征兆。对于出现了的这些征兆，管理者要善于分析这种征兆发生的原因，并即时采取措施以改变状况，这也就达到了危机预防的目的。比如对于销售额的连年下降是由于经济不景气还是竞争对手所致，经济不景气是属于暂时性的，但如果是竞争对手抢走了顾客，那这种销售额的下降就足以引起管理层的高度重视。通过推出新产品或者加强售后服务等措施以留住顾客，增加销售额。

（2）第二阶段，危机的处理阶段。危机的处理是指在危机事件发生之后，企业所采取的一系列解除危机的措施。危机的处理阶段是企业危机管理中最为重要的一个阶段。企业能否将危机带来的损失减至最低，能否使企业转危为安，在很大程度上取决于危机处理所采取措施的有效程度。危机的处理是一个十分困难并极其复杂的过程，这不仅仅是因为危机本身的复杂多变性，还因为处理过程的有效性会受到企业管理者决策方案与执行程度的限制。一般地，我们可以将危机的处理过程分为两个步骤：即隔离危机与处理危机。

危机发生后首先要做到的就是隔离危机，切断危机蔓延到其他地区的各种可能途径。2020年至今全球新冠疫情期间，为防止疫情蔓延，中国各地方政府在党中央的统一部署下，对感染新冠病毒的病人采取隔离措施始终是卫生部门处理问题的第一步。企业危机的隔离也是为了控制危机，防止危机造成的损失扩大。

隔离危机应该从两方面入手，即人员隔离和事件隔离。在危机发生后，企业需要成立一个专门小组以全权负责危机的处理，将相关的危险人员进行转移，确保人员安全，这就是危机中的人员隔离。而事件隔离则是针对危机事件本身，避免由此事件又引起企业不必要的其他的事故发生。例如，在列车行车事故中，除了抢救伤员外，最关键的就是开通线路。线路不通，危害也就在不断扩大，事故引发的连锁反应也会持续不断蔓延，线路一旦开通，也就意味着危机已被隔离，全局得到控制。

其次才是处理危机。处理危机必须做到又快又准，果断采取措施。危机被拖延的时间越长，破坏性就越大。而所谓的准就是要找到危机发生的真实原因，对症下药。准是快的前提，只有找出原因，才能迅速采取行动，如果连原因都还没有找到便开始处理，就好像医生在未查出病人病因的情况下就开始下药，轻者延误了治病的最佳时机，重者就可能将病人置于死地。

在危机的处理中，企业的高层人员应该给予危机处理人员足够的权力，使其能充分调动处理危机所需要的各种资源，确保危机的迅速处理。

（3）第三阶段，危机总结。危机处理工作结束并不意味着危机管理过程的结束，危机总结才是整个危机管理的终点。在危机处理结束后，企业管理者应该分析危机发生的原因，并对整个危机管理过程的工作进行全面评估，详细列出工作中存在的问题。值得一提的是，企业不应该仅仅对自身的内部危机进行总结，也应该充分关注并利用其他企业的相关经验教训来改进自己的工作。

3. 企业危机管理的五力模型

企业危机管理五力模型在危机管理生命周期理论基础上加入了五种作用力，包括企业战略、危机管理小组、信息沟通、资源保障和组织文化。[①] 其主要组成如图 8 - 2 所示。其中企业战略是企业需要通过分析企业安全隐患制订的战略计划，根据不同的隐患制订不同的应对方案；危机管理小组是危机管理中的组织保障，其专业性直接决定了企业危机的处理水平。信息沟通存在于危机处理过程的各个环节，有效沟通不仅能抢占信息源，还能避免错误信息的发布，有利于及时挽回企业形象；企业危机管理中需要有充足的资源准备，例如专业的危机管理人员、救援物资和信息资源等；组织文化是危机处理的方向指南，组织的文化增强有助于员工危机管理理念的形成。以上五种作用力相互联系，共同构成了企业危机管理的动力机制。

图 8 - 2 企业危机管理五力模型

---

① 赵定涛，李蓓. 企业危机管理五力模型分析 [J]. 科技进步与对策，2005，（4）：126 - 127.

4. 宏观与微观层面的企业危机管理模型

上海电力技术与管理学院的丁雷青和陈永忠两位老师从宏观和微观两个方面对危机处理模型进行了介绍。① 其主要组成如图 8 - 3 所示：

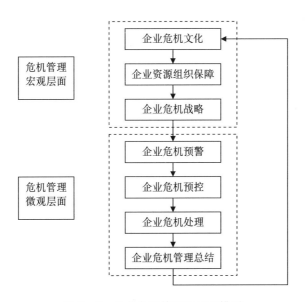

图 8 - 3　企业危机管理两层面模型

（1）企业危机管理宏观层面。企业危机宏观管理是从企业危机文化出发，逐渐形成企业"居安思危"的价值观和行为准则，合理组织和分配企业资源，建立和完善企业抗击危机的战略规划。

①形成企业危机文化。企业危机文化形成就是要在企业内部营造一种企业危机管理的氛围，把企业安全需要转化为员工具体的奋斗目标、信条和行为准则，形成员工维护关爱企业形象的精神动力，为建立企业良好的信誉与社会形象而努力。危机管理要求企业在企业文化中有深层面的危机感，使危机意识在所有员工内心中形成一种潜意识，让感应危机成为计划中的一部分。

②企业资源组织保障。危机管理首先需要一定的物资准备，要有一定的财务预算以及物资设施准备；其次，加强危机管理组织的培训并进行危机模拟训练。加强其决策能力、控制能力以及执行能力。再次，企业必须建立良

---

① 丁雷青，陈永忠. 一种企业危机管理模型宏观与微观层面 ［J］. 商场现代化 . 2010，（35）：48 - 50.

好的公共关系资源，要加强与媒体、政府的联系和协调，与之建立良好的关系，以便在危机中取得同情和支持。此外，要有充分的信息资源准备，为企业危机管理中的预测、决策以及运行提供重要的信息保障。

③企业危机战略规划。在企业战略的规划与安排上，把危机管理列为企业战略的实施环节。从战略的高度将危机管理的制度、流程、组织和资源列入企业战略管理的体系当中，预防危机才是融入战略管理过程的危机管理的真正目标。积极、有效地处理并转化危机，维护和提升企业形象，使企业顺利达到预期的战略目标。

（2）企业危机管理的微观层面。企业危机管理微观层面是指企业在企业危机宏观管理指导下，通过危机预警、危机预控、危机处理和危机管理总结完成企业日常危机管理的程序和步骤。

①危机预警。企业危机预警系统的目的是从根本上防止危机的形成、爆发，是一种对企业危机进行超前管理的系统。企业危机预警系统包括信息搜集子系统、信息分析和评估子系统、危机预测预报子系统和危机预处理子系统五个子系统。

其中，信息搜集子系统主要是收集可能引发危机的外部环境信息和内部经营信息；信息分析、评估子系统主要是对危机环境进行分析，了解与危机事件发生有关的微观环境动向，察觉环境的各种变化，保证当环境出现不利的因素时，能及时有效地采取措施；危机预测预报子系统对企业经营的各方面的风险、威胁和危险进行识别和分析，并对每一种风险进行分类管理，从而准确地预测企业所面临的各种风险和机遇，同时判断各种指标和因素是否突破了危机警戒线，根据判断结果决定是否发出警报；危机预处理子系统是预先制订危机预处理方案，把危机消灭在萌芽状态。企业危机预警系统的构成，如图8-4所示。

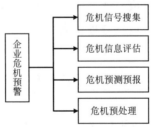

图8-4 企业危机预警系统

②危机预控系统。企业危机管理的重点应放在危机发生前的预警和预控上，而非危机发生后的处理、总结和恢复方面。为此，建立一套规范、全面的企业危机管理预控系统是必要的，如图8-5所示：

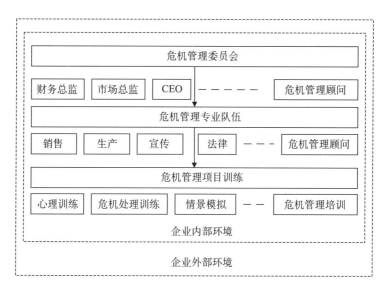

图8-5　危机预控系统

首先，企业要成立危机管理委员会，委员会成员尽可能选择熟知企业内外部环境、有较高职位的管理人员和专业人员参加，以便于通览全局、迅速做出决策。其次，培养一支训练有素的危机处理专业队伍。危机处理专业队伍是处理危机的骨干力量，应该由各类专业人员组成，人员要涉及销售、生产、技术、宣传、法律等诸多部门。最后，进行危机处理的模拟训练。模拟训练应包括心理训练、危机处理知识培训和危机处理基本功的演练等内容，定期的模拟训练不仅可以提高企业危机管理委员会的快速反应能力，强化危机管理意识，还可以检测已拟定的危机处理应变计划实际可行性。

③危机处理系统。危机处理系统指的是为减少危害和冲击，在危机爆发后，按照危机处理计划和应对策略对危机采取直接的处理措施，危机处理系统一般应包括以下内容：企业危机管理委员会快速启动企业危机处理应变计划，在企业危机尚未失控时，迅速采取明确的行动以阻止企业危机的进一步发展，控制住危机。然后，迅速找出主要危机和关键因素，以此为基础，集中力量，有的放矢。处理危机应该采取果断措施，力求在危机损害扩大前控

制其发展势头。有些危机处理措施往往不一定能在短时间内奏效，面对这种局面，企业领导者心理素质和耐力显得尤为重要，有时局势的转换就来自长时间的坚持。设法消除危机所造成的消极后果是一项重要工作，主要包括物质后果、人身后果和心理后果。例如危机直接损坏的资源、财富、设备等损失，组织好医疗工作和对死者家属的抚恤工作，并充分满足家属、亲属的探视或吊唁愿望，围绕危机本身对社会公众进行正面的引导和教育，通过各种方式的努力消除心理方面的不良后果等。企业要尽可能依靠有效的传播和沟通工作来削弱企业危机，利用各种传媒对社会公众进行及时正确的引导，都是非常必要的。危机一旦发生，企业要尽快收集一切与危机有关的信息，挑选可靠、有经验的企业发言人，将有关情况告知公众，并坦诚地向社会公众和新闻界说明原因，如图 8 - 6 所示：

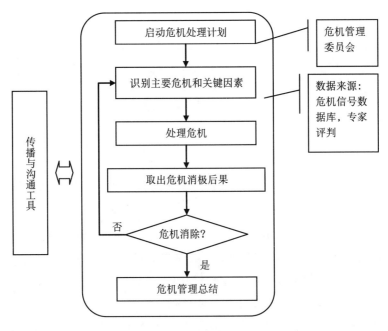

图 8 - 6 危机处理系统

④危机总结系统。危机消除后，要及时进行危机总结，以便亡羊补牢。危机所造成的巨大损失会给企业带来沉痛的教训，所以，对企业危机进行认真而系统的总结是必不可少的。企业危机总结系统一般要包括三个步骤：a. 调查，对危机发生的原因、相关预防和处理等全部措施进行系统调查。b. 评

价，对危机管理工作进行全面评价，包括对企业危机预警、预控、处理等工作内容、危机应变计划、危机决策等各方面的评价，要详尽地列出危机管理工作中存在的各种问题。c. 整改，对危机系统管理中存在的各种问题综合归类，分别提出整改措施，并责成企业有关部门逐项落实。

5. 从细节出发的危机管理模型

安徽大学管理学院的许欣和王乐在《基于细节的危机管理》一文中指出危机管理要从细节出发，包括七个细节，即居安思危、防患未然、未雨绸缪、入乡随俗、群力群策、直面情势、总结经验。[①]

（1）居安思危，树立全员危机意识。一般的危机管理其实质是对于这些危机发生时候的被动反应，事实上危机发生之前的预防工作，才是企业获得危机管理成功的捷径。日本著名企业家松下幸之助的经验告诉我们，"居安思危"的危机意识是决定现代企业是否能够"长治久安""立于不败"的基础。树立和强化企业内部人员的危机意识是预防危机最有效的办法，并且把它作为一种战略纳入企业的发展规划之中，从而有效地帮助企业在遇到危机时能迅速作出反应，从容面对危机。

（2）防患未然，建立精细的危机预警系统。企业在市场中成长必然会面对各种风浪，危机随时可能发生。昨天还辉煌的企业，今天就可能被一个小小的细节事故所击垮。行业内危机事件一件接一件，层出不穷，如果企业不重视危机预警，一旦危机发生，无法及时处理，就会让企业越陷越深，甚至是面临被市场淘汰的结局。因而，建立一套危机预警系统是企业必不可少的一项危机管理措施。

（3）未雨绸缪，及早进行危机培训。作为一个有远见的企业领导者，应该明白危机始终伴随着企业的发展过程。因而，企业如何在危机爆发前做好预防工作就显得尤为重要，对员工的危机培训也必须提上日程。"星星之火，可以燎原"，企业要使每一个员工从思想上做好应对各种危机的准备，从细节上做到保障。具体来说，要培训员工具有抵抗危机的良好心理素质，对员工进行危机知识的普及传达，让员工模拟真实的危机状况进行训练演习。最初的训练规模可以简单化，当熟练度和技能不断增加时，就要逐步加强员工间的相互影响、协作方面的训练，并且要注意部署和沟通的互动作用，明确

---

① 许欣，王乐．基于细节的危机管理［J］．商场现代化．2007，（31）：173－174．

合作和决策在实践中的意义，相信这些举措对于企业员工危机预防能力的强化都有很大帮助。

（4）群策群力，成立危机管理小组。当危机发生时，企业内部应该立即组建危机管理应对小组，制定、审核处理方案、应对方针和工作程序，以便清理危机险情，及时遏止、减少危机对企业造成的危害。一个完整的危机管理应急小组至少应该具备以下五类主要成员：①危机主管，是重要问题的最终决策人物，通常是总裁、首席运营官，由他领导整个小组，有利于尽早作出权威决断。之所以要最高管理层参与危机管理，就是要保证危机管理的权威性、决策性。②公关专业人员，是危机公关的理论参谋和具体执行者，负责危机公关程序的优化以及实施，策划一系列公关活动，使危机转化为契机，并负责维护企业形象。③新闻发言人，专门负责与外界沟通，尤其是对于新闻媒体，需要及时、准确、口径一致地按照企业对外宣传的需要，把公关信息发布出去，形成有效的对外沟通渠道。可避免危机来临之时，对外宣传的无序、混乱以及由此可能产生的公众猜疑，便于企业驾驭危机公关信息的传播。④法律事务顾问，作为企业的法律事务顾问要熟悉企业日常运作过程中可能出现的法律问题，便于在法律程序上保证企业行为的正确性，预防危机事件的恶化。⑤举报投诉处理人员，接受员工家属和社会公众举报投诉时，沟通信息和对外树立形象是危机管理的重要环节，处理举报投诉的人员要十分注重自己的态度，因为举报人在此时往往言行过激，如果能够稳定他们的心态，可以有效降低危机的爆发率。

（5）直面情势，正确引导舆论方向。通过分析企业危机管理的案例，我们可以发现在企业发生危机时，能否正确引导舆论导向，是关系到企业能否迅速化解危机的一个重要举措。首先，对于新闻媒体发布的被公众误解的错误舆论，企业应该及时采取措施，进行遏止。不及时遏止错误舆论的蔓延，会使企业危机呈螺旋状累积起来，使得原本很小的危机，最终演变成一场灭顶之灾。其次，由于企业自身过失造成的危机，企业必须勇担责任，诚实应对，采取一切补偿措施，获得社会公众的信任，挽救危机并重新塑造良好的企业形象。大量的危机管理案例表明，企业对于受害者及其家属进行慰问，同时通过仔细调查研究将真实情况通过媒介告诉公众，由此对大众舆论的认知、态度以及行动进行合理的转移以及全面的引导，使得大众舆论能够朝着有利于企业的方面发展，公司的美誉度和知名度不仅会免受危机的损害，反而会转危为安，进一步提高。

（6）总结经验，谨防危机重复发生。企业在危机发生后，应该主动采取各种手段，防止危机事件的再次发生。及时地总结经验教训，采取果断、必要的措施，让企业不至于陷入不利的被动局面，更重要的是可以避免危机接二连三地反复爆发。每一次危机本身既包含导致失败的根源，也孕育着成功的种子。发现培育以便收获潜在的成功机会，就是危机管理的精髓。如果企业遭遇危机事件时，通过从细节着手，运用正确的策略，确实能够达到转"危"为"安"，化"危"为"机"的作用。

二、缺乏企业安全文化支撑的局限性分析

以上学者提出的危机管理模型都有自己的独特之处，但因所处时代原因，大都只是围绕危机管理的周期理论进行论述，针对危机预防、危机处理和危机总结提出相应的解决办法。虽然这些危机管理模型都蕴含着安全文化的内涵，但并没有明确提出把危机管理纳入到安全文化的体系中进行思考。

1. 只是针对于具体问题的具体分析

综上所述，现有模型只是根据危机管理的周期解决问题，没有和企业安全文化相结合。企业安全文化与危机管理的建设具有相同的目标，正确的危机处理模式应该是在企业危机管理建设过程中融入安全文化，充分发挥安全文化的指导作用。

2. 缺乏建设企业安全文化的意识

赵定涛和李蓓的五力模型中，提到了企业的组织文化可以帮助企业员工树立上下一致的危机意识，而安全文化是组织文化的一个子概念，因此，把安全文化融入到企业危机管理的建设中，可以强化企业员工的危机意识，有效防范危机的发生。另外，企业安全文化的约束功能可以对员工的行为达到自我控制的作用，服务于企业危机管理的建设。

3. 侧重于危机的处理

以上模型中对于危机预测都提出了学者个人的见解，但只侧重于对危机发生后的处理。企业危机管理存在的问题是没有及时发现潜在危机，致使危机发生。实际上大部分的危机都是可以避免的，但许多企业习惯于危机发生后采取应对措施，忽视了企业危机预测的重要性。我们需要在安全文化的氛

围下，对企业危机进行全面预测，能够及时识别风险并及时解决，降低危机爆发的概率。

4. 对于危机管理的总结不够全面

危机发生后，危机管理者最容易忽视对危机的总结。对危机管理过程中的工作进行全面总结，能够发现更多引发危机的原因和处理办法。不仅是企业的管理者需要对危机管理过程进行全面的评估总结，企业相关部门的工作人员也要深层剖析引发危机的相关成因和处理危机时的贡献与不足。企业不仅要从自身内部危机中吸取教训，更要借鉴其他企业的相关经验，以提高自身的安全工作水平。

第三节　国内安全文化与危机管理现状分析

近年来，我国的危机事故频发，而且愈演愈烈，尤其是在 2020 年出现新冠疫情这几年，安全问题几乎涉及了人们生活的各个方面。一个奇怪的现象是，人人都在谈论安全，安全事故却从没有停止过，如果安全问题不能得到有效的控制，极有可能危害到社会的安定，本节内容通过一些典型案例分析对我国安全文化和危机事故的现状进行分析。

一、国内安全事故典型案例分析

1. 栖霞金矿爆炸事故基本情况

2021 年 1 月 10 日，栖霞金矿发生重大爆炸事故，救援指挥部紧急调集省内外救援队伍 20 支，救援人员 690 余名，救援装备 420 余套，历经 17 天的救援，从井下成功救出 11 名被困矿工，挖掘出 10 名遇难矿工遗体，1 名矿工失联，直接经济损失 6847.33 万元。省纪委监委成立事故调查组，按照原则和要求，通过现场调查分析查明了事故发生的经过、原因，现将有关情况报告如下。

（1）事故金矿简介。栖霞金矿主要开采矿种为金矿和银矿，金矿矿区面积达 2.05 平方公里，每年可生产 50 万吨，服务期限为 14 年。在 2016 年 2

月 18 日获得了原山东省国土资源厅颁发的有效期为 4 年的采矿许可证。后经山东省应急管理厅批准，该项目的采矿许可有效期延至 2022 年 8 月 7 日。事发时，栖霞金矿处于基建期，正在进行混合井（针对两个或两个以上含水层同时作用的降水井）、回风井间（矿井通风系统中排出污风的风井）的巷道贯通工程施工。栖霞金矿在 −450 米中段以下为了节省运距，采用的盲竖井 + 盲回风井开拓，共 14 个中段，井下 0 米至 −650 米标高内每 50 米为一个中段，其中 0 米中段为回风中段，−450 米中段及以上矿体回采（包括落矿、出矿和地压管理 3 种作业）。事发时正在六中段安装临时泵站水泵和启动柜。

栖霞金矿的采矿权人是山东五彩龙投资有限公司，经营范围是矿山开采项目。五彩龙公司建设项目外包管理极其混乱，对外来施工单位安全生产条件和资质审查把关不严。除此之外，五彩龙公司私自购买民用爆炸物品，长期违规混存炸药、导爆管雷管在回风井一中段的同一区域内，并长期使用未取得《爆破作业人员许可证》的人员实施爆破作业。

（2）事故发生的经过，如表 8 − 3 所示。

表 8 − 3　　　　　　　　栖霞金矿爆炸经过

2021 年 1 月 10 日	新东盛工程公司施工队在向回风井六中段下放启动柜时，发现启动柜无法放入罐笼，施工队负责人李东安排员工唐海波和王桂磊直接用气焊切割掉罐笼两侧手动阻车器，有高温熔渣块掉入井筒
12 时 43 分许	浙江其峰工程公司项目部卷扬工李秀兰在提升六中段的该项目部凿岩、爆破工郑略泼、李若满、卢兴雄 3 人升井过程中，发现监控视频连续闪屏；罐笼停在一中段时，视频监控已黑屏。李秀兰于 13 时 04 分 57 秒将郑略泼等 3 人提升至井口
13 时 13 分 10 秒	风井提升机房视频显示井口和各中段画面"无视频信号"，几乎同时，变电所跳闸停电，提升钢丝绳松绳落地，接着风井传出爆炸声，井口冒灰黑浓烟，附近房屋、车辆玻璃破碎
14 时 43 分许	采用井口悬吊风机方式开始抽风。在安装风机过程中，因井口槽钢横梁阻挡风机进一步下放，唐海波用气焊切割掉槽钢，切割作业产生的高温熔渣掉入井筒
15 时 03 分 左右	井下发生了第二次爆炸，井口覆盖的竹胶板被掀翻，井口有木碎片和灰烟冒出

2. 应急处置情况

（1）先期处置情况。事故发生后，五彩龙公司、浙江其峰工程公司项目部、新东盛工程公司有关负责人先后到达事故现场组织救援，采取了排查井下作业人员及作业地点、恢复风井地表供电、对井下通风、派员下井搜救侦查等措施，同时请招远市金都救护大队救援。

1月10日15时45分，招金矿业公司副总裁兼安全总监王春光接到贾巧遇电话后，协调招远市金都救护大队前往救援，17时许，王春光和招远市金都救护大队、招金集团安全总监杨悦增到达现场。18时左右，招金矿业公司总裁董鑫到达现场指挥救援。

（2）事故救援情况。接到报告后，山东省委、省政府迅即成立省市县一体化救援指挥部，由省委常委、常务副省长王书坚任总指挥，组织开展现场救援工作。总指挥部下设综合协调、现场救援、专家、医疗救治、新闻舆情、安全保卫与交通保障、后勤保障与联络、家属接待、疫情防控、事故调查、生命通道联络保障11个工作组。1月12日中午，应急管理部副部长、国家矿山安全监察局局长黄玉治带领工作组到达现场指导救援。

现场指挥部坚持科学施救、有序施救、安全施救，紧急调集省内外救援队伍20支，救援人员690余名，救援装备420余套，前期制定了井筒清障和地面打钻"两条腿并行"思路，后期调整为"3＋1"总体救援方案，即以生命维护监测、生命救援、排水保障3条通道为主，探测通道为辅，同步推进；井筒清障突破后，迅速搜寻被困人员。

1月24日，救援人员在四中段发现矿工刘常建，于11时13分顺利升井，送医院救治。12时50分清障至五中段后，分别于13时33分、14时07分、14时44分、15时18分对五中段张纪等10名被困矿工分四批升井，送医院救治。之后，10名遇难矿工遗体陆续升井，仍有1名矿工失联。

1月27日，指挥部决定现场紧急救援转为常态化搜救。截至1月30日，10人已出院，1人留院观察治疗；遇难人员善后工作完成。

（3）事故迟报瞒报核查情况。1月10日13时13分许，笏山金矿回风井发生爆炸。13时30分左右，五彩龙公司、浙江其峰工程公司、新东盛工程公司有关负责人先后到达事故现场组织救援。

1月10日19时许，西城镇党委负责同志从笏山金矿附近左家村村民处获悉发生事故，随即向栖霞市政府有关负责同志作了报告。时任栖霞市委书记姚秀霞、市长朱涛到现场了解情况，姚秀霞认为被困人员获救可能性较大，作出暂不上报、继续组织救援的决定。

1月11日18时46分，烟台市应急管理局主要负责同志从其他渠道获悉金矿发生事故，随即要求栖霞市进行核实。姚秀霞、朱涛才决定以 1 月 11 日 20 时 5 分接报的时间上报。

根据国务院《生产安全事故报告和调查处理条例》等有关法规规定，经调查认定五彩龙公司和栖霞市均构成迟报瞒报。

3. 事故原因分析

经调查，爆炸事故的五彩龙无视国家民用爆炸物品及安全生产相关法律法规规定，民用爆炸物品安全管理混乱，长期违法违规购买、储存、使用民用爆炸物品；未落实安全生产主体责任，企业管理混乱，是事故发生的主要原因。

（1）民用爆炸物品管理混乱。使用栖霞市公安机关依据已废止的行政法规核发的《爆炸物品使用许可证》，申请办理爆炸物品购买手续，长期违规购买民用爆炸物品；未健全并落实民用爆炸物品出入库、领用退回等安全管理制度，对库存民用爆炸物品底数不清；长期违法违规超量储存民用爆炸物品且数量巨大，违规在井下设置 3 处民用爆炸物品储存场所，炸药、导爆管雷管和易燃物品混存混放。

（2）对施工单位长期违法违规使用民用爆炸物品监督检查不力。主要负责人及分管民用爆炸物品、安全生产工作的负责人对施工现场安全生产不重视，对施工单位的施工作业情况尤其是民用爆炸物品储存、领用、搬运及爆破作业情况监督检查、协调管理缺失。

（3）建设项目外包管理极其混乱。对外来承包施工队伍安全生产条件和资质审查把关不严，日常管理不到位；对浙江其峰工程公司、新东盛工程公司等外包施工单位管理不力，以包代管，只包不管，对浙江其峰工程公司、新东盛工程公司交叉作业未进行统一协调管理，未及时发现并制止违规动火作业行为；对进场作业人员安全教育培训、特种作业人员资格审查流于形式。

（4）瞒报生产安全事故。企业主要负责人未按照规定报告生产安全事故。

（5）政府及业务主管部门未认真依法履行安全监管职责。

①公安部门。

a. 栖霞市公安局：一是未依法履行民用爆炸物品购买和运输安全监管职责。民用爆炸物品购买审批依据不合法，依据 1984 年 1 月 6 日颁布、2006 年 9 月 1 日已废止的《民用爆炸物品管理条例》，违规向五彩龙公司核发已废止的《爆炸物品使用许可证》；审批程序不合规，栖霞市公安局仅对初次申请办理《民用爆炸物品购买许可证》的兴达爆破公司进行相关资料审核，由属地派出所违规发放《爆炸物品购买证》，事故发生后，违规补审《爆炸物品使用许可证》。未依法查处兴达爆破公司和北海民爆公司违规从事民用爆炸物品运输的行为。二是未依法履行民用爆炸物品储存和使用安全监管职责。在浙江其峰工程公司向其进行爆破作业项目报告后，监管缺失，未发现浙江其峰工程公司长期使用未取得《爆破作业人员许可证》的人员进行爆破作业；发现五彩龙公司、浙江其峰工程公司项目部违规存放民用爆炸物品后，未依法查处。三是未依法履行民用爆炸物品流向监控安全监管职责。民用爆炸物品信息管理系统管理混乱，审查兴达爆破公司上传系统的爆破作业合同不细致、不严格，长期存在民用爆炸物品管理系统信息录入和实际运行不符的问题；未依法查处安达民爆公司、五彩龙公司未将销售或购买的民用爆炸物品的品种、数量备案的问题；未依法查处浙江其峰工程公司驻山东栖霞金矿项目部未按规定记载领取、发放民用爆炸物品的品种、数量、编号以及领取、发放人员姓名的问题。四是未依法履行民用爆炸物品安全监督检查职责。在民用爆炸物品日常监管工作中，未有效履行相关职责，对民用爆炸物品监管缺失，对相关单位违规储存民用爆炸物品、由无爆破资质的人员向井下运送民用爆炸物品、长期炸药雷管混运等问题监督检查不认真不严格。五是未按规定及时上报事故。

b. 烟台市公安局：履行民用爆炸物品安全监管职责不到位。对栖霞市公安局履行民用爆炸物品安全监管职责监督、指导不力。对栖霞市民用爆炸物品信息管理系统的运行监管不力。对栖霞市公安局未依法履行民用爆炸物品购买、使用和储存、流向监控安全监管职责存在的问题失察。未认真履行爆破作业单位安全监督检查职责，对取得营业性爆破作业单位资质的兴达爆破公司监督检查不力。

②应急管理部门。

a. 栖霞市应急管理局：履行非煤矿山安全生产监督检查职责不力，非煤矿山监管人员配备不足，对五彩龙公司及外包施工单位管理混乱等问题监督不到位，未按规定及时上报事故。

b. 烟台市应急管理局：组织开展非煤矿山安全生产抽查检查工作不到位；对栖霞市应急管理局安全生产监督检查工作监督指导不力。

③工信部门。

a. 栖霞市工业和信息化局：履行对民用爆炸物品销售企业的安全监管职责不力，没有及时发现并纠正安达民爆公司履行民用爆炸物品查验职责违规行为。

b. 烟台市工业和信息化局：未依法履行民用爆炸物品销售安全监管职责。没有及时发现并纠正安达民爆公司履行民用爆炸物品销售查验职责违规行为；对栖霞市工信局履行民用爆炸物品销售安全监管职责监督、指导不力。

④交通运输部门。栖霞市交通运输局：贯彻执行交通运输工作法规规定不到位，对未取得道路危险货物运输许可，擅自从事道路危险货物运输的非法运输行为未及时发现并处置。

⑤地方党委、政府。

a. 栖霞市西城镇党委、政府：未认真履行对五彩龙公司、浙江其峰工程公司项目部等辖区内生产经营单位安全生产状况监督检查职责，协助栖霞市有关部门依法履行民用爆炸物品、非煤矿山安全生产监督管理职责不力。

b. 栖霞市委、市政府：未认真落实烟台市委、市政府关于民用爆炸物品、非煤矿山安全生产监管工作的部署和要求，事故发生后未按规定及时上报事故。未认真督促栖霞市相关部门依法履行民用爆炸物品、非煤矿山安全生产监督管理相关职责。未认真督促西城镇党委、政府依法履行安全生产监督检查职责。

c. 烟台市委、市政府：未切实加强烟台市民用爆炸物品、非煤矿山安全生产监督管理工作的领导；未有效督促烟台市相关部门依法履行民用爆炸物品、非煤矿山安全生产监督管理职责；对栖霞市委、市政府未有效落实民用爆炸物品、非煤矿山安全生产监督管理职责等问题失察。

4. 从企业安全文化视角分析栖霞爆炸事故危机管理的不足

栖霞金矿爆炸事故在各级政府组织指挥下，解决了这次危机。事故爆发至救援的过程中，暴露出五彩龙公司危机管理方面的不足，给企业带来了不可挽回的损失。

（1）未认真履行安全检查职责，危机预警能力缺失。企业在激烈的市场竞争中，首先考虑的是企业经济效益，对安全检查工作存在疏忽的问题。企业安全检查工作是为了及时发现在生产活动中接触的相关工具存在的不安全状态、员工的违规行为和对企业构成威胁的潜在因素，这些隐患不及时解决可能引发重大危机事故。危机预警以日常风险管理为基础，对危机进行检测、评估、预防的工作。未能及时发现这些潜在风险，危机预警系统无法发挥作用，事故也无法避免。在栖霞金矿爆炸事故中，涉事企业在安全检查和危机预警工作中暴露出严重的问题，违规存放导爆管雷管，导爆索和炸药等，已严重影响企业的安全，足以引起企业的重视，但该企业安全检查形同虚设，危机预警机制在预先防范危机方面没有达到该有的效果，促使本次危机爆发。

（2）未制定安全事故预案和开展预案演练。根据安全生产相关法律法规规定，企业应坚持"安全第一，预防为主"的方针，对企业存在的危险源制定不同的事故预案，根据企业制定的预案进行演练可以提高危机处理的专业能力，有效避免危机蔓延。矿山开采工作具有很高的危险性，可能会出现由高温高热、粉尘、有毒有害气体、安全爆破等问题引发的事故，五彩龙公司应该提前针对这些危机制定救援计划，在事故发生时，才可以及时、科学、有效地开展救援工作。并通过定期开展安全生产防控演习，提高员工应急自救或寻求救援的能力。

（3）未将危机管理纳入安全教育培训中。危机管理是安全教育培训的重要内容之一，安全教育培训的实施效果直接决定了危机管理水平。通过危机管理培训能够及时在工作中识别风险并及时纾解，同时面对重大危机事故时，参加安全培训的员工会更沉着冷静，积极采取科学的措施消除危机，减少企业受到的损失。但是经调查发现五彩龙公司并没有将危机应急工作纳入到安全教育培训中，导致危机救援工作不专业。该企业安全培训内容单一，培训方式只有讲座，且内容枯燥乏味，无法充分调动员工参加培训学习的积极性。危机管理工作还需要进一步加强。

（4）企业安全生产主体责任落实不充分，危机管理效果不佳。从栖霞爆炸事故中看出，建设企业安全文化对企业来说是必不可少的内容。企业需要重视安全生产的投入，推进企业安全生产主体责任的落实。从危机隐患的排查到危机处理的所有工作流程都要了然于心，企业需要设立专门的危机管理机构，在危机发生时迅速反应并有效地控制危机。安全工作中凭经验，主动能力差，危机来临时，企业无法及时做出危机处理措施有效制止危机，不利于企业的发展。

二、国内安全事故频发的现状及分析

　　"十三五"规划强调要全面加强安全生产监督管理，不断强化安全生产隐患排查治理和重点行业领域专项整治，深入开展安全生产大检查，严肃查处各类生产安全事故。在"十四五"规划中提出，要全面落实企业安全生产主体责任，加强安全生产监测预警，提高安全生产水平。

　　根据 2020 年国民经济和社会发展统计公报调查显示全年各类生产安全事故共死亡 27412 人。工矿商贸企业就业人员 10 万人生产安全事故死亡人数 1.301 人，煤矿百万吨死亡人数 0.059 人。由上述背景显示，我国企业安全问题仍然突出，各类事故隐患和安全风险交织叠加，引起了国家、企业和相关研究机构的重视，并开始投入大量的人力和物力，尝试建立一套完善的危机管理模式。但是，企业目前的危机管理体系依然不能完全在危机潜伏期有效预防和控制危机，因而不能放松对危机管理的探究工作。究其原因，主要存在以下几个方面：

　　1. 企业不重视安全文化建设

　　首先思想认识不到位，企业不能树立正确的价值观。企业安全文化是一个漫长且不能直接创造经济效益的项目，致使一些企业的领导不重视企业安全文化的建设，但是关键时刻企业安全文化却是企业的救命良药。由于不能产生直接的经济效益，企业的领导往往只会做表面工程，马马虎虎，有的甚至会主动暗示员工，放松管理，降低标准，致使事故频繁发生。其次教育培训不扎实。企业对从业人员、安全管理人员安全培训不到位，甚至有一些员工未经安全培训就上岗，造成安全意识淡薄、安全知识缺乏、安全技能不高，不能有效防范事故，不能正确应对、处置生产安全事故，一旦发生事故，盲目施救，导致事故扩大。

　　2. 政府监管没有落实安全文化的内涵

　　首先安全责任没有得到落实。安全制度不健全、安全管理不严格、安全投入不到位、安全措施不落实，甚至违法违规生产、建设、经营，不顾安全条件冒险蛮干。一些地方政府，缺乏真正的责任感，没有真正落实安全监管责任，贯彻执行安全生产法律、法规、方针、政策态度不坚决，监督检查不认真，安全执法和"打非治违"工作不得力，对事故查处不严厉。其次是安全整治不深入。由于中国社会环境比较特殊，有些地方、部门和生产经营单位没有深入开展安全生产专项整治，安全许可审查不严格，整顿关闭不到位，隐患排查治理走过场，重大危险源监控工作不落实，超能力、超强度等生产问题依然存在，违章指挥、违章作业、违反劳动纪律现象相当严重。

3. 企业员工不懂得安全文化给自身的切实利益

首先是部分职工的安全价值观模糊不清。基层员工不清楚安全文化会给他们带来什么，只关心自己的具体工作，更说不上去考虑全局，建立安全文化。其次在"最大利益和局部利益、安全与效益的关系"上，部分职工认识模糊不清。因此，职工对安全文化的认识和树立什么样的安全价值观还有待正确引导，职工的安全观念、安全意识还需要通过加强安全文化建设进一步培养，职工的安全价值观和安全目标还需要进一步明确。还有部分职工安全文化素质较差。由于公司存在临时工、协议工，这些职工安全知识缺乏、素质差、盲目冒险作业，遇险后手足无措，缺乏应变能力和自我防护能力。部分员工把安全操作与提高效率对立起来，盲目追求产量和奖金而误入危险的境地。

三、国内危机管理的现状及分析

在我国，危机管理理论研究和实践总结取得了可喜成就，但也存在着诸多问题，总结如下：

1. 危机管理意识淡薄

近几年危机事件一再发生，但还是没能引起企业的普遍关注，对危机管理的认识还是朦胧的。主要表现为：

（1）危机管理概念界定不清。"危机管理就是危机发生之后如何管理的问题"，这是大多数企业的共同观点，实际上这是大错特错的。危机管理最重要的是预防环节，不在处理，最好是及时发现危机，避免危机发生。如果一个企业在完全没有预案的情况下遭遇危机，将会导致巨大损失，如果控制不好，危机将会造成连锁反应，使企业的品牌形象、社会信任毁于一旦，直至最终的企业灭亡。

（2）危机管理责任意识不强。目前，许多企业员工认为："企业危机管理仅仅是企业领导人的事情，领导不管，我们何必多此一举。"其实不然，企业领导人固然在企业危机管理中拥有领导角色，但企业危机管理并非只是企业领导人或某一公关部门的特定问题，企业任何一条供应链出问题，都会导致企业危机的发生，所以企业危机管理应是企业各职能部门和每个职员所必须共同面对的问题，是全体职员的共同责任。

（3）对危机管理采取消极态度，危机处理措施不力。由于企业对面临的危机缺乏系统的、有效的研究，对危机的预防与应对措施缺乏专业的指导与培训，很多在常态下有竞争力的企业，一遇到危机时往往惊慌失措、土崩瓦解，很多企业在处理危机时往往错过最好时机，失去了转"危"为"机"的最佳机会。在危机发生后，很多企业并不是积极地采取措施对外解释危机的真实情况，而是听之任之，对企业员工、社会、媒体都采取回避，甚至"掩盖"的态度，使企业的声誉在这种淡薄的危机意识中受到严重打击。

（4）对危机管理的重要性认识不足。目前我国处于发展阶段的企业比较多，建品牌、树信誉、求生存是他们的首要重任。但在瞬息万变的市场经济和重重安全隐患的环境下，企业若不重视安全建设，极有可能在成长发展中遇到危机，受到危机的困扰与袭击。如果不按危机管理的原则办事，小危机演变成大事故，就会使企业面临严重的人员伤亡和财产损失，进而企业发展举步维艰，越陷越深，乃至破产倒闭。

2. 媒体管理能力低，不善于与公众沟通

危机发生后，企业往往采取躲避方式，不主动与媒体和公众交流沟通。传媒在公众心中普遍具有较高的影响力，媒体的报道有时能左右一个企业的生死存亡。企业错误地认为沉默就是医治危机的一剂良药，对待媒体常常三缄其口，采取退避三舍的做法。企业担心媒体对危机事件的炒作，会引发公众的恐慌情绪，从而不利于危机事件的解决，因此拒绝媒体的采访，想要私下解决。这也使得一些知名企业往往因为一个小的安全事故就整体坍塌，一蹶不振。

目前许多企业在处理与媒体的关系时普遍存在以下特点：

（1）对企业在常态时与媒体建立和谐关系的重要性缺乏足够认识，与媒体的合作主要是常规的、表层的合作，缺乏积极有效的深层次合作。

（2）当企业处于危机状态时，要么比较消极被动地应对媒体报道，要么对于媒体不利于自己企业的报道采取过激反应，导致与媒体间关系紧张，这些往往导致舆情泛滥，不利于危机的解决。

（3）在危机结束后，企业不能就危机事件和媒体进行坦诚交流，造成双方关系无法深入发展。

3. 危机管理缺乏系统培训，危机管理者胜任力欠缺

我国目前大多数企业由于缺乏危机管理系统知识，对危机管理的理解与应用尚处于初级阶段，缺乏对危机事件快速的处理、专业的应对能力和老到深厚的经验。主要体现在：

（1）缺乏系统的培训。企业不能对全体员工进行系统培训，员工缺乏危机意识，不具备发现危机的能力，在发生危机后也不能及时采取正确措施积极应对。

（2）危机管理者综合素质不高。企业危机管理的成功与否在很大程度上要依靠具有胜任能力的危机管理者，作为企业危机管理人员最重要的素质，是具有强烈的危机意识，能够敏锐洞察危机的发展。同时要有遇事不乱、严谨细致、沉着冷静、善于沟通、精于创新、自信亲和等较高的综合业务素质，能够正确认识危机、了解危机的演变周期、危机发生的缘由、应对危机的程序、危机沟通技巧等。但从我国目前很多企业危机处理失败的事例看，达到这样要求的危机管理者很少，整体危机管理者处理危机的综合能力普遍不高，有的甚至不顾企业自身特点，简单复制、模仿、生搬硬套其他企业的危机处理经验，结果导致情况越来越糟。

4. 危机管理专业水平低

危机管理的专业与否，常常都是在危机管理事件中体现出来的，有很多企业的危机管理基本是掩耳盗铃，没有按照危机管理的步骤进行实际演练，主要表现在以下几个方面：

（1）没有缜密的危机处理计划。企业在危机管理过程中应事先制定紧急状态下进行危机预控和处理的组织指挥、行动方案、物资装备、通信联络、培训演练等方面的计划，又称危机处理预案。危机处理计划不同于一般计划，一般计划制定后都要付诸实施，而危机处理计划是在紧急状态下才实施的计划。企业一般很少进入紧急状态，这意味着危机处理计划在制定后，很可能在相当长时间内搁置不用。大多数企业老总口头上相信企业危机不可避免，而实际中很多企业管理者更希望危机发生后的随机应变，而不愿意花时间认真制定危机处理计划。这种危急关头采取临时应急的处理办法，缺乏周密考虑的粗线条方案，企业要付出高昂的危机成本，从而导致企业面临物资严重

受损，生产无法维持。众多企业的教训已经证明制订危机处理计划是十分必要的。

（2）没有科学的危机信息监测系统。我国大多数企业目前尚没有成立危机信息监测部门，更谈不上对危机信息的监测与预警，导致企业危机预警能力严重丧失，危机预测反馈严重滞后，不能把企业危机隐患消灭在萌芽状态，从而延后了危机处理的及时性。

（3）没有将企业危机管理制度化。我国目前许多企业尚没有将企业危机管理提到日常议事日程上，更不要说将危机管理列入企业经营管理的核心工作制度中去，从而形成制度缺失，不利于企业危机管理工作的顺利开展，不利于企业及时发现危机隐患，从而无法找出经营管理工作中的薄弱环节。

（4）没有建立企业危机管理的专门性机构或危机工作领导小组。由于这些机构的缺失，导致企业从产生危机到危机的爆发缺乏有效的预警和控制，从而形成"控制者缺位"的严重现象。

（5）没有建立各级危机管理责任制。企业危机可能产生于管理中的任何一个环节，涉及企业各个方面的人和物，故其责任划分是非常必要的。各机构、部门和相关人员要清晰划分工作职责，确保危机责任明确无误，增强员工的责任感。而我国目前许多企业尚没有建立企业危机管理责任机制，导致出现危机时相互推诿扯皮现象普遍存在。

5. 缺乏预见性，逃避责任

一个成功的企业会有准确的预见能力，会勇于承担自己的责任，但也有不少企业往往得过且过，缺乏预见能力，没有危机责任感。企业不甘背负企业安全文化建设的"重担"，不停地对重担进行卸载，不愿在危机管理上投入过多资源，导致企业常常因没有健全的危机预警系统而使其缺乏预见性，在遇到真正的危机鸿沟以后变得脆弱不堪，无法继续前进。在危机事件出现后也不知如何应对，结果往往导致临危而乱。

第四节　安全文化视角下的企业危机管理对策

企业危机管理必须与企业安全文化结合才能促使企业昌盛不衰。由图

8-7 我们可以看出安全文化是企业进行成功危机管理的基石，是通过组织学习提高企业危机管理能力的基础。

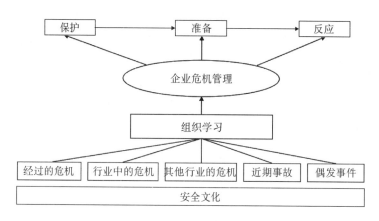

图 8-7 安全文化关系

在完善危机管理之前，首先要重视的就是安全文化建设。完善的安全文化能够使企业沐浴在浓厚的安全文化氛围中，通过安全文化强化企业员工的危机意识，实行危机管理制度化，重塑忧患意识，形成"居安思危，未雨绸缪"的企业危机管理的正确理念。

正确的危机意识还体现在对危机的看法上，危机不仅指危险，而且还蕴含着机遇，如果处理得当，可以转"危"为"机"，广泛建立与社会各界的良好关系，增进彼此的了解和沟通，获得相关公众的理解和支持，借助危机扩大企业知名度的同时，提高企业的美誉度。

因此，企业在牢固树立危机意识的同时，关键还要对员工进行安全文化教育，帮助他们优化自身行为，形成预防各种危机的思想，还可以有效地防止危机的产生，即使产生了危机，也会通过员工的努力把损失降到最低程度。在安全文化背景下，应把危机管理列为企业经营管理的一项常规制度，从而形成企业危机管理制度，实现企业长期的、稳定的可持续发展。

一、企业安全文化背景下的安全事故预案编制

"居安思危，思则有备，有备无患。"企业危机管理的重点在于预防，这

是企业最有效的安全保证，也是企业安全文化建设所期望达到的水平。

1. 分析企业生产过程，发现危机

在现实企业经营管理中，善于发现自身的安全薄弱环节是每一个企业必修的功课。企业要时刻保持一颗反思的心态，可以说是一日三省，思考哪些薄弱的安全环节可能导致企业陷入危机？企业可以从内外部进行分析，发现那些最有可能发生的潜在危机，按项目先后顺序排列，以红黄绿三个颜色加以区别。同时，按对企业危害程度的顺序排列这些潜在危机，同样以红黄绿三个颜色加以区分，这样会使得我们明确企业存在的弱点和潜在危机。[①]

弱点分析会帮助企业识别出哪些薄弱环节应该多加关注，以防止它们变成主要问题，同时也使企业明确将来的危机计划活动需要注意的方面，并将这些可能的危机传递给员工，让他们在实际操作中注意危机的预兆，在安全文化的氛围下实行全民参与。这也是危机预防中首先要重视弱点分析的最大效用。

2. 划分危机等级，编写预案

在安全文化的指导下，企业要根据弱点分析，对潜在危机的危害程度和发生概率划分等级，根据等级的大小编写不同的预案。编写预案可以帮助企业快速有效地应对危机。要发挥企业的能动性，不能只着眼于危机发生的当下，要重视危机预防工作。危机爆发的速度和产生的后果我们无法想象。如上述案例栖霞金矿爆炸事故中的五彩龙公司应针对企业出现的潜在危机编写预案，按照计划采取相应的行动。企业建立危机预案要按一定的步骤实施，第一，必须要明确危机预测的目标，以及这个目标是否对企业构成威胁；第二，需要了解这个目标的相关信息对企业的价值，在危机爆发时往积极的方面引导；第三，要正确选择预测的方法，如定性评估法、模拟实验预测法、回归分析法等；第四，为企业制定一个合理的危机预案，使企业能够正确应对危机；第五，不断调整危机预案，达到最优化。

3. 人员的培训，以及预案预演

由于安全生产危机事件大都具有突发性，如果员工处理危机不专业，便会加大危机处理难度。安全文化要求建立企业危机管理培训机制，提高企业危机管理者的胜任能力。企业应尽快建立危机管理的培训机制，实行定员、

---

① 张岩松. 危机管理案例精选精析［M］. 北京：中国社会科学出版社，2008.

定岗、定期的轮流交换培训模式，以此来应对国内企业领导人危机识别能力低下以及危机管理者综合业务素质不高的问题。

一方面健全企业危机管理培训机制，用以检验危机管理者的快速反应能力，强化其危机管理意识。另一方面，可以及时检测企业危机计划是否充实、可行，是否在物资、人员管理、操作甚至战略上存在不足之处。训练和演习也是增强企业危机预处理能力的重要方式，企业通过组织训练和演习，可以使每个员工熟悉自己在危机中的任务和位置，提高组织的团队能力，使任务的执行更为务实，更贴近实战，当危机真正发生时，有利于管理人员节约大量的时间。我国企业更应根据自身特点和危机应变计划进行有针对性地开展危机处理模拟训练。通过模拟训练，让员工熟悉个人在危机管理工作的角色，增强员工之间的默契，促进团队合作。通过演习，增强员工的实战能力，减少危机紧张感，以更好的状态处理危机。

企业危机管理培训的内容应从以下几个主要方面开展：

（1）对企业全体员工进行分类培训，包括高层管理者、生产运营经理、生产主管、安全专业人员、一线员工、项目经理、驾驶员或其他专业技术人员等。

（2）对企业领导人进行卓越安全领导力培训、危机管理识别能力的专项培训。

（3）强化企业各种危机处理方案的具体内容培训，并进行设想演习。

（4）强化危机管理者的综合业务素质培训，包括公关能力、对媒体的回应能力、沟通能力、专业能力等。

（5）强化危机预警系统中各项指标的预测、分类、整理、运用的实际能力培训。

（6）定期进行危机管理的模拟训练，包括心理训练、危机处理知识培训和危机处理基本功的演练等。

（7）进行工作安全分析、工作循环检查、工艺危害分析、工作场所安全管理等标准化培训等。

二、企业安全文化与危机管理组织准备

企业安全文化建设和危机管理，说到底都是人在发挥关键作用，要想取

得较好的效果，就必须重视危机管理组织的构造，有效发挥企业对安全工作
的能动性，提高危机管理的实效。

1. 企业安全文化与危机管理机构建设

企业安全文化要求企业设置危机管理机构。这是企业危机管理专业组织
的重要实施方式，能帮助企业预测、分类和评估信息，并提供组织保障，以
最大程度识别危机、处理危机。企业可以成立由高级决策者、专业公关经理
和危机处理人员组成的"企业危机管理小组"。该小组的其他人员应该同时
具备创新、沟通、谨慎等各种能力，以助于在危机发生时快速了解整体情况
并迅速采取行动。该小组包括领导部门，危机管控部门和宣传部门。领导部
门主要由对危机进行宏观管理的高层管理人员组成。危机管控部门的成员必
须是危机处理方面的专家，可在发生危机时迅速采取行动，避免危机范围进
一步扩大。宣传部门是企业信息的"搬运工"，使相关公众获得真实的信息，
也向危机管理小组传达相关公众的呼声。同时，必须建立危机预警机制，对
危机信息进行分类研究，控制外部环境对企业不利的进展，最后通过制定危
机预案采取行动，缓解危机。

2. 企业安全文化指导危机管理组织的运行

在安全文化的氛围下，组织中会形成一种独特的反应，这种反应是拥有
安全文化的企业所独有的，指导着危机管理组织的运行。例如在危机的预防
阶段，通过对企业进行安全检查，检测出影响企业安全的危机因素，通过危
机预警部门的分析，在源头上对危机进行消除。且在应对危机过程中，安全
文化可以增强企业员工的凝聚力，危机处理人员通过积极分享自己处理危机
的成功经验，为其他员工提供方法指导，能更好地团结企业员工应对突发危
机事件。

3. 企业安全文化为危机处理提供保障

注重安全文化建设的企业在平时会积累应对危机的资源，时刻准备着应
对危机所需的物质资源，确保危机控制中心或者危机管理组织工作的顺利进
行。例如，危机控制中心选址的安全性，危机管理小组日常生活饮食的保证，
开设对外联系的电话专线、传真，并保证所需电脑的数量和质量，以及企业
在平时积累的媒体资源，保证组织与外界大众交流的通畅，减少误解，保证
危机处理的流程的顺畅，其中还包括通过定期召开安全文化建设研讨会而得
到的资源。组织有关人员召开企业安全文化建设和危机管理假想研讨会，集

思广益，提出公司每阶段的安全文化建设存在的问题和不足，分析其根源，并提出合理化建议，认真记录讨论会的结果，积累这些宝贵的资源。

三、企业安全文化与危机管理流程

危机预警管理可尽量减少危机发生的数量和降低危机影响程度，但也不是一劳永逸，不能预防所有危机。面对突发性危机也不要过于慌乱，只要处理方法得当，也能达到有效应对危机的效果，使企业经历危机后进入新的发展机遇期。主要流程如下：

1. 进行危机调查，发现原因

在安全氛围下，危机发生后首先需调查危机发生的原因，分析危机爆发是由哪些弱点引起的。企业首先应调查事故的起因，才能更好地制订危机应对方案。实际上，危机管理人员在危机管理中是像侦探一样的存在，在寻找危机发生的线索时，管理人员需要听取企业员工的真实意见，弥补自己对危机判断的不足，可以增加对危机认知的准确性。在对危机有方向和目标之后处理危机，会达到事半功倍的效果。

2. 分析危机，控制事态发展

在危机发生后，首先要控制危机发展趋势，危机管理部门调查危机爆发的原因后，要采取有效措施及时控制危机进一步发展。如栖霞爆炸事故发生后，企业没有立即将真实情况告知社会公众，反而担心事故曝光影响企业的经济利益，导致公众更怀疑对企业处理事故的态度。企业安全文化指导下的处理手段就是加强与媒体和公众的联系，使舆论向着企业有利的方向发展。

（1）主动承认错误并真诚道歉。危机过后，企业应尽快与相关受害人取得联系，接受受害人的诉求，向受害者及其家人给予诚挚的道歉和慰问。同时企业也应该尽快调查事件的真相，给受害者和公众一个满意的答复，尽最大的努力让事件的相关者都满意。

（2）长期坚持建立并维持有效的沟通渠道。面对危机，做好相关沟通工作企业可以占据优势，在第一时间掌握对企业不利的信息，及时作出应对策略。企业危机管理人员要积极号召企业员工团结一心，分配任务，明确相关职责，提高企业的运营效率。企业和媒体要保持良好的合作关系，通过网络媒体建立与公众沟通的有效渠道。企业还可以通过权威媒体提高社会公信力，表明企业对危机认真负责的态度，维护企业形象。

（3）遵从公众利益至上的原则。在危机发生后，企业应优先维护公众的利益。网络媒体的发展，使社会公众对危机的关注度越来越高，因此企业不能只在乎自己的利益。危机爆发后企业要积极做出相应的行动赢得社会的信赖和支持，表现出一个大企业应有的社会责任感，得到广大公众的充分理解，消除企业危机爆发而导致的负面影响。

3. 选择解决方法，安全解除危机

在采取以上措施，危机得到一定程度的控制后，我们还需要进行更具体的措施：

（1）策划一个具体的危机处理计划。危机发生后危机处理小组应立即进入危机处理状态，企业主要负责人亲自领导危机处理工作。落实专人掌握事件的全貌，获得目击者或知情人的帮助；确定有关的公众对象；制定处理危机事件的基本原则、方法、具体对策和程序；告知援助部门，共同参与处理；确定企业发言人，面对公众的所有信息统一由他发布。

（2）妥善处理对受害者特别是直接受害者经济补偿及道义补偿的工作，主动承担企业应负的责任，避免使用为自己辩护的言辞，努力修补与消费者的关系。

（3）及时向媒体、公众和企业内部员工进一步通报信息。很多时候，人们感兴趣的往往并不是事情本身，而是管理层对事情的态度。在通报信息过程中，要更多地关注社会公众的利益而不仅仅是公司的短期利益。

（4）邀请专家、专业机构参与解决企业危机，在提升权威性的基础上，企业的社会公信力也将得到提升。

（5）做好政府公关，取得政府领导的支持，做到背靠政府，面向公众，做到及时汇报、定期联系和阶段性总结。

（6）企业必须善于将"危险"变成"机会"，将坏事变成好事。企业遇到危机要勇于承认错误，将处理结果公开透明化，向公众表达诚挚的歉意，使企业尽量获得改进的机会，提高企业形象。

4. 危机管理报告和教训总结，完善企业安全文化建设

危机事件发生后的恢复管理工作是危机管理最后的环节。为了避免再次发生类似的事故，企业应该对危机管理过程进行认真严谨的总结，可分为以下四个步骤：

（1）通过对企业危机产生的原因分析，进一步完善企业的制度和危机处理的措施，使今后处理危机的对策更合理。

（2）在重塑企业形象的过程中，应多开展宣传活动，努力向公众展示企业形象，使公众相信企业的能力，弥补企业形象受到的损失。

（3）企业应该及时召开新闻发布会，与媒体沟通，展示企业的立场，表明企业改正的决心，以更好的状态服务社会。

（4）通过危机处理，可以发现企业部门在处理危机过程中存在的问题，应及时调整完善危机管理。最后利用危机改善员工关系，以崭新的形象促进领导与员工之间的沟通。

对危机管理的总结，也要发挥安全文化的优势，改善安全文化建设的不足，以更积极的内容指导企业危机管理。

四、安全文化建设需要政府加强监督

政府是企业安全文化建设最有权威的监督者，政府有责任和义务监督企业的安全文化建设情况。只有企业安全文化建设得到落实，安全事故才能得到控制，才能促进社会的安定团结，实现企业安全管理的社会责任。

1. 政府必须全面开展安全生产检查督查，深入排查治理安全生产隐患以促进企业安全文化的建设

由于全国安全形势十分严峻，各地区要按照政府的统一部署，在组织、督促各类生产经营单位开展好自查、自纠、自改的基础上，结合实际情况，有重点、有针对性地开展安全生产检查督查，坚持打击非法违规行为和隐患排查治理情况，以及生产安全事故查处情况等。对安全生产检查中查出的重大隐患，要实行政府挂牌督办，加强防控，明确责任，限期整改防止造成重特大事故。

2. 加大联合执法力度，深入开展安全生产执法行动，使违反企业安全文化的行为得到惩罚

各地认真贯彻落实国家的文件精神，加大联合执法力度，深入开展安全生产执法行动，促进安全文化氛围的形成，使违反企业安全文化的行为得到惩罚，保障企业安全文化的落实。

3. 采取有力措施，深化安全生产专项治理行动，保障企业安全文化的
落实

　　各地要认真分析当前生产安全事故阶段性、季节性特点，针对安全生产
中存在的突出问题，采取有力措施，深化食品安全、煤矿、道路交通、人员
密集场所等的安全专项整治。要按照安全生产治理行动实施方案，立足于治
大隐患、防大事故，突出重点，全面推进重点行业（领域）专项治理的深
化，坚决遏制重点行业（领域）重特大事故的发生，保障企业安全文化的
落实。